国 家 自 然 科 学 基 金 项 目（31560189）
云南省保护地生态文明建设工程研究中心　共同资助
昆明市保护地生态文明建设工程技术研究中心

国家级自然保护区生态系统研究

——轿子山

巩合德 等 编著

RESEARCH ON ECOSYSTEM OF THE NATIONAL NATURE RESERVE — JIAOZISHAN

科学出版社
北京

内 容 简 介

争当生态文明建设排头兵，是国家赋予云南的重要使命。本书立足于国家级自然保护区——轿子山，深入研究了其自然地理环境、植物多样性、动物多样性、自然遗迹、旅游资源、社会经济状况和社区发展等生态子系统，旨在全面探究轿子山国家级自然保护区生态系统，引导自然保护区的合理开发与管理。

本书可作为生态学、地理学等相关专业学生和科研人员的参考资料，也可为自然保护区从业人员、环保管理部门等提供指导。

图书在版编目（CIP）数据

国家级自然保护区生态系统研究：轿子山/巩合德等编著. —北京：科学出版社，2017

ISBN 978-7-03-053278-7

Ⅰ.①国… Ⅱ.①巩… Ⅲ.①山-自然保护区-生态系统-研究-昆明
Ⅳ.①S759.992.741

中国版本图书馆 CIP 数据核字（2017）第 128647 号

责任编辑：周艳萍 / 责任校对：陶丽荣
责任印制：吕春珉 / 封面设计：王子艾工作室

科学出版社 出版
北京东黄城根北街 16 号
邮政编码：100717
http://www.sciencep.com

三河市骏杰印刷有限公司印刷
科学出版社发行　各地新华书店经销
*
2017 年 8 月第 一 版　开本：787×1092 1/16
2017 年 8 月第一次印刷　印张：16 3/4 彩插：4
字数：394 000

定价：98.00 元

（如有印装质量问题，我社负责调换〈骏杰〉）
销售部电话 010-62136230　编辑部电话 010-62151061

前 言

轿子山国家级自然保护区（以下简称轿子山自然保护区）地处大凉山南延支脉，滇东高原北部，金沙江及其一级支流普渡河和小江之间的拱王山中上部，坐落于云南省昆明市北部，禄劝县和东川区交界处，距云南省省会昆明市约160km。轿子山自然保护区由轿子山片和普渡河片组成，总面积 16 456.0hm^2。在云南地貌区划中位于滇东盆地山原区中滇中湖盆喀斯特高原亚区的北部，为普渡河与小江流域的分水岭，是由砂岩、石灰岩和玄武岩等构成的地垒式断块隆升侵蚀高山。受经纬度位置、高原下垫面性质、高山峡谷地形、冬夏半年性质不同天气系统交替的影响，致使该地区所处水平气候带（基带）具有一般云南低纬度高原季风气候的典型特点，构成一个典型完整的山地垂直气候带序列。因此，轿子山自然保护区保存了滇中高原最为完整的植被和生境的垂直带谱及最丰富的植被类型，是滇中高原植被的典型缩影。显著的山地气候和生物条件垂直变化同时导致了轿子山自然保护区土壤垂直分异显著。

轿子山自然保护区既有自然景观，也不乏人文情怀；既有大自然的杰出之作，也有人类的精雕细琢。自然景观有地质地貌、高山积雪、原始森林、杜鹃花海、高山湖泊、冰瀑奇观等；轿子山的人文景观同样有着深厚的历史底蕴，不仅有着多姿多彩的民族风情，更有诸多优美的传说和神话，是游客开展登山、探险、科考、科普、峡谷观光、休闲度假的最佳区域。1989 年，轿子山被列为昆明市自然保护区；1994 年，云南省人民政府正式批准（云政复〔1994〕38 号）建立云南轿子山省级自然保护区；2011 年 4 月 19 日，国务院办公厅以国办发〔2011〕16 号文件正式批准成立云南轿子山国家级自然保护区。

为了更好地保护该区的原始生态系统和生物多样性资源，西南林业大学生态旅游学院组织实施了本次轿子山的科学考察，从而编写了《国家级自然保护区生态系统研究——轿子山》一书，书中主要设置了关于轿子山自然科学方面的自然地理环境、动植物的分布及其类型、自然遗迹、自然旅游资源和人文科学方面的旅游资源、当地的社会经济状况、保护区的管理及保护区综合评价等章节，为后人的进一步研究提供了理论基础。

本书在编写过程中，借鉴和遵循了《云南轿子山国家级自然保护区》（彭华、刘恩德，2015）、《云南轿子山国家级自然保护区总体规划（2011—2020 年）》（国家林业局昆明勘察设计院，2012）等成果，在此感谢前人扎实的工作。同时本书的编写也得到昆明市保护地生态文明建设工程技术研究中心、云南轿子山国家级自然保护区管理局和云南省保护地生态文明建设工程研究中心等单位的大力支持，西南林业大学林学院、西南林业大学园林学院、中国科学院昆明植物研究所和中国科学院昆明动物研究所等单位的专家们也为本书的编写提出了许多建设性意见。在此，编制组对支持和帮助本书编写的专家学者们表示诚挚的谢意。由于作者水平有限，本书难免有不足和疏漏之处，恳请各位同仁批评指正。

编写组

巩合德
杨大新　孙晶琦
潘　洋　吴　梦　刘　传
郑茹敏　底素宇　贾子薇
陈路红　张映华　马玉春
赵云勇　王昌洪　张文伟
赵昌佑　赵枝旺　武　云

2017年5月

目　录

第1章　总　　论

1.1　自然保护区地理位置

轿子山国家级自然保护区地处大凉山南延支脉，滇东高原北部金沙江及其一级支流普渡河和小江之间的拱王山中上部，坐落于昆明市北部，禄劝县和东川区交界处，距云南省省会昆明市约 160km。轿子山自然保护区由轿子山片区和普渡河片区组成，总面积 16 456.0hm²。轿子山片区总面积 16 193.0hm²，轿子山片区地理坐标在东经 102°48′21″～102°58′43″，北纬 26°00′25″～26°11′53″。其中，禄劝县辖区面积 7 214.6hm²，占保护区总面积的 43.84%；东川区辖区面积 9 241.4hm²；占保护区总面积的 56.16%。普渡河片区位于普渡河中游，禄劝县乌蒙乡和中屏乡交界处，距轿子山片区 12km，面积 263.0hm²，普渡河片区在东经 102°42′43″～102°44′10″，北纬 25°56′30″～25°57′59″。

1.2　自然地理环境概况

1.2.1　地质地貌

轿子山自然保护区出露有古元古代、中元古代、新元古代（震旦纪）、寒武纪、二叠纪、三叠纪、侏罗纪、第四纪等地质年代的岩石和地层，缺失奥陶记、志留记、泥盆纪、石炭纪、白垩纪和第三纪等地质年代的岩石和地层。最古老的地层为震旦系，出露面积最大的地层为寒武系和二叠系。

保护区岩石类型多样，主要有前震旦系的板岩、千枚岩、粉砂质板岩、铁质板岩、炭质绢云母千枚岩、石英岩等浅至中等变质岩；震旦系、古生界和中生界的碳酸盐岩（白云岩、灰岩、泥灰岩等）、碎屑岩（砾岩、砂岩、粉砂岩、砂砾岩等）、黏土岩（页岩、泥岩、钙质页岩、炭质页岩等）、化学岩（铁铝土岩、磷块岩、铁质岩等）和岩浆岩（玄武岩、辉长岩、辉绿岩等），以及黏土、冰碛砾石层、冲洪积层等。

轿子山自然保护区板块构造位置属青藏亚板块东南部的川滇菱形断块中段的东部，构造体系上属川滇构造带，是中国一条长期活动且新构造运动强烈的经向构造带，从燕山期直至新生代均表现为强烈挤压褶皱和隆起。其主要地质构造有断裂和褶皱。

轿子山自然保护区位于大凉山南延支脉拱王山的中上部，在云南地貌区划中位于滇东盆地山原区中滇中湖盆喀斯特高原亚区的北部，为普渡河与小江流域的分水岭，是由砂岩、石灰岩和玄武岩等构成的地垒式断块隆升侵蚀高山，是云贵高原上最高的高山，是我国青藏高原以东地区海拔最高的山地，也是北半球该纬度带上极高的山地之一。其主要地貌类型有高山、中山、剥夷面、峡谷、宽谷、河流阶地和冲洪积扇、盆地、构造地貌、灾害地貌、古冰川地貌和现代冻土地貌等。

1.2.2 气候

由于经纬度位置、云南高原下垫面性质、冬夏半年性质不同，天气系统交替的影响和控制的综合作用，致使该地区所处水平气候带（基带）具有一般云南低纬度高原季风气候的典型特点。轿子山系高山峡谷地区，山高谷深，岭谷高差一般为3 000～3 200m，水分和热量条件垂直分异显著。以北亚热带为水平基带，向上依次发育有暖温带、中温带、寒温带，向下依次发育有中亚热带、南亚热带，构成一个典型完整的山地垂直气候带系列。

气候特征主要包括以下两个方面：①显著的低纬高原季风气候。冬无严寒，夏无酷暑，四季如春；日较差大，年较差小；春温高于秋温；降水季节变化大，旱季和雨季分明。②气候垂直分异显著。保护区属典型高山峡谷地区，地势起伏大，致使日照时数、太阳总辐射、气温、降水等气候要素的垂直分异非常显著，“一山有四季”的立体气候十分突出。

保护区的降水量相对也比较丰富。随着海拔的升高，降水量呈逐渐递增趋势。从普渡河河谷到轿子山顶，由700mm左右递增到1 600mm左右。山脊山顶地区，降水量最丰富。保护区不同的坡向降水量的分布亦有差异，西坡、西南坡降水量明显多于东坡和东北坡；降水量在季节分配上也极不均匀，雨季降水量占全年的85%～90%，旱季降水量只占全年的10%～15%。

1.2.3 土壤

保护区自然成土环境条件复杂多样，发育有铁铝土、半淋溶土、淋溶土、高山土、初育土、水成土6个土纲，湿热铁铝土、半湿热半淋溶土、湿暖淋溶土、湿暖温淋溶土、湿温淋溶土、湿寒温淋溶土、石质初育土、矿质水成土、湿寒高山土9个亚纲，红壤、燥红土、黄棕壤、棕壤、暗棕壤、棕色针叶林土、石灰土、紫色土、沼泽土、亚高山草甸土 10 个土类，红壤、褐红土、暗黄棕壤、棕壤、暗棕壤、棕色针叶林土、红色石灰土、黑色石灰土、酸性紫色土、草甸沼泽土、亚高山灌丛草甸土 11 个亚类。

保护区土壤垂直分异显著，这是拱王山山地气候和生物条件垂直变化显著的必然结果。从普渡河河谷到主峰雪岭，依次分布有燥红土带、红壤带、黄棕壤带、棕壤带、暗棕壤带、棕色针叶林土带和亚高山草甸土带。

1.2.4 植被

轿子山自然保护区位于云南北部金沙江流域，森林覆盖率为69.4%。作为滇中地区的第一高峰，轿子山自然保护区的主峰海拔达到4 344.1m，区内垂直高差超过3 000m。因此，保护区保存了滇中高原最为完整的植被、生境的垂直带谱和最丰富的植被类型，是滇中高原植被的典型缩影，包括7个植被型、11个植被亚型、17个群系组和28个群系。

其中，干热河谷硬叶常绿栎林、半湿润常绿阔叶林、中山湿性常绿阔叶林、山顶苔藓矮林、寒温山地硬叶常绿栎林、温凉性针叶林、寒温性针叶林、寒温性灌丛（原生类型）和寒温草甸（原生类型）9个植被类型（植被亚型）是轿子山自然保护区山地的垂直地带性植被类型。暖温性落叶阔叶林、暖温性竹林、寒温性灌丛（次生类型）和寒温性草甸（次生类型）是原生植被破坏后形成的次生植被类型，以及大量高山湿地生态系统类型。轿子山自然保护区植被类型垂直分布规律如下。

海拔1 200～1 800m：干热河谷硬叶常绿栎林，只有铁橡栎（*Quercus cocciferoides*）林一种类型。

海拔2 300～2 600m：半湿润常绿阔叶林，包括银木荷（*Schima argentea*）林和元江栲（*Castanopsis orthacantha*）林。

海拔2 600～2 900m：中山湿性常绿阔叶林，只有野八角（*Illicium simonsii*）林一种类型。

海拔 2 900～3 500m：山顶苔藓矮林，只有杜鹃（*Rhododendron* spp.）矮林一种类型；此海拔范围内，大致海拔 3 000～3 500m，同时分布着寒温山地硬叶常绿栎林，只有黄背栎林一种类型；同时，在海拔2 600～3 400m范围内，分布着少量次生暖温性落叶阔叶林，包括白绒绣球（*Hydrangea mollis*）林和杨桦（*Populus* spp.+*Betula* spp.）林。

海拔2 700～3 600m：温凉性针叶林，包括高山柏林和高山松林。

海拔2 800～3 900m：寒温性针叶林，只有急尖长苞冷杉（*Abies georgei* var. *smithii*）林一种类型。

海拔2 600～4 000m：寒温灌丛，包括杜鹃灌丛、柳（*Salix* spp.）灌丛、圆柏（*Sabina chinensis*）灌丛和硬叶栎（*Quercus* spp.）灌丛。其中，分布海拔较低的柳灌丛、硬叶栎灌丛和部分杜鹃灌丛是次生植被，分布海拔较高的杜鹃灌丛和圆柏灌丛是原生植被。

海拔3 100～3 600m：暖温性竹林，只有玉山竹（*Yunshania* spp.）林一种类型，属于次生植被。

海拔2 900～4 200m：寒温草甸，只有杂类草草甸（Form. Group *Polygonum* spp.+

Potentilla spp.）一种群系组；海拔较低的类型属于次生草甸，分布海拔较高的类型属于原生草甸。

海拔 3 920～4 344.1m：流石滩灌丛，其植被的盖度极低，以裸露的流动性岩石为主。

轿子山自然保护区分布海拔范围最广的是温性针叶林（包括温凉性针叶林和寒温性针叶林），分布海拔范围 2 700～3 900m，海拔跨度达到 1 200m，而且分布面积较大。这是轿子山自然保护区山地垂直带上最主要的植被类型。

寒温性灌丛和寒温性草甸分布的海拔范围也超过 1 000m，分布的面积很大，同样是轿子山自然保护区山地垂直带上主要的植被类型。此外，山地苔藓矮林和山地硬叶常绿栎林分布的海拔范围也达到和超过 500m，面积也较大，也是轿子山自然保护区山地垂直带上的植被类型。

1.2.5 水体

保护区内的所有河流均属金沙江水系，由一级支流小江水系和普渡河水系构成，以拱王山山脊为分水岭，东部属小江流域，西部属普渡河流域。汇入普渡河的支流主要有基多小河、舒姑小河、乌蒙河、洗马河等。汇入小江的支流主要有小清河（又称晓光河）、黄水箐、块河等。轿子山整体水系呈典型的放射状。普渡河、小江及其主要支流多为树枝状水系。河流均具有山区河流的典型河道特征。河流源头短，河床比降大，下切侵蚀和溯源侵蚀强烈，河床纵剖面比降大，水流湍急，多跌水和瀑布，河谷狭窄，横断面多呈 V 形。河床组成物质以基岩、砾石、粗砂为主，边滩、河漫滩和阶地很少发育。季风性河流水文特征显著，径流季节变化很大，汛期（6—10 月）以雨水补给为主，流量占全年的 85%以上；枯水期（11 月至次年 5 月）以季节积雪融水和地下水补给为主，流量小而稳定。

1.2.6 自然和人为灾害

由于保护区的岩层坚硬，土层较薄，植物生长缓慢，生态环境较为脆弱。开发利用过程若不注意保护原有植被，切坡过大，就会发生坡地重力灾害，生态破坏后很难恢复，生态环境将进一步恶化。保护区大部分山地以崩塌为主，部分地方还有小型滑坡及坡面泥石流等。成因主要是岩性节理等内因和风化剥蚀作用与暴雨等外因，还有部分人为干扰原因，如保护区成立之前由于矿产开采、道路修建等所引起的地表植被破坏。

1.3 自然资源概况

1.3.1 植物资源

轿子山自然保护区位于禄劝县东北部和东川区西南部，其所在山体属于大凉山南延支脉拱王山的中上部，处于中国-喜马拉雅植物区系与中国-日本植物区系分界的关键区域，在种子植物区系上具有明显的过渡性质。

1. 植物多样性

轿子山自然保护区植物种类较为丰富。迄今为止，共记载野生维管植物 157 科 563 属 1 613 种，其中蕨类植物 16 科 33 属 108 种，裸子植物 7 科 12 属 23 种，被子植物 134 科 518 属 1 469 种，种子植物 141 科 530 属 1 505 种（彭华，刘恩德，2015）。经过数次野外调查采集和大量的标本及文献查阅，目前发现局限于轿子山地区分布的狭域特有种子植物有膝瓣乌头（*Aconitum geniculatum*）、爪盔膝瓣乌头（*Aconitum geniculatum* var.*unguiculatum*）、东川当归（*Angelica duclouxii*）、乌蒙小檗（*Berberis woomungensis*）、细枝杭子梢（*Campylotropis tenuiramea*）、乌蒙杓兰（*Cypripedium wumengense*）、东川箭竹（*Fargesia semicoriacea*）、伞把竹（*Fargesia utilis*）、革叶龙胆（*Gentiana scytophylla*）、乌蒙绿绒蒿（*Meconopsis wumungensis*）、禄劝花叶重楼（*Paris luquanensis* H.Li）、乌蒙茴芹（*Pimpinella urbaniana*）、毛脉杜鹃（*Rhododendron pubicostatum*）、东川虎耳草（*Saxifraga dongchuanensis* H.chuang）、禄劝景天（*Sedum luchuanicum*）、齿瓣蝇子草（*Silene incisa*）共 16 种。另有文献记载模式标本采自东川区或禄劝县，不少种类根据采集者当年的调查路线推测应该就是采自轿子山地区，种类多达 35 种。可见由于轿子山所处的自然地理位置及区内复杂多样的气候、生境条件及其较大的高差，其特有种较为丰富。

迄今为止，轿子山自然保护区共发现国家级珍稀濒危保护植物攀枝花苏铁（*Cycas panzhihuaensis*）、须弥红豆杉（*Taxus wallichiana*）、金铁锁（*Psammosilene tunicoides*）、西康玉兰［*Magnolia wilsonii* (Finet & Gagnep) Rehder］、异颖草（*Deyeuxia petelotii*）、金荞麦（*Fagopyrum dibotrys*）、丁茜（*Trailliaedoxa gracilis*）、平当树（*Paradombeya sinensis*）、松口蘑（*Tricholoma matsutake*）共 9 种，隶属 9 科 9 属（裸子植物 1 种，被子植物 7 种，大型真菌 1 种）。其中，国家 I 级重点保护野生植物 2 种，即攀枝花苏铁和须弥红豆杉；国家 II 级重点保护野生植物 7 种。

国家林业局昆明勘察设计院还发现 1 个云南新记录属，三角车属 *Rinorea*（堇菜科）；6 个云南新记录种：兔儿风花蟹甲草［*Parasenecio ainsliiflorus* (Franch.) Y.L.chen］（菊科）、紫背蟹甲草（*Paraenecio ianthophyllus*）（菊科）、藏北梅花草（*Parnassia filchneri*）（虎耳草科）、毛蕊三角车（*Rinorea erianthera*）（堇菜科）、巴塘景天（*Sedum heckelii*）（景天科）、毛水苏（*Stachys baicalensis*）（唇形科）；1 个新种羽裂橐吾（*Ligularia pinnatifide* E. D. Liu et L. G. Lei）。

国家林业局昆明勘察设计院还发现一个新种羽裂橐吾（*Ligularia pinnatifide* E. D. Liu et L. G. Lei）。

2. 植物区系

轿子山地区的现代植物区系主要是由中国特有成分、东亚成分及北温带成分组成的，这三大成分构成了本区现代种子植物区系的主体。从种一级水平上看，温带性质的种所占比例远远超过热带性质的种所占比例，且温带性质的种多数是典型北温带分布或温带亚洲分布的种类；另外，分布比例较大的中国特有种多为南北共有且向北分布很远的温带种，东亚分布种则多为温带性质较强的中国-喜马拉雅种系。由此可以看出，轿子山种子植物区系的性质是典型的温带植物区系。从本区出现了 6 个东亚特有科，63 个东亚特有属及 458 个东亚特有种来看，本区区系与东亚植物区系有着最为密切的联系，应该属于东亚植物区的一部分，从而验证了 1996 年吴征镒等对本区植物区系的划分。

本区在东亚植物区系区划中的地位是：东亚植物区（East Asian flora）— 中国 — 喜马拉雅森林植物亚区（IIIE. Sino-Himalayan forest subkingdom）— 云南高原地区（III E13. Yunnan plateau region）—云南高原（滇中高原）亚地区（Yunnan plateau subregion）。

3. 植被类型

轿子山自然保护区的植被类型可以划分为常绿阔叶林、硬叶常绿栎林、温性针叶林、落叶阔叶林、竹林、灌丛、草甸 7 个植被型，半湿润常绿阔叶林、中山湿性常绿阔叶林、山顶苔藓矮林、干热河谷硬叶常绿栎林、寒温山地硬叶常绿栎林、温凉性针叶林、寒温性针叶林、暖温性落叶阔叶林、暖温性竹林、寒温性灌丛、寒温性草甸 11 个植被亚型，元江栲林、银木荷林、野八角林、杜鹃矮林、铁橡栎林、黄背栎林、高山柏林、高山松林、冷杉林、绣球林、杨桦林、玉山竹林、杜鹃灌丛、柳灌丛、圆柏灌丛、硬叶栎灌丛、杂类草草甸 17 个群系组和元江栲林、银木荷林、野八角林、假乳黄杜鹃-斑鞘玉山竹林、洁净红棕杜鹃-斑鞘玉山竹林、锈红毛杜鹃林、铁橡栎林、黄背栎林、高山柏林、高山松林、急尖长苞冷杉林、绣球+杜鹃林、山杨林、皂柳+大白花杜鹃林、紫轩玉山竹林、红棕杜鹃灌丛、露珠杜鹃灌丛、密枝杜鹃灌丛、锈红毛杜鹃灌丛、长花柳灌丛、密穗柳灌丛、乌柳灌丛、小垫柳灌丛、高山柏灌丛、小果垂枝柏灌丛、黄背栎灌丛、草血竭+蒿草草甸、西南委陵菜+遍地金+糙野青茅草甸 28 个群系。

1.3.2 动物资源

1. 哺乳类

根据中国科学院昆明动物所调查结果，目前在轿子山采集并记录到哺乳动物 79 种，隶属于 8 目、25 科、59 属，分别占全国哺乳动物 12 目 55 科 245 属（蒋志刚等，2015）的 66.67%、45.45%和 24.08%，占云南哺乳动物 11 目 44 科 306 种的 72.73%、56.82%和 25.82%。在轿子山自然保护区 79 种哺乳动物中，列入国家重点保护动物名录及 CITES 附录 I 和附录 II 的珍稀濒危哺乳动物有 13 种，占轿子山哺乳动物物种数的 16.45%。其中，国家 I 级重点保护野生动物仅有林麝（*Muschus berezovskii*）1 种，国家 II 级保护动物有中国穿山甲（*Manis pentadactyla*）、豺（*Cuon alpinus*）、黄喉貂（*Martes flavigula*）、水獭（*Lutra lutra*）、大灵猫（*Viverra zibetha*）、小灵猫（*Viverricula indica*）、斑灵狸（*Prionodon pardicolor*）、中华鬣羚（*Capricornis milneedwardsii*）、川西斑羚（*Nemorhaedus griseus*）等10种；为CITES附录I收录的有水獭、斑灵狸、中华鬣羚、川西斑羚4种，CITES附录II收录的有北树鼩（*Tupaia belangeri*）、中国穿山甲、豺、豹猫（*Prionailurus bengalensis*）、林麝5种。

哺乳类横断山区特有11种，云贵川特有2种，云贵高原特有1种。

2. 鸟类

保护区内共记录鸟类9目，隶属32科（另4亚科），167种（另7亚种），占云南省所录鸟类19目69科848种的47.37%、46.38%、19.69%，占全国鸟类种数1 329种的12.57%，其中国家II级保护物种15种。星鸦（*Nucifraga caryocatactes*）、黑冠山雀（*Parus rubidiventris*）和橙斑翅柳莺（*Phylloscopus pulcher*）为保护区内较有优势的种类。保护区内记录的鸟类有留鸟126种和亚种，占所录鸟类的72.41%。区系成分以东洋界物种为主，有100种，占繁殖鸟类总种数的71.43%。

鸟类除15种国家重点保护物种外，还有被列入《濒危野生动植物种国际贸易公约》（CITES）附录II（2000）的种类12种，《中国濒危动物红皮书：鸟类》（1998）的5种；列为稀有种的有雕鸮1种，列入《国家保护的有益的或者有重要经济、科学研究价值的陆生野生动物名录》90种，2004年《中国物种红色名录（第一卷）》中列为近危种的有红腹角雉、喜鹊2种。

3. 两栖、爬行类

根据昆明动物研究所调查，并结合以往的调查记录，目前，初步整理出两栖爬行动物47种，其中，两栖类有22种，隶属于2目8科14属；爬行类25种，隶属于2目（亚目）8科18属。两栖类动物中有尾目CAUDATA蝾螈科（Salamandridae）2属2种、无尾目SALIENTIA铃蟾科（Bombinidae）1属1种、角蟾科（Megophryidae）4属5种、蟾蜍科（Bufonidae）1属3种、雨蛙科（Hylidae）1属1种、蛙科（Ranidae）3属6种、树蛙科（Rhacophoridae）1属2种、姬蛙科（Microhylidae）2属2种。爬行类动物中有龟鳖目TESTUDINES淡水龟科（Bataguridae）1属1种、蜥蜴目LACERTILIA鬣蜥科（Agamidae）1属2种、壁虎科（Gekkonidae）2属2种、石龙子科（Scincidae）2属2种、蜥蜴科（Lacertian）1属1种、脆蛇蜥科（Ophisaurus Harti）1属1种、蛇目SERPENTIFORMES游蛇科（Colubridae）8属12种、蝰科（Viperidae）2属4种。

保护区有2种国家II级保护动物，即红瘰疣螈和云南闭壳龟。两栖类有保护区特有种1种，即齿蟾（*Oreolalax* sp.），爬行类有云南特有种1种。可见保护区内珍稀、濒危和特有物种丰富，且物种的濒危程度极高。

1.3.3 森林资源

轿子山自然保护区不但物种繁多，而且林木资源也很丰富。保护区内林地总面积为3 797.8hm^2，蓄积量 287 050.0m^3。森林覆盖率为 69.4%，其中，有林地中的纯林面积3 494.6hm^2，蓄积量 230 780.0m^3，混交林面积 303.2hm^2，蓄积量 56 270.0m^3，平均年增长量为 3.46m^3/hm^2。主要森林植被有华山松（*Pinu sarmandii*）、急尖长苞冷杉、高山松（*Pinus densata*）、高山柏（*Sabina squamata*）、攀枝花苏铁（*Cycas panzhihuaensis*）、栎类（*Quercus* sp.）、野八角等。

1.3.4 旅游资源

轿子山旅游资源包罗万象，既有自然景观，也不乏人文情怀；既有大自然的杰出之作，也有人类的精雕细琢。轿子山旅游产品主要包括地质地貌景观、冰雪世界、杜鹃花海、原始森林、高山湖泊、冰瀑奇观、民风民俗等。轿子山景区核心旅游产品主要包括自然风光核心产品和人文景观核心产品，自然风光核心产品概括为“花、雪（冰）、湖”，人文景观核心产品为轿子山的历史底蕴。

1. 冰雪世界

由于轿子山景区冬季气温均在 0℃以下，积雪年年出现，最早的于当年 10 月中旬开始出现，最晚的在次年 6 月初还有短时积雪现象。其中，12 月、1 月、2 月为长期积雪，在这三个月内，轿子山整个景区白雪茫茫、无边无际，山峰白雪皑皑、晶莹发亮，形成雪压苍松、冰封大地、银装素裹的冰雪世界——北国风光，这是轿子山冬季自然景色的一大奇观。

2. 冰瀑奇观

除了一些水清如碧的高山湖泊和跌水激流，轿子山落差高达百米的瀑布有几十条，分布范围广，从海拔 2 500～4 200m 地段随处可见。这些瀑布在冬天，由于气温较低，从上到下被“凝住”，冻结成巨大的冰挂，成为轿子山的一大景观。轿子山山高谷深，植物繁茂，有许多的清溪跌水，风景最好的有九龙的山岔箐和大厂的猫猫箐。

3. 杜鹃花海

轿子山景区拥有杜鹃花品种 27 个，其中，大王杜鹃、似血杜鹃是国家级三级保护植物，而乌蒙杜鹃、红毛杜鹃、优美杜鹃、山地杜鹃则是本地区的特有品种。杜鹃花不但品种多，而且数量多、分布广、面积大，仅红王地境内就有杜鹃纯林近万亩（1 亩≈666.67m^2）。每当花季，满山遍野鲜花怒放、五彩缤纷，成了花的海洋、花的世界，尤为壮观。

4. 高山湖泊

轿子山景区在海拔3 800～4 100m分布有众多的冰蚀凹地，有的终年积水，成为高山湖泊，被称为天池或海子。轿子山的高山湖泊主要集中在三处，一处分布在轿子山主峰海拔4 040m的顶峰平地上，较大的有3个，被称为日湖、月湖、妖精湖；一处分布在狐狸房山的妖精塘地区，在海拔3 800m左右分布有大小湖泊20多个；一处分布在白龙岭海拔4 050m高度，有湖泊1个。这些湖泊的位置很高，山顶气流不稳定，湖水的水面一经扰动就会成云致雨或冰雹，这一现象在民间有着奇妙神幻的传说，非常吸引游客。

5. 民风民俗

轿子山景区包括红土地镇、乌蒙乡、雪山乡和转龙镇等，该区是彝族、苗族、回族、傈僳族、壮族、白族等少数民族杂居地区，延续了少数民族的习俗、服饰、节庆，最具代表性的是彝族习俗、服饰、节庆等。彝族为当地世居民族，以大聚居、小分散的特点分布于轿子山景区周围。轿子山是彝族同胞心灵的净土、朝拜的圣地，每逢农历六月，彝族同胞便在轿子山周围开展隆重的祭祀、祭祖活动，场面蔚为壮观。

1.3.5 水体资源

保护区内的河流、湖泊众多。河流主要有普渡河、小江。湖泊主要有木梆海、大海、小海、大精塘、双塘子、白龙塘等。湖水的含沙量很少，透明度很高。

1.3.6 气候资源

1. 光能资源

保护区年日照时数介于2 000～2 500h，其中普渡河片区最高，在2 500h左右，光能资源丰富。轿子山片区偏低，在1 800～2 100h，其周边地区日照时数在2 000～2 350h，在云南省范围内处于中等水平。季节分配上，干季显著多于雨季，冬春季显著多于夏秋季，春季最多，秋季或夏季最少。

保护区太阳总辐射量5 200～5 900MJ/m^2，其中普渡河片区最高，约5 900MJ/m^2，是云南省内极丰富的地区之一；轿子山片区偏低，在5 200～5 500MJ/m^2，在云南省范围内处于中等水平。普渡河片区雨季略多于干季，季节分配比较均匀。轿子山片区则是干季多于雨季。四季分配上，春季最多，秋季最少。

日照时数和太阳辐射在垂直分布上，都具有随海拔高度增加而减少的特点。

2. 热量资源

气温垂直变化显著，由海拔1 200m左右的普渡河河谷到最高峰雪岭，年平均气温由21.0℃降低至0℃左右，最热月均温（5月或7月）由25.0℃左右降低至4.0℃左右，最冷月（1 月）均温由 12.5℃左右降低至-5.5℃左右，气温年较差由 12.5℃左右降低至 9.5℃左右。

≥10℃积温随海拔升高逐渐降低。海拔 1 500m 以下，＞6 000℃；海拔 1 500～1 800m，为 4 500～6 000℃；海拔 1 800～2 200m，为 4 000～4 500℃；海拔 2 200～2 600m，为 3 000～4 000℃；海拔 2 600m 以上，＜3 000℃。

普渡河片区霜期不到 50 天，霜日小于 10 天；轿子山片区霜期 100～350 天，霜日 55～120 天。

1.4 社会经济概况

1.4.1 行政区域

保护区涉及 2 个县（区）、6 个乡（镇）、16 个村委会、2 个国营林场。

东川区：舍块乡，九龙村委会；红土地镇，炭房村委会、蚂蟥箐村委会、银水箐村委会、新乐村委会、茅坝子村委会；两个国营林场，东川区的 222 林场、法者林场。

禄劝县：雪山乡，舒姑村委会、拖木泥村委会；乌蒙乡，乌蒙村委会、大麦地村委会；转龙镇，大水井村委会、恩祖村委会、中槽子村委会、老槽子村委会；普渡河片区涉及中屏乡北屏村委会；乌蒙乡的舍姑村委会。

1.4.2 人口数量和民族组成

根据国民经济统计资料：禄劝县辖 10 镇（翠华镇、九龙镇、茂山镇、屏山镇、撒营盘镇、团街镇、乌东德镇、转龙镇等）、8 乡（皎平渡乡、马鹿塘乡、汤郎乡、乌蒙乡、雪山乡、云龙乡、则黑乡、中屏乡）。2010 年统计数据显示：全县有 192 个村民委员会、2 个社区居民委员会、2 606 个村民小组、2 474 个自然村。禄劝县居住着彝族、苗族、汉族、傈僳族、傣族、壮族、回族、哈尼族 8 个世居民族和其他少数民族共 24 个。全县总人口 47.35 万人。

东川区辖 7 镇（铜都镇、汤丹镇、拖布卡镇、因民镇、阿旺镇、乌龙镇、红土地镇），2010 年统计数据显示：2010 年全区总人口 96 097 户 311 986 人。东川区下设 135 个村委会和 28 个社区居民委员会，共计 1 256 个居民组。东川区居住着彝族、回族、白族、哈尼族、壮族等 24 个少数民族。

1.4.3 地方经济情况

据 2010 年国民经济和社会发展统计公报：

2010 年，禄劝县全年实现地区生产总值（GDP）282 331 万元，比上年增长 12.8%。

其中，第一产业实现增加值 99 242 万元，比上年增长 7.3%；第二产业实现 68 836 万元，比上年增长 19.4%；第三产业实现 114 253 万元，比上年增长 13.9%。三大产业结构比为 35.1∶24.4∶40.5。人均生产总值达到 6 322 元，增长 11.9%。实现农林牧渔业总产值 182 781 万元，增长 9.8%。其中，农业产值 89 485 万元，增长 31.7%；林业产值 8 815 万元，下降 1.5%；畜牧业产值 83 850 万元，减少 5.6%；渔业产值 631 万元，增长 15.6%。人口自然增长率 7.4‰。农村居民人均纯收入 2 707 元，现阶增长 15.4%。

从三大产业结构可以看出，禄劝县仍是一个农业大县，人均耕地 1.23 亩，粮食生产是禄劝县稳步解决温饱的重要产业，烤烟是禄劝县的重要经济支柱。畜牧业也是禄劝县的一项经济支柱，撒坝猪、乌骨鸡、黑山羊是禄劝县畜牧业的主打产品，畜牧业产值达 83 850 万元。磷化工产业和水能资源开发有效提升了第二产业的质量和地位，矿电结合在禄劝县初显成效。

2010 年，东川区全年完成地区生产总值 31.5 亿元，增长 11.3%，其中第一产业预计实现增加值 3.6 亿元，增长 6.3%；第二产业预计实现增加值 20.4 亿元，增长 14.8%；第三产业预计实现增加值 7.5 亿元，增长 2.3%。第一、二、三产业的结构为 11.4∶64.8∶23.8；工业总产值预计完成 86.7 亿元，下降 5%；农林牧渔业总产值实现 6.4 亿元，同比增长 7.9%；畜牧业产值实现 4.45 亿元，同比增长 33.2%；财政总收入完成 4.8 亿元，减少 48%。城镇居民人均可支配收入 13 228 元，增长 8%；农民人均纯收入达 2 695 元，增长 14.1%；全社会固定资产投资完成 31.5 亿元，增长 40%；社会消费品零售总额完成 6.6 亿元，增长 18%；人口自然增长率为 2.7‰。

从三大产业结构可以看出，东川区是一个工业大区，但工业经济结构单一，产业链延伸不够，产品附加值不高，资源集约利用水平低，生态环境保护压力大，经济发展方式仍较为粗放；农业和农村经济发展较慢，产业化程度低，贫困问题突出；城乡之间、乡镇之间发展不平衡。

1.5 保护区范围和功能区划

轿子山片区总面积 16 193.0hm^2。其中，禄劝县辖区面积 6 951.6hm^2，占轿子山片区总面积的 42.93%；东川区辖区面积 9 241.4hm^2，占轿子山片区总面积的 57.07%。其范围为东经 102° 48′ 21″～102° 58′ 43″，北纬 26° 00′ 25″～26° 11′ 53″，东以小海梁子为起点，沿汤丹镇与舍块乡、红土地镇界线向南至狐狸房西转经 4 167m 山峰、大丫口至麻糖，再南转经上岔河、牛厂坪、云水箐、大箐丫口、锅底塘、杨家槽子、小横山南面至大陷塘梁子 3 339m 山峰；南从半山丫口沿西北方向经毛坝子、大厂丫口至猴子梁子西侧 3 030m 山峰，再西转接至新山丫口，经过中槽子、地古洞、莫子山、马家槽子、独槽子、黄土坡；西沿景区公路向北至四方井，再经大高桥、哈衣垭口至 3 103m 山峰；

北从舒姑槽子向东至聂家凹北转经过大沙沟绕至马鬃岭东北坡，越过东川区界再北转，沿 3 500m 等高线绕至三岔箐，再接莆箕梁子 3 300m 等高线绕至 3 541m 山峰，最后接小海梁子止。

普渡河片区位于普渡河中游，禄劝县乌蒙乡和中屏乡交界处，距轿子山片区 12km，与轿子山片区位于同一山系、同一坡面，海拔 1 200.0～1 800.0m，面积 263.0hm^2。其范围为东经 102° 42′ 43″～102° 44′ 10″，北纬 25° 56′ 30″～25° 57′ 59″，东从普渡河东岸的阿播乐 1 200m 高程起上升至 1 915m 山峰西侧的 1 800m 高程转向西南向下至 1 400m 高程；南从普渡河西岸 1 400m 高程起沿小箐沟向西南方向上升至 1 800m 高程；西从大松平西北侧向北沿 1 800m 高程至文都；北沿文都箐沟向下至 1 200m 高程止。

1.5.1 功能区划背景

2005 年，云南省人民政府以云政复〔2005〕4 号文对《云南轿子山省级自然保护区总体规划》（以下简称《总体规划》）进行了批复，为保护区开展保护和利用提供了科学依据。然而，随着对保护区科考的进一步深入及保护区周边社会经济的发展，原《总体规划》受当时社会因素及设计理念限制，已不能满足保护区发展的需要，与现实情况存在着诸多冲突：第一，随着保护区科考的深入，保护对象发生了较大变化。轿子山申请晋升国家级自然保护区综合科学考察植物组新发现了 2 种国家 I 级保护植物及 9 种国家 II 级保护植物，重新定位了轿子山植被的保护价值；综合科学考察动物组收获亦颇多，如在保护区范围内发现了云南闭壳龟等研究价值很高的动物。这些新发现使得保护区的保护价值突显无疑，而原有的功能区划已经无法满足对保护对象科学有效的保护。第二，随着经济的发展，保护区早期规划时存在的问题随之突显，尤以保护区功能区划为甚。第三，随着我国自然保护区建设与管理的政策、法规的不断完善，对保护区的建设和管理提出了更高更严格的要求，功能区划也应与之相适应。

新规划的普渡河片区在原普渡河保护点的基础上，以普渡河为界，由原来的一片区（东片区）扩大成二片区，面积由原来的 11.0hm^2 扩大到了 263.0hm^2，并进行了功能区划，实行分区管理。

1.5.2 区划原则

1. 保护优先原则

保护区各功能区的区划，必须有利于保护对象的生存及自然环境的保持。核心区面积应尽可能维持最大的生物多样性特征，保护好原始天然林和珍稀濒危动植物种类，保证自然生态系统内各种生物物种的正常生长与繁衍。缓冲区和实验区的区划应有利于核心区的绝对保护，既使保护对象不易受干扰，又有利于保护对象的保护管理、科学研究、物种资源的保存，同时还要有利于发挥各自功能；而实验区的划分应在围绕该区保护主体的前提下，留出实验实习和多种经营用地。保护区中一般只允许在实验区有人工景观，但也仅限于必要设施，与保护无关的生活服务、旅游接待等设施应尽可能布置在保护区外。

2. 连续性和完整性原则

功能区的划分应力求体现保护区生态系统内在的完整性和连续性，这是自然保护区整体保护原则的体现，以达到保持保护对象的完整性和最适宜生境范围的目的。核心区的景观应是自然的和多样化的，一些生态环境不太好或已有人为破坏的地段，如果被核心区包围或基本隔绝，应划入核心区，并且要按核心区的标准来管理，其他情况应纳入缓冲区、实验区的划定范围；重点保护动植物物种较为完整的生境应纳入核心区，对不便于划入核心区的地块，可划入缓冲区。

3. 利于管护原则

各功能区应有明确的目标和严格的界限，各功能区进行区划时应尽量考虑以山脊线、行政界线、河流、山箐和道路等自然地形地物作为区划界限。此外，还要充分尊重当地的民俗习惯，如轿子山片区两片核心区之间的区域为当地居民民俗崇拜的神山，区划时应当充分考虑，以便更加有效地实施对自然保护区的保护工作。核心区和缓冲区应尽量避开居民点和群众经营的耕地、山林，确实避不开的应严格控制范围，并提出控制措施；使各功能区的区划有利于有效管理和控制各种不利因素，方便各项措施的落实和各项活动的组织与控制，方便保护区多功能、多效益的发挥。在部分区域可以只做二级区划，如只区划核心区和实验区或核心区和缓冲区。

1.5.3 区划方法

轿子山自然保护区功能区调整吸收借鉴了国际、国内较为先进的理论、技术和方法，结合轿子山自然保护区保护管理的实际需要，采用多目标适应分析技术对轿子山自然保护区保护对象的分布特征、保护要求，影响及威胁因子、社区发展和旅游业发展进行多目标适应性分析。本次轿子山自然保护区功能区划在原来省级自然保护区功能区划的基础上进行优化调整，从更加合理有效地保护该地区天然植被和重点物种并调动周边社区群众保护积极性、主动性的角度出发，使保护区的性质和主要保护对象不发生任何改变，在保证原生植被的完整性和连续性前提下开展功能区划，使其更加符合我国自然保护区功能区区划的有关规定。

1.5.4 功能区划结果

1. 各功能区面积

轿子山自然保护区总面积 16 456.0hm^2，功能区划采用三区划分。其中，核心区面积 6 587.1hm^2，占保护区总面积 40.03%；缓冲区面积 4 114.5hm^2，占保护区总面积的

25.00%；实验区面积 5 754.4hm^2，占保护区总面积的 34.97%。其中两个片区的划分结果如下：

（1）轿子山片区

轿子山片区总面积 16 193.0hm^2，功能区划采用三区划分，即核心区、缓冲区和实验区。核心区面积 6 512.1hm^2，占轿子山片区总面积的 40.21%；缓冲区面积 4 114.5hm^2，占轿子山片区总面积的 25.41%；实验区面积 5 566.4hm^2，占轿子山片区总面积的 34.38%。

（2）普渡河片区

普渡河片区以普渡河为界分为两个小片区，面积 263.0hm^2，功能区划采用二区划分，即核心区和实验区。河东部分面积 75.0hm^2，分布的保护对象攀枝花苏铁的密度较高，原生状态保存完好，而且该部分地形陡峭，又有普渡河为天然屏障，人为干扰活动难以涉及，因此将其划为核心区；河西部分面积 188.0hm^2，分布着国家 I 级保护植物攀枝花苏铁和两种国家 II 级保护植物，由于之前未划为保护区，部分区域植被次生性质明显，该片区划为实验区，保护规划项目拟在该片区开展攀枝花苏铁的繁育、栽培等科学实验。核心区面积 75.0hm^2，占普渡河片区总面积的 28.52%；实验区面积 188.0hm^2，占普渡河片区总面积的 71.48%。

各功能区面积及比例、保护区功能分区详见表 1-1。

表 1-1　保护区功能区划表

辖区	面积合计	比例	核心区	缓冲区	实验区
保护区面积总计/hm^2	16 456.0		6 587.1	4 114.5	5 754.4
面积比例/%	100.0	100	40.0	25.0	35.0
1. 轿子山片区/hm^2	16 193.0	98.4	6 512.1	4 114.5	5 566.4
1-1 东川区/hm^2	9 241.4	56.16	3 669.8	2 889.2	2 682.4
红土地镇/hm^2	7 725.6	46.95	3 009.7	2 033.5	2 682.4
舍块乡/hm^2	1 515.8	9.21	660.1	855.7	
1-2 禄劝县/hm^2	6 951.6	42.24	2 842.3	1 225.3	2 884.0
乌蒙乡/hm^2	1 305.6	7.93		27.5	1 278.1
雪山乡/hm^2	2 741.9	16.66	1 257.8	513.5	970.6
转龙镇/hm^2	2 904.1	17.65	1 584.5	684.4	635.2
2. 普渡河片区/hm^2	263.0	1.6	75.0		188.0
2-1 禄劝县/hm^2	263.0	1.6	75.0		188.0
乌蒙乡/hm^2	75.0	0.46	75.0		
中屏乡/hm^2	188.0	1.14			188.0

2. 各功能区土地权属

轿子山自然保护区总面积 1 6456.0hm^2，其中国有土地面积 5 390.3hm^2，占保护区总面积的 32.76%；集体土地面积 1 1065.7hm^2，占保护区总面积的 67.24%。

保护区核心区面积 6 587.1hm^2，核心区内国有林面积 1 902.7hm^2，占核心区面积的 28.89%；集体林面积 4 684.4hm^2，占核心区面积的 71.11%。缓冲区面积 4 114.5hm^2，缓冲区内国有林面积 2 060.8hm^2，占缓冲区面积的 50.09%；集体林面积 2 053.7hm^2，占缓冲区面积的 49.91%。实验区面积 5 754.4hm^2，实验区内国有林面积 1 426.8hm^2，占实验区面积的 24.79%；集体林面积 4 327.6hm^2，占实验区面积的 75.21%。

从以上各功能区权属分析可以看出：核心区、缓冲区和实验区均有集体林分布，这有可能为日后保护区的管理带来一些隐患。但是，轿子山自然保护区大部分是高寒山区，交通不便，气候条件较为恶劣，且保护区地处天然林资源保护工程区和重要的水源林区，保护区内的集体林地全部纳入了国家或省级公益林补偿范围。自 1994 年和 1984 年建立省级保护区（点）以来，当地群众对自然保护的意识逐步增强，都能自觉地遵守国家和地方有关自然保护的法律法规，并不同程度地参与到自然保护区的建设和管理中来。在东川区和禄劝县的林权制度改革中，对保护区内的集体林地实行了“分股不分山，分利不分林”的经营模式。昆明市东川区轿子山自然保护区管理所和云南轿子山国家级自然保护区管理站也分别与保护区范围内涉及的村委会签署了《轿子山自然保护区管护协议书》，保护区管理机构已获得全部土地的使用权并领取了土地使用证或办理了委托管理协议。因此，保护区内的集体林对日后保护区的建设和管理影响不大。

1.5.5 功能区范围描述

1. 核心区

核心区面积 6 587.1hm^2，占保护区面积的 40.03%。其范围包括轿子山片区和普渡河片区 2 个片区的 3 个部分。

（1）轿子山片区北部核心区

东以紧风口正西 800m 处的 3 800m 等高线为起点，沿等高线逐级绕行 1 770m 并下至 3 600m 等高线，沿山脊向东南上至 4 002m 高程点，南转下至 3 800m 等高线，西转绕行至火石梁子南侧并下至 3 600m 等高线，沿等高线绕行至 3 518m 高程点，南转至 3 190m 高程点，西转沿山脊上至舒姑丫口，南转沿山脊线经 4 175m、4 137.9m、4 188m、4 137m 高程点，终到 4 062m 高程点为东至界线；南以 4 062m 高程点为起点，向西沿山脊经 3 888m、3 883m 高程点为南至界线；西以 3 883m 高程点西北方向 380m 处的 3 700m 等高线为起点，向东下至 3 300m 等高线，逐级上至 3 600m 等高线到达 3 605m 高程点，向西北沿箐沟下至 3 300m 等高线，向东北上至 3 600m 等高线，向西北沿山脊经 3 506m 高程点至 3 502m 高程点，北转越过河流上至 4 000m 等高线为西至界线；北以马鬃岭的 4 054m 高程点为起点，经 4 035m、4 247.7m 高程点至 4 101m 高程点，北转沿山脊至 4 163m 高程点，向北下至 3 600m 等高线，东转经 3 548m 高程点，再以约 3 600m 的高程绕行接至东至界线起点。

（2）轿子山片区南部核心区

东以大岩脚为起点，向东沿沟箐下至 2 800m 高程，以约 2 900m 高程向东南方向延伸至大石猫东北 1 000m 处后降至 2 475m 高程点，顺河而上，再沿 2 475m 高程点南方 820m 处的河箐南上至大白岩为东至界线；南以大白岩为起点，向西经 3 452m 高程点至 3 365m 高程点，向东南转至两个 3 103m 高程点中间，回转向西北方向经 3 356m、3 282m 高程点至 3 026m 高程点东南 300m 处的箐沟，转向西南方向至中槽子西北 500m 处的箐叉，转向正西方向至大河厂西北 440m 处的箐叉为南至界线；西以箐叉为起点，沿左箐沟上至 3 300m 高程，北转至 3 796m 高程点正东 150m 处为西至界线；北沿 3 800m 等高线向东绕行至东川区与禄劝县县界，向东南沿县界经 3 733m、3 692m、3 615.6m 高程点至 3 646m 高程点东面邻近山峰，北转绕过 3 618m 高程点西侧至大岩脚为北至界线。

（3）普渡河片区核心区

普渡河片区分为两个部分，分别布局于普渡河的左岸和右岸，右岸部分为普渡河片区的核心区。东以海拔 1 800m 为界，西以海拔 1 200m 为界，北以阿播乐南方 400m 处的箐沟为界，南以 1 915m 高程点西南方 100m 处的箐沟为界。

2. 缓冲区

缓冲区面积 4 114.5 hm^2，占保护区面积的 25.00%。其范围包括轿子山片区北部核心区和轿子山片区南部核心区外围约 300m 缓冲范围的 2 个环带状部分。

（1）轿子山片区北部缓冲区

东以小海梁子 3 541m 高程点为起点，沿东南方向经 3 725m、3 885m、3 915m、3 975m、4 107m 高程点，再经紧风口沿山脊至狐狸房，向西南经 3 685m 高程点下至火石梁子南侧 3 600m 等高线为东至界线；南以火石梁子 3 600m 等高线向西绕行至第一个河汊下降至 3 400m 等高线继续绕行，至小偏箐正北 1 000m 处再向南下降至 3 100m 等高线，与河箐交叉后向西沿河箐上升至 4 000m 等高线，向南下降至 3 700m 等高线并绕行至 4 010m 高程点东南 360m 处西转，再沿距核心区边界约 300m 的位置向西延伸至 4 157m 高程点，绕过大海、小海至 4 045m 高程点正西 700m 处的冲尾，沿冲沟下至 3 600m 等高线并向北绕行至山脊为南至界线；西以核心区西边界外围 200～300m 的位置向北绕至马鬃梁子东南方 490m 处的小山包，再转向东南至两县交界处为西至界线；北以 3 400m 等高线与县界交界为起点，沿 3 400m 等高线向东北绕行至岔箐，转向西北沿 3 300m 等高线绕至小海梁子 3 541m 高程点为北至界线。

（2）轿子山片区南部缓冲区

东以大岩脚附近 3 169m 高程点为起点，向东南方向下至 2 700m 等高线，沿等高线绕行至云水箐冲沟尾，降至 2 600m 等高线，沿等高线绕行至箐沟，降至 2 400m 高程点，转向南沿山脊直上至 3 160m 高程点，再经锅底塘东转 620m 南转下至凤凰厂，沿凤凰厂箐沟上行接至石楼梯冲尾，绕过 3 028m 高程点东侧沿沟箐上行接至小横山河箐，再沿河箐下行至两箐岔口绕过 2 997m 高程点南侧连至杨家路丫口、大陷塘梁子、半山丫口至毛坝子为东至界线；南以大风丫口正北 380m 处为起点，沿东川区与寻甸县县界向西北至三县交界，越过三县交界处沿 3 000m 等高线向西北绕行至 3 122m 高程点北侧，向北越过梁子沿岔河厂箐沟下行至 2 700m 高程，绕过山脊沿箐沟上行至 3 030m 高程点，再沿山脊下行至箐沟，转向西南沿河箐右侧 100m 处至中槽子北侧，转西绕过地古洞、马家槽子、大河厂 3 个居民点北侧 200m 处至 2 910m 高程点南侧 290m 处为南至界线；西以独槽子正北 400m 处为起点，向西北沿山脊经 3 603m 高程点至 3 796m 高程点为西至界线；北以 3 990m 高程点为起点，向东经 4 110m、4 134m 高程点接至县界，沿县界向东南延伸至 3 895m 高程点东转，沿县界北侧 300m 处绕至燕子洞南 1 600m 处，北转绕过大药山包包西北侧 360m 处接至东至界线起点。

3. 实验区

实验区面积 5 754.4hm^2，占保护区面积的 34.97%。其范围包括轿子山片区和普渡河片区 2 个片区的 2 个部分。

（1）轿子山片区实验区

东以狐狸房为起点，向南沿山脊线经 4 026m、4 167m、4 034m 高程点至大丫口东 670m 处的河箐，西转经大丫口跨过河箐至 3 400m 等高线并绕行至 3 091m 高程点西北方向冲尾，沿山脊线向西南方向经 3 137m 高程点下至麻糖，转向东南经上河岔、下河岔、小龙塘、牛厂坪、老火地南侧 280m 河箐、云水箐、大箐丫口西侧山脊、2 601m 高程点至 2 697m 高程点为东至界线；南以杨家槽子为起点，向西经小白岩 3 181m 高程点至 3 172m 高程点，从中槽子向西经地古洞、臭子山、马家槽子至独槽子，绕过 2 868m 高程点西侧 200m 处向南经黄土坡至新山丫口为南至界线；西以新山丫口向北沿约 2 800m 等高线绕行至何家村南侧 420m 处上行至 3 100m 高程并绕行至 3 176m 高程点，再沿北侧山脊下行至 2 950m 高程点，再沿等高线向北至大高桥，由大高桥沿公路向北经哈衣垭口至老纸厂东南 840m 处的 3 103m 高程点为西至界线；北以 3 103m 高程点为起点向东至 3 200m 等高线与河箐交叉点，向东北越过山脊至舒姑槽子，沿河箐向上至聂家凹转向西北方向，沿约 3 200m 高程行至小路岔口，沿左侧小路行至山脊，转向东北跨过河流至大沙沟、再沿大沙沟东侧河箐向上至冲尾为北至界线。

（2）普渡河片区实验区

普渡河片区分为两个部分，分别布局于普渡河的左岸和右岸，左岸部分为普渡河片区的实验区。东以文都箐沟底为起点，向南沿 1 200m 高程延伸 1 000m 逐渐抬升至 1 300m 高程，跨过河箐逐渐抬升至 1 400m 高程为东至界线；南以大松坪北邻箐沟 1 400m 至 1 800m 高程段为南至界线；西从大松坪北邻箐沟与 1 800m 等高线交点为起始，沿 1 800m 等高线向北延伸至文都箐沟为西至界线；北以文都箐沟 1 800m 至 1 200m 高程段为北至界线。

1.6 综合评价

建设和发展轿子山自然保护区不仅生态效益巨大，社会效益显著，而且还具有较高的经济效益。这是一项功在当代、利在千秋，集保护、拯救、科研于一身，融生态、社会、经济效益为一体的宏伟工程，对于保护和拯救攀枝花苏铁、林麝等主要保护对象及其栖息地，增强保护区自身和社区可持续发展的能力，不断满足社会发展和人类生活的需要，促进和发展我国的自然保护事业，具有极其重要的现实意义和深远影响。

第2章　自然地理环境

2.1　地质概况

2.1.1　地层和岩石

保护区出露有古元古代、中元古代、新元古代（震旦纪）、寒武纪、二叠纪、三叠纪、侏罗纪、第四纪等地质年代的岩石和地层，缺失奥陶纪、志留纪、泥盆纪、石炭纪、白垩纪和第三纪等地质年代的岩石和地层。最古老的地层为震旦系，出露面积最大的地层为寒武系和二叠系。二叠系及其以前的地层均为海相沉积地层，二叠系以后结束了海洋沉积环境，发育陆相地层，包括河流相、湖相、冰川相等。保护区内岩石类型多样，有震旦系、古生界和中生界的岩浆岩，岩浆岩包括致密状玄武岩、斑状玄武岩、杏仁状玄武岩、玻基质玄武岩、辉长岩、斑状辉绿岩、磁铁橄榄岩等；有震旦系、古生界和中生界的沉积岩，沉积岩包括砾岩、砂岩、粉砂岩、泥质粉砂岩、钙质粉砂岩、变质砂砾岩等碎屑岩，页岩、泥岩、钙质页岩、砂质页岩、炭质页岩等黏土岩，白云岩、泥质白云岩、灰岩、角砾状灰岩、泥灰岩、白云质灰岩等碳酸盐岩；含铁铝土岩、磷块岩、燧石岩、铁质岩等化学岩；有前震旦系变质岩，包括板岩、千枚岩、粉砂质板岩、铁质板岩、炭质绢云母千枚岩、石英岩等，以及黏土、冰碛砾石层、冲洪积层等。

2.1.2　大地构造单元

轿子山地区主要位于南北走向的普渡河断裂带以东，小江断裂带以西。

1）按板块构造学说，轿子山所属板块构造为欧亚板块，位于二级构造单元青藏亚板块东南部三级构造单元川滇菱形断块中段东部边缘，东部隔小江深大断裂与南华亚板块相接。

2）按槽台学说，在大地构造单元划分上，据《云南省区域地质志》，轿子山地区位于一级构造单元扬子准地台的西南部，所属二级构造单元为滇东台褶带，三级构造单元为昆明台褶束，四级构造单元为嵩明台隆，大地构造性质属于褶皱基底上的长期坳陷区。

据《小江断裂带第四纪新构造运动与地震》，轿子山位于扬子准地台内的二级构造单元，即康滇古隆起东侧的昆明-建水褶断区中北部。按《中国大地构造及其演化》，轿子山地区所属最小构造单元为雪山穹隆，位于扬子准地台内的二级构造单元康滇地轴中段东部。康滇地轴由地质学家黄汲清在1954年最早命名，南北长750 km，东西宽320 km，面积为6 hm^2，周边均为深大断裂控制，其基底是前寒武纪地层，主要为昆阳群、大红山群等。

3）按地质力学，轿子山所处构造单元系典型经向构造体系川滇经向构造带，是中国一条长期活动且新构造活动强烈的经向构造带，从燕山期直至新生代均表现为强烈挤压褶皱和隆起。

2.1.3 主要的地质构造

构造运动主要是地球内动力引起的地壳机械运动，经常涉及更深的构造圈层。构造运动使地壳发生变位与变形，形成各种地质构造，促进岩浆活动与变质作用。岩层或岩体经构造运动而发生的变形与变位称为地质构造。地层间遗迹完好的多个不整合接触关系，记录了轿子山地区地壳运动演化进程的地质构造运动历史。主要构造运动有晋宁运动、澄江运动、加里东运动、海西运动、燕山运动和喜马拉雅运动。这些构造运动造成了轿子山古沉积环境的变化。早元古代为浅海相；早元古代末，地壳强烈褶皱回返，伴有大规模的断裂、岩浆活动和变质作用；震旦纪处于海陆交互相；寒武纪处于浅海相、滨海相环境；早奥陶世到早二叠世前，地壳长期缓慢上升，地表以剥蚀夷平为主。二叠纪该地区发生海侵，出现滨海相、海相环境，在晚二叠世发生的陆内裂陷作用下形成洋壳，发生了强烈的玄武岩喷发；三叠纪—侏罗纪，该地区处于缓慢上升阶段，在相对下降的山前坳陷带中形成了湖沼相、河流相环境；第三纪，该地区与云南大部分地区一样，经历了准平原化过程。第四纪以来，地壳不均衡地间歇性急剧抬升，到晚更新世，拱王山上升至雪线以上，经历了第四纪大理冰期，冰川活动遗迹广布。

轿子山自然保护区板块构造位置属青藏亚板块东南部的川滇菱形断块中段东部，构造体系属川滇构造带，主要地质构造有褶皱构造和断裂构造。

1. 褶皱构造

1）晓光向斜。位于轿子山东部、晓光村一带，呈西北东南向延伸。核部由二叠系峨眉山玄武岩及上三叠统—下侏罗统白果湾群陆相地层组成，翼部则为海相古生界及震旦系。两翼不对称，北翼平缓，倾角15°～20°，南翼较陡，倾角20°～50°，宽10 km，长超过22 km。

2）红宽背斜。位于轿子山南部边缘，东西走向，长12 km，宽8～9 km，为一较平缓的短轴背斜。核部地层为上震旦统灯影组，翼部为寒武系、二叠系，轴部交叉，断裂发育，沿断裂有辉绿岩脉侵入。

3）方建背斜。呈南北向沿普渡河东岸分布，长约 22 km，核部为震旦系，两翼分别出露古生界、中生界，岩层走向为北东 10°～30°，背斜微向南倾伏，两翼张性南北向断层发育。

2. 断裂构造

1）小江断裂带。位于轿子山东侧的新村一带，是大地构造单元和亚板块划分的重要界限，是一条形成时间早、活动时间长的超岩石圈断裂带，在长期的地质历史发展中对区域构造起着重要的控制作用。它北起巧家以北，经小江南沿至建水东南，全长 400 多千米。根据其内部构造可划分为北、中、南 3 段，其中的中段与轿子山地质背景和地貌特征存在密切关系。中段分东西两支，东支北起巧家蒙姑，经功山、寻甸、小新街、宜良，一直延伸到徐家渡一带，全长约 200 km。西支由东川达朵北向南，经乌龙、沧溪、甸沙、杨林、汤池，一直延伸到澄江，全长约 180 km。小江断裂带由多条次级剪切断层和张剪切断层构成，内部构造十分复杂。在长期活动过程中，曾经历压、张、扭不同力学性质的转化，沿带有最宽 500 m 左右的断层破碎带，沿断面断层泥发育。对轿子山地区岩浆活动、沉积建造、新构造运动、地貌和水系的发育、地质灾害的发生等具有重要的控制作用。

2）普渡河断裂带。北起金沙江以北，向南大致沿普渡河延伸，之后经昆明、玉溪至峨山一带，全长约 280 km。走向近南北，是川滇菱形块体内部的一条断裂，与小江断裂带大致平行。普渡河断裂带是一条长期活动的岩石圈断裂带，断层面向西陡倾，且具有扭压性质，为高角度逆冲断层，破碎带宽 200～300m。沿断裂印支期、燕山期岩浆活动强烈，二叠纪沿断裂有基性火山喷发和侵入活动，中、新生代控制了沿线盆地和湖泊的发育，沿断裂带现今地震活动仍很强烈。

2.2　地貌的形成和特征

2.2.1　地貌的形成

地貌是指地球硬表面由地貌内外动力共同作用塑造而成的多种多样的外貌或形态。地貌动力有内外之分，内动力表现为地壳运动、岩浆活动与地震，外动力指太阳辐射能通过大气、水生物作用，并以风化作用、流水作用、冰川作用、风力作用、波浪作用等形式表现的力。地貌的成因主要包括 5 个方面，即构造运动、气候因素、岩性、生物及人类活动。

1. 构造运动和地貌发育

构造运动造成地球表面的巨大起伏，因而成为形成地表宏观地貌特征的决定性因素。2.1 节探讨了地壳活动对轿子山自然保护区的影响。其主要的地质构造有褶皱构造和断裂构造，造成轿子山保护区基本的地貌单元，形成不同高度的地貌特征，因而表现出垂直分异。

2. 气候因素对地貌的影响

大多数地貌外动力都受气候因素的影响。气候水热组合状况不同导致外动力性质、强度和组合状况发生差异，最终将形成不同的地貌类型及地貌组合。

轿子山自然保护区位于北亚热带，具有低纬高原季风气候特征。夏季正值雨季，受湿热气候影响，地表径流丰富，流水作用成为主导外动力。

山地气候与地貌均因高度而异。湿润且有足够高度的山地在冰川冰缘与流水的作用下，形成的高寒地貌占优势。轿子山海拔 3 500m 以上的高山地区，则全年皆冬，寒冷潮湿，积雪长达 4—5 个月。

3. 岩性对地貌形成的影响

各种岩石因其矿物成分、硬度、胶结程度、水理性质、结构与产状不同，抗风化和抗外力剥蚀作用常表现出很大的差别，形成的地貌类型或地貌轮廓往往不相同。轿子山自然保护区的山岭峭壁多属于坚硬和胶结良好的砾岩、石英岩等。湿热气候条件下的碳酸盐易遭溶蚀而形成喀斯特地貌。

4. 生物对地貌形成的影响

生物在其生命过程中使岩石发生机械风化和化学风化，进而影响地貌发育。植物根系由疏到密，由短到长，由细到粗，致使岩石裂隙扩大以致崩塌。轿子山自然保护区分布的银木荷、杜鹃、高山柏林、冷杉林、杂类草草甸，根系和枯枝烂叶在不同程度上对地貌形成影响。

5. 人类活动对地貌的影响

人类活动对地貌发育的影响通常有两种方式：一是通过改变地貌发育条件加速或延缓某种地貌过程，如轿子山自然保护区的开发过程加大种植树木力度，减少侵蚀；二是直接干预地貌过程，甚至改变地貌发育方向，如保护区内的人工建筑物直接影响地貌形态。

2.2.2 地貌结构和地貌特征

轿子山地区的地貌是一种多元化、多层次、聚变式的地貌组合，区域地貌类型结构复杂多变。构造形迹以褶皱和断裂为主。小江断裂带由多条次级剪切断层和张剪切断层构成，内部构造十分复杂，普渡河断裂带是一条长期活动的岩石圈断裂带，与小江断裂带大致平行，沿断裂带现今地震活动仍很强烈。

轿子山地区整体地势中部高，向东西两侧呈阶梯状下降，河谷切割深，相对高差大，区内构造地貌发育，地貌大格局受构造控制明显，古冰川遗迹冻土地貌较为发育，古冰川遗迹主要有冰斗、刃脊、角峰、U 形谷、冰溜槽、冰蚀洼地、冰蚀槽、羊背石、冰蚀湖、冰蚀坎等冰蚀地貌和冰碛堤等冰碛地貌，以及冰碛物和冰水沉积物。轿子山第四纪末次冰期的冰川遗迹是研究中国东部第四纪古冰川发育的良好场所，同时为研究东亚地区的季风演化提供了物质基础。

轿子山地区地质条件复杂，其中上部坡度大，由于地质历史时期断裂、挤压作用强，大多数地区的岩体都较为破碎，加之夏季降水集中，沟谷下切侵蚀强烈，很容易形成高陡边坡，沟内容易发生崩塌、滑坡，并形成相应的崩塌崖壁、倒石锥、滑坡壁和滑坡体等地形。泥石流主要发育在轿子山保护区周边海拔 2 500 m 以下的沟谷中，其活动历史可追溯到早更新世，轿子山片区东部的小江流域是中国雨洪型泥石流最典型的地区。复杂的地质构造、频繁的地震活动、特殊的地形及集中的暴雨等因素是泥石流发生的主要原因。

1. 轿子山垂直地貌及其特征

轿子山自然保护区地势中部高，东西两侧呈阶梯状下降。轿子山的地质基础是个穹隆构造，其东西两侧受小江深大断裂和普渡河大断裂控制，是典型的地垒式断块隆升侵蚀高山，其地势以山脊线附近地区较高，一般在 3 800～4 200m，向四周迅速降低，受该地势的深刻影响和控制，水系发育和河流流向表现出明显的放射状特点。轿子山最高点雪岭主峰，海拔 4 344.1m，最低点是小江与金沙江汇合处的小河口，海拔 695m，相对高度是 3 649.1m。轿子山山脊与东部小江河谷的相对高度一般为 3 000m 左右，与西部普渡河河谷的相对高度一般为 3 200m 左右（图 2-1）。

2. 喀斯特地貌及其特征

喀斯特地貌发育在轿子山地区出露的元古界、寒武系、二叠系等地层中，均沉积有碳酸盐类岩石，在新构造运动中保护区间隙性的抬升造成河流下切强烈，地下水位不断变化，加之水热条件较好，在其出露地段，都发育有类型多样的地表和地下喀斯特地貌形态，形成特有的喀斯特生态环境，在不同海拔高度上都有表现。东川区红土地镇的小海顶至小海、猴子石、大兴场、大厂村一带，禄劝县乌蒙乡的乌蒙村、何家村一带（位置：26° 3′ 6.3″N，102° 49′ 56.9″E，海拔 3 240m 左右），东川区舍块乡九龙村、汤丹镇的石将军一带，喀斯特地貌十分发育，常见地表类型有溶丘、石芽、石林、孤峰、峰丛、溶蚀洼地、落水洞等，地下类型有溶洞、地下河及其洞内的石钟乳、石笋、石柱、石幔等。主要溶洞有红土地镇大厂村的硝洞（洞口位置：26° 2′ 27″N，102° 56′ 10.4″E，海拔 3 200m）、大燕洞（洞口位置：26° 2′ 49.7″N，102° 56′ 7″E，海拔 2 940m），炭房村的

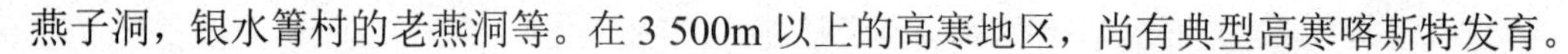

燕子洞，银水箐村的老燕洞等。在 3 500m 以上的高寒地区，尚有典型高寒喀斯特发育。

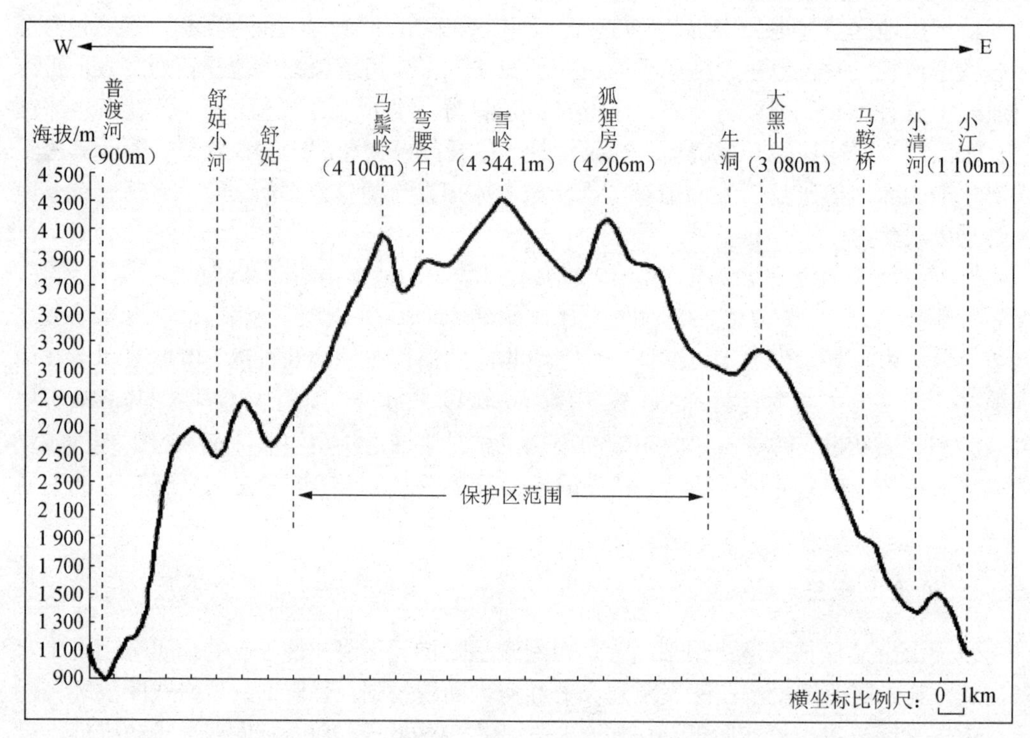

图 2-1　轿子山地区地势剖面图（沿 26° 28′45″）

3. 古冰川遗迹和冻土地貌及其特征

轿子山地区于更新世晚期（中更新世末至晚更新世）经历了第四纪末次冰期，经受过古冰川的作用，古冰川遗迹十分普遍。轿子山地区古冰川为末次冰期，可分为：①倒数第二次冰期，TL（热释光）年代为距今 10 万～11 万年；②末次冰期早期，距今 4 万～5 万年；③末次冰期盛期，距今 1.8 万～2.5 万年；④晚冰期，距今 1 万年左右，各期的古雪线高度分别为 3 700～3 550m、3 720m、3 750～3 700m 及 3 950m。古冰川作用形成的遗迹主要分布于海拔 3 000m 以上的高山和高中山地区，其中以东川区的滥泥坪、牛洞坪及老炭房附近最为典型，其次是落雪、轿子山附近地区。常见古冰川遗迹主要有冰斗、刃脊、角峰、U 形谷、冰溜槽、冰蚀洼地、冰蚀槽、羊背石、冰蚀湖、冰蚀坎等冰蚀地貌和冰碛堤等冰碛地貌，以及冰碛物和冰水沉积物等。

轿子山地区冰碛物分布广泛，堆积所形成的典型地貌是冰碛堤，包括侧碛堤和终碛堤。牛洞坪、妖精塘地区共有 3 级冰碛堤，分布的海拔高度分别是 3 000～3 300m、3 300～3 700m、3 700～3 800m。老炭房地区则有 2 级冰碛堤，其分布的海拔高度分别是 2 950～3 250m（老炭房村后）、3 250～3 550m，分布高度明显低于牛洞坪、妖精塘地区。上述冰碛物堆积，大多为砾石和黏土混合物，砾石大小不等，有些砾石的表面尚存明显的冰川擦痕。堆积物无分选、无磨圆、无层理，成分复杂。海拔 3 600 m 以上山地，气候属于山地寒温带，寒冷潮湿，积雪时间长 4—6 个月，寒冻风化强烈，冰缘作用显著，季节冻土和冻土地貌较为发育，石海、石河、石冰川、岩屑锥（又称倒石堆）、雪蚀洼地等地貌形态分布普遍，妖精塘冰斗后壁的东南方就分布有一大型的石冰川，覆盖于侧碛堤之上，双龙塘冰斗后壁，倒石堆、石海、石河、石冰川等随处可见。

4. 玄武岩台地地貌及其特征

玄武岩台地在晚古生代晚二叠纪，沿小江断裂带发生大规模玄武岩喷发，喷发出的玄武岩覆盖了轿子山及其周边的广大地区，厚度超过 2 000m。到中新世，轿子山及周边地区在长期的外力作用下，形成平坦的夷平面。上新世末以来，在新构造运动中，夷平面抬升了 3 500～4 000m，并断裂解体，后经冰川、流水等外力雕塑，轿子山顶附近、小海附近形成玄武岩台地。

5. 构造地貌及其特征

构造地貌发育特征明显的轿子山，位于康滇地轴中段，其东、西、南三面均为深大断裂围陷，是新生代以来快速隆升的典型断块山。东部小江和西部普渡河深切河谷均是受小江及普渡河深大断裂控制的结果，沿河谷两岸还形成了次一级的类型多样的构造地貌，如断错沟谷、断错阶地、断错山脊、断层崖、断层三角面等。轿子山片区东部的小清河谷地受西北-东南走向的晓光向斜控制，并经河流侵蚀而发育形成。保护区内受许多次一级断裂的影响和控制，形成分布众多的规模不等的断层崖，轿子山顶附近的大黑箐断层崖、红土地镇大厂村的大白崖断层崖（26° 3′1.1″N，102° 56′9.7″E，崖脚海拔约 3 050m，长约 4 000m）和乌蒙乡至雪山乡沿线的断层崖等，典型壮观，具有较高的景观价值。红土地镇老炭房双塘子沟源头地区，受岩层产状控制，发育有典型的单斜构造地貌，如单面山、猪背脊、顺向谷、次成谷等。玄武岩分布区因其柱状节理发育，在地震、风化、重力等内外力作用下还形成了玄武岩石柱、地裂缝等小型地貌形态。马鬃岭的玄武岩石柱、轿子山顶的地裂缝、塌陷等都十分典型。

6. 灾害地貌及其特征

灾害地貌包括崩塌、滑坡、泥石流等地貌过程及其所形成的地貌形态。轿子山地区地质条件复杂，其中上部坡度大，由于地质历史时期断裂、挤压作用强烈，大多数地区的岩体都较为破碎，加之夏季降水集中，沟谷下切侵蚀强烈，很容易形成高陡边坡，沟内容易发生崩塌、滑坡，形成相应的崩塌崖壁、倒石锥、滑坡壁和滑坡体等地形。泥石流主要发育在海拔 2 500m 以下的沟谷中，其活动历史可追溯到早更新世。

2.3 气候

2.3.1 气候类型

轿子山自然保护区主体是被称为“滇中第一山”的轿子山，山势险峻、地形崎岖，地貌类型及其空间结构复杂多样。由于经纬度位置、云南高原下垫面性质、高原与高山峡谷地形和冬夏半年性质不同天气系统交替的影响和控制的综合作用，因此该地区所处水平气候带（基带）具有一般云南低纬度高原季风气候的典型特点。轿子山自然保护区位于高山峡谷地区，山高谷深，最低点是普渡河河谷，海拔 1 200m，最高点是雪岭，海拔 4 344.1m，相对高差 3 144.1m。平均岭谷高差为 3 000～3 200m，巨大的高差使得保护区发育了滇东高原最为完整的气候、土壤、植被和自然带的垂直带谱和最丰富的植被类型。以北亚热带为水平基带，向上依次发育有暖温带、中温带、寒温带，向下依次发育有中亚热带、南亚热带，构成一个典型完整的山地垂直气候带系列。

2.3.2 气候特征

轿子山自然保护区位于北亚热带半湿润区，即 1 600～2 000m 为其基带气候，低纬高原季风气候显著。

1. 显著的低纬高原季风气候

轿子山自然保护区海拔 1 600～2 000m 为其基带气候，类型为北亚热带半湿润季风气候区，具有显著的低纬高原季风气候特征。

冬无严寒，夏无酷暑，四季如春。保护区基带年平均气温 13.4～15.6℃。夏季正值雨季，受热带海洋气团控制，多云雨天气、日照少、气温不高，最热月（7 月）平均气温 18.4～21.7℃，气候均温不超过 22℃，可谓盛夏而无夏热。冬季受热带大陆气团控制，降水稀少，多干暖、晴朗天气，最冷月（1 月）平均气温 6.6～7.9℃，可谓隆冬而无冬寒。与同纬度低海拔的其他地区相比，保护区基带的气温具有夏季偏低凉爽、冬季偏高暖和，年较差偏小、四季如春的特点。日较差大，年较差小。保护区基带范围内，气温日变化小于年变化，这显著有别于滇中山原地区气温年变化小于日变化的规律。例如，海拔 1 669.0m 的禄劝气象站，年均气温日较差 13.3℃，年较差 13.2℃；海拔 2 251.0m 的汤丹，年均气温日较差 8.8℃，年较差 12.2℃。春温高于秋温。保护区基带范围内，春温明显高于秋温，春温平均比秋温高 2.0～7.0℃。春季（3—5 月）正值干季，天气晴朗、日照充足、太阳辐射量多，地面干燥、蒸发耗热少、升温快，气温较高。秋季（9—11 月）正值雨季或雨季结束不久，多云雨天气、湿度大，情况与春季相异，气温较低，明显不同于中国东部地区春温低于秋温的特点。

降水季节变化大，干湿（雨）季分明。保护区基带年降水量 800～1 100mm，季节分配极不均匀，夏秋多雨，冬春干旱，一年内有一个明显的干季和雨季。5—10 月为雨季，降水丰沛，降水量占全年的 85%～90%，多云雨天气、日照少、湿度大、气温较高。11 月至次年 4 月为干季，降水稀少，降水量仅占全年的 10%～15%，多晴朗天气、日照充足、湿度小、气温较低。

2. 气候垂直分异显著

保护区属典型高山峡谷地区，地势起伏大，对温度的影响主要表现在气温随着海拔升高而降低。在对流层自由大气里高度每上升 100m，气温平均下降 0.65℃。海拔越高下降越大，致使日照时数、太阳总辐射、气温、降水等气候要素的垂直分异非常显著。山地水热状况具有明显垂直变化，并可形成垂直气候带。从海拔 1 200m 的普渡河河谷上升到海拔 4 344.1m 的最高峰雪岭，依次发育有南亚热带（1 400m 以下）、中亚热带（1 400～1 600m）、北亚热带（1 600～2 000m）、暖温带（2 000～2 400m）、中温带（2 400～2 900m）、寒温带（2 900～4 000m）、寒带（4 000～4 344.1m）共 7 个垂直气候带。1 200m 以下的普渡河河谷气候干热，长夏无冬，盛夏酷热，春秋极短。2 000m 左右的山腰，夏季凉爽，冬季暖和，冬短无夏，春秋相连。3 000m 左右的高中山地区，冬长无夏，春秋短。3 500m 以上的高山地区，全年皆冬，寒冷潮湿，积雪期长达 4—5 个月。

2.3.3 气候资源

1. 光能资源

轿子山自然保护区地处云贵高原，光照资源较丰富。详细数据第 1 章已给出，在此不做重复论述。

2. 热量资源

轿子山自然保护区属山地，气温垂直变化显著。详细数据第 1 章已给出，在此不做重复论述。

3. 水分资源

轿子山自然保护区年降水量从普渡河河谷到轿子山顶，由 700mm 左右递增到 1 600mm 左右。保护区东坡、东北坡，从小江河谷到最高峰雪岭，年降水量由 700mm 左右增加到 1 500mm 左右。山脊山顶地区，降水量最丰富，高达 1 600～1 800mm。西坡、西南坡降水量明显多于东坡和东北坡。降水量季节分配极不均匀，雨季降水量占全年的 85%～90%，干季降水量只占全年的 10%～15%。降水日数从普渡河河谷至轿子山顶，由 110 天增加到 170 天左右，73%～79%的雨日集中在雨季。普渡河片区年蒸发量 1 700～1 800mm，雨季干燥度 1.0～1.6，干季干燥度 3.0～19.0。轿子山片区年蒸发量 1 000～1 200mm，雨季干燥度 0.3～1.8，干季干燥度 1.5～9.5。从普渡河河谷到最高峰雪岭，干旱、半干旱持续时期明显缩短，湿润时期明显增长，3 000m 以上地区出现潮湿类型，持续时期长达 3—5 个月。

2.4 水文

2.4.1 主要河流简介

流经轿子山自然保护区东部及附近地区的河流为金沙江一级支流小江的支流，流经保护区西部及附近地区的河流为普渡河及其支流。

1. 普渡河

普渡河发源于嵩明县阿子营黄龙潭，流经昆明滇池、安宁市、富民县后，进入禄劝县，由南向北流经崇德、翠华等 7 个乡镇，于火头田渡口（小河口）注入金沙江。自滇池的出海口至石龙坝称海口河，石龙坝以下经安宁市至富民县境称螳螂川，自禄劝县至金沙江交汇处称普渡河。除正源滇池外，尚有鸣矣河、掌鸠河、洗马河等数十条支流，拥有丰富的水利和水能资源，对于昆明市现在和将来社会经济的持续发展具有十分重要的作用。干流流经攀枝花苏铁保护片区，包括滇池流域在内的径流面积 11 750km^2，全长 359 km，落差 1 854m，河床平均比降 5.2‰，平均流量 71.4m^3/s，多年平均径流总量 23.0 亿 m^3。普渡河以佛教“普渡众生”一语取名，因两岸山高谷深、水流湍急，人们希望能平安渡河，故名普渡河。发源并流经保护区的主要支流有乌蒙河、舒姑小河、基多小河、清水河（属洗马河支流）等。

2. 小江

小江的干流位于保护区东部，为金沙江右岸一级支流，其左岸支流大多流经保护区。小江古称壁谷江、壁古江，发源于寻甸县清水海（也称车湖），经功山进入东川区，于格勒坪汇入金沙江，上段称响水河，中段称大白河，下段称小江，是东川区纵贯南北的一条主要河流。当地称金沙江为大江，小江与之相对而得名。中、下游河谷开阔，呈 U 形，谷底宽 600～1 500m，河漫滩宽 300～600m，河床不稳定，冲淤变化频繁，河槽摆动不定，河水常年浑浊，含沙量高。两岸泥石流发育，水土流失严重，是我国雨洪型泥石流较典型的地区之一。同时，小江也是我国规模最大、最为壮观、目前仍处活跃期的泥石流河。

沿江两岸有 87 条泥石流沟，较大的泥石流沟 54 条，危害严重的有 12 条，其中以蒋家沟和大桥河最著名。全长 140.25 km，平均比降 1.3%，流域面积 3 086.2km^2，年径流深度 512.9mm。据小江水文站（位于小江桥附近）观测，最大流量 670.0m^3/s，最小流量 6.1m^3/s，年平均流量 36.8m^3/s，河水含沙量 2.67～6.77kg/m^3，最高达 220kg/m^3，年输沙量 610.5 万吨，是金沙江支流中含沙量最大的河流。主要支流有黄水箐、小清河、块河、乌龙河、大桥河等，其中，小清河发源并流经保护区。

2.4.2 湖泊

拱王山在第四纪更新世晚期已隆升至雪线以上，曾经历了末次冰期，经冰川作用形成了许多冰蚀洼地、冰蚀槽、冰斗等冰蚀地形，部分凹地在冰后期积水即形成冰蚀湖泊。湖泊主要分布在 3 000～3 950m 高度，数量近百个，但面积都很小，主要有轿子山附近的木椰海、大海、小海、大精塘、双塘子、白龙塘等。湖泊透明度高，各项水质指标几乎都能达到《地表水环境质量标准》（GB 3838—2002）中的 I 类标准。

轿子山自然保护区内的河流、湖泊均属金沙江水系，涵盖其 2 条一级支流小江和普渡河两大流域。普渡河及小江的许多重要支流发源于拱王山中上部，致使保护区成为金沙江重要的水源地之一。保护区周边社区生产、生活用水主要源于拱王山大小河流。拱王山是金沙江中下游最高的高山，其中上部降水丰富，大多在 1 500～1 600mm，原生性亚高山暗针叶林、亚高山灌丛草甸覆盖率高，连通性好，水源涵养及土壤保持功能强，具有显著的高山增水效应。因此，保护拱王山高山生态系统就是保护滇中的水塔。保护区中上部，高山湿地分布，有冰蚀湖泊、沼泽、沼泽化草甸、溪流、泉水等，它们是轿子山高山寒区生态与环境稳定的重要调节器。因此，加强对轿子山水源区水源涵养与生态系统的保护非常重要。

2.5 土壤

2.5.1 保护区的土壤类型

保护区自然成土环境条件复杂多样，发育有铁铝土、半淋溶土、淋溶土、高山土、初育土、水成土 6 个土纲，湿热铁铝土、半湿热半淋溶土、湿暖淋溶土、湿暖温淋溶土、湿温淋溶土、湿寒温淋溶土、石质初育土、矿质水成土、湿寒高山土 9 个亚纲，红壤、燥红土、黄棕壤、棕壤、暗棕壤、棕色针叶林土、石灰土、紫色土、沼泽土、亚高山草甸土 10 个土类，红壤、褐红壤、暗黄棕壤、棕壤、暗棕壤、棕色针叶林土、红色石灰土、黑色石灰土、酸性紫色土、草甸沼泽土、亚高山灌丛草甸土 11 个亚类，见表 2-1。

表 2-1　保护区的土壤类型

土纲	亚纲	土类	亚类
铁铝土	湿热铁铝土	红壤	红壤
半淋溶土	湿润半淋溶土	燥红土	褐红壤
淋溶土	湿暖淋溶土	黄棕壤	暗黄棕壤、黄棕壤性土
	湿暖温淋溶土	棕壤	棕壤、棕壤性土
	湿温淋溶土	暗棕壤	暗棕壤
	湿寒淋溶土	棕色针叶林土	棕色针叶林土
水成土	矿质水成土	沼泽土	草甸沼泽土
初育土	石质初育土	紫色土	酸性紫色土
		石灰土	黑色石灰土
			红色石灰土
高山土	湿寒高山土	亚高山草甸土	亚高山灌丛草甸土

1. 燥红土

轿子山相对高差在 3 000m 以上，产生了干热的焚风，使得山峰的背风坡的气候具有热量较高、酷热期长、降水量少、蒸发量大的特点。

燥红土土层深厚，具有明显的发生层次，其剖面构型为 Ah-Bs-C 型。Ah 层：腐殖质层（有腐殖质积累的淋溶层），其厚度一般为 10～15cm，在自然植被下，表面具有一定的干残落物。灰棕色（7.5YR3/4），粒状或团块状结构，疏松，向下层过渡不明显，可能有石灰反应。Bs 层：氧化铁铝聚集的淀积层，厚度一般为 50～80cm，红棕或红褐色（2.5YR6/8～5YR5/6），是铁质化在颜色上表现比较明显的层次。质地为砂质或壤质，呈小块状或棱块状结构。C 层：化学风化度较大的母质层。

2. 红壤

红壤是滇中高原的基带土壤，成土母质主要是海相沉积的砂岩、砾岩、页岩、石灰岩、白云岩等的冲击、堆积物。气候类型为中亚热带高原季风气候。红壤分布在保护区海拔 2 300m（轿子山东侧）以下的中低山地，年平均气温 13～15℃，最冷月平均气温 6～7℃，最热月平均气温 18～21℃，≥10℃年活动积温 4 000～4 500℃，年降水量 960～1 000mm。植物主要为半湿润常绿阔叶林经破坏后的次生林。轿子山自然保护区是一个范围集中、海拔较高的区域，区内最低海拔为 2 286m。因此，红壤分布面积很少，是保护区分布面积较少的土壤类型。

3. 黄棕壤

黄棕壤是暖湿气候条件下形成的土壤类型，它是山地垂直带中的土壤，黄棕壤分布于红壤之上、棕壤之下。成土母质以玄武岩及泥质岩类为主，母质主要以坡积物为主。黄棕壤分布于海拔 2 200（2 300）～2 600（2 700）m。植被类型以中山湿性常绿阔叶林破坏后的次生林为主，年平均气温 11～13℃，最冷月平均气温 4～6℃，最热月平均气温 16～18℃，≥10℃年活动积温 3 000～4 000℃，年降水量 1 000～1 100mm。土层大多深厚，呈灰棕色、黄棕色或棕色，土壤质地以棕壤为主，黏粒的下移和淀积现象比较明显。黄棕壤地带海拔较高，除植被破坏及水土流失较严重的区域外，剖面发育较完整，土体构型多为 A-AB-B-C 型或 A-B-C 型，在原始植被破坏的条件下，缺少了枯枝落叶为主的 AO 层。

4. 棕壤

棕壤分布于海拔 2 600（2 700）～3 300（3 400）m 的山地，地势陡峭。成土母质是以玄武岩及泥质岩类为主的坡积物，其次还有位于山顶及山麓的残积物。它以暖温带湿润针阔混交林为主，但原生植被遭破坏严重，主要树种有滇山杨石栎、木荷、杜鹃等，还有少量的草丛。年平均气温小于 11℃，最冷月平均气温小于 4℃，最热月平均气温小于 16℃，≥10℃年活动积温小于 3 000℃，年降水量大于 1 100mm。棕壤区降水丰富，雨季多雾雨，土壤形成的主要特点是明显的黏化过程，由于土壤受冻层影响，淋溶较弱，淀积层发育不明显；土壤质地较轻、结构良好，属酸性土壤，土壤有机质及矿物含量较高，自然肥力高。因为土壤的棕化作用非常明显，所以土体呈棕色或灰棕色，层次过渡不明显。

5. 暗棕壤

暗棕壤是山地垂直带谱中温带湿润针阔混交林下发育而成的山地森林土壤类型。成土母质类型以玄武岩风化的坡积残积物为主。主要分布在海拔 3 300（3 400）～3 700（3 800）m 的地区，但保护区由于受地质地貌、气候的影响，暗棕壤分布跨度很大，东川区的法者乡分布下限为海拔 2 900m 的炭房、银水箐大厂、原保土等地。主要植被是急尖长苞冷杉与箭竹的混交林。很多地方原生植被已被破坏，形成草被或箭竹及其他灌木的混交灌林。这些地区因气候潮湿、冷凉，有机质分解慢，在植被未被破坏的情况下，土表一般有 0.5～5cm 厚的枯枝落叶层，土壤有机质含量丰富。土壤剖面颜色呈暗棕色至黄棕色，土壤质地一般为轻壤或沙壤，结构疏松。

6. 棕色针叶林土

棕色针叶林土是云南山地土壤垂直带谱中，在寒温湿润的气候条件下和暗针叶林植被条件的综合影响下发育形成的一个特殊的土壤类型，常与暗棕壤处在同一土壤带内，相互镶嵌交错分布，呈条带状或岛状分布。但棕色针叶林土的上下限都比棕壤要高，因而其上限为亚高山草甸土，下限为暗棕壤或棕壤。成土母质以玄武岩的坡积残积物为主。植被以冷杉为主，也有杜鹃、箭竹、高山柏等。由于土壤受冻层影响，淋溶较弱，土壤淀积层发育不明显。凋落物和腐殖质层之下呈棕灰色，一般有 2～3cm 厚，再向下淋溶就比较少，中下部土层为棕色，多含有风化不完全的小砾石。土壤质地较轻，结构良好，属酸性土壤，有机质含量比暗棕壤要高。土壤层次分异明显，特别是枯枝落叶层之下的灰化层比较明显，这也是棕色针叶林土的重要特征之一。

7. 石灰土

石灰（岩）土是热带亚热带地区在碳酸岩类风化物上发育的土壤，多为黏质，土壤交换量和盐基饱和度均高，土体与基岩面过渡清晰。石灰（岩）土的土类划分 4 个亚类，轿子山自然保护区主要分布的是红色石灰土和黑色石灰土。红色石灰土亚类多发育于厚层石灰岩古老风化壳，是风化淋溶最强、脱钙作用最深的石灰（岩）土，土体无石灰反应，酸碱度中性；黑色石灰土亚类是零星分布于岩溶区的岩隙与峰丛间的 A-R 型土壤，黑色腐殖质层厚 20～40cm，有机质含量 5%～7%，脱钙程度低，土体有石灰反应，微碱性。

8. 紫色土

2 700m 以下是紫色砂页岩上发育的紫色土，质地粗、抗蚀性能差。紫色土形成深受成土母质影响，物理风化强烈，化学风化微弱，碳酸钙不断淋溶，尤其是经物理分解为碎屑物后更为显著。岩层屡受侵蚀，成土母质不断更新或堆积，碳酸钙淋溶也持续不断地进行。土质疏松，母岩松脆，易于分解，碳酸钙含量大于 6%，土壤有机质在 10g/kg 左右，氮、磷低，锌、硼严重缺乏，土体浅薄，保水抗旱能力差。全钾含量 2%以上，盐基饱和度 80%～90%。

9. 沼泽土

沼泽土大都分布在低洼地区，具有季节性或长年的停滞性积水，区内有因沼生植物的生长和有机质的嫌气分解而形成潜育化过程的生物化学过程。停滞性的高地下水位，一般是由于地势低平而滞水，但也有的是由于轿子山高处有永冻层渍水，发育有小面积的沼泽土。

10. 亚高山草甸土

亚高山草甸土在保护区分布于海拔 4 000m 以上，大部分地带玄武岩外露，表土浅薄，大都只有 12cm 左右，均为自然土壤。该地区气候寒冷而湿润，常年积雪达 7—8 个月。植被以高山矮生垫状植物为主，裸露的岩面多有附生的地衣苔藓，其成土过程以腐殖质积累和融冻作用为主。表土有 3～10cm 的草质层，根系交织似毛毡，呈浅棕色。成土母质为玄武岩风化的残积物，剖面构型为 A-D 两层，A1 层因腐殖质含量高，土壤颜色较暗且呈褐色。剖面通体含有较多的砾石。土壤为酸性土壤，这类土壤有机质及全氮、全磷、全钾等养分含量均高，其潜在肥力高。它在土壤垂直带谱中是分布海拔位置最高的土壤类型。

2.5.2　土壤的分布规律

1. 土壤地带性分布规律

土壤地带性分布规律是指广域土壤与大气和生物条件相适应的分布规律。它包括由于大气候生物条件纬度及海拔高度变化所引起的土壤地带性分布规律。

土壤是特定的历史-地理因子的产物，其形成、发展和变化与地理环境有密切关系，土壤类型是随着空间转移而变化、以三维空间形态存在的。土壤带是三维空间成土因素的函数

$$S = f(WJC) \tag{2-1}$$

式中，S 为土壤分布特征；W 为纬度；J 为看似经度影响下实际上由距海洋远近决定的某一地的干湿状况；C 为海拔高度。

在一定区域范围内，土壤受 W 控制则形成纬度地带性，受 J 控制则形成干湿度地带性，受 C 控制则形成垂直地带性，其函数式分别为

纬度地带性

$$S_1 = f(W) \tag{2-2}$$

干湿度地带性

$$S_2 = f(J) \tag{2-3}$$

垂直地带性

$$S_3 = f(C) \tag{2-4}$$

三种土壤地带性中，纬度地带性是干湿度地带和垂直地带性的基础，纬度地带性和干湿度地带性共同制约着土壤的水平分布规律，垂直地带性决定山地和高原的分布规律。

轿子山自然保护区是一个东西窄、南北长，面积集中、范围较小的区域，土壤的水平地带性分布不明显。但是，区内海拔高低悬殊，地形错综复杂，生物气候多样。其保护区土壤的分布主要从垂直分布规律进行分析。受海拔高度的控制比较大。

随着海拔升高、气温降低，水热状况、土壤类型也发生相应的变化。从河谷到主峰雪岭，依次分布有燥红土带（1 400m 以下）、红壤带（1 400～2 300m）、黄棕壤带（2 300m～2 700m）、棕壤带（2 700m～3 300m）、暗棕壤带（3 300m～3 700m）、棕色针叶林土带（3 700～4 000m）和亚高山草甸土带（3 300m～4 344.1m）。其中，红壤带属于轿子山地

区的土壤水平带（基带），红壤带之上的土壤带属于正向垂直地带，红壤带之下的燥红土带属于负向垂直带，见图 2-2。

2. 土壤地域分布规律

土壤分布的地域性（地方性）规律，是指广域地带范围内土壤与中、小地形及人为耕作影响、母质水文地质等地方性因素相适应的分布规律。土壤的地域分布规律包括中域性分布和微域分布。在保护区，红壤带、黄棕壤带内还发育有非地带性的石灰土和紫色土，但面积较小。在棕色针叶林土带和亚高山草甸土带内，低洼积水或常年过湿地貌部位，发育有小面积的沼泽土。土壤垂直带谱属于季风性带谱系统，带谱类型系亚热带湿润型。保护区内部由于所处地貌部位、水热条件不同，带谱中各土壤带的交错分布和过渡现象明显。

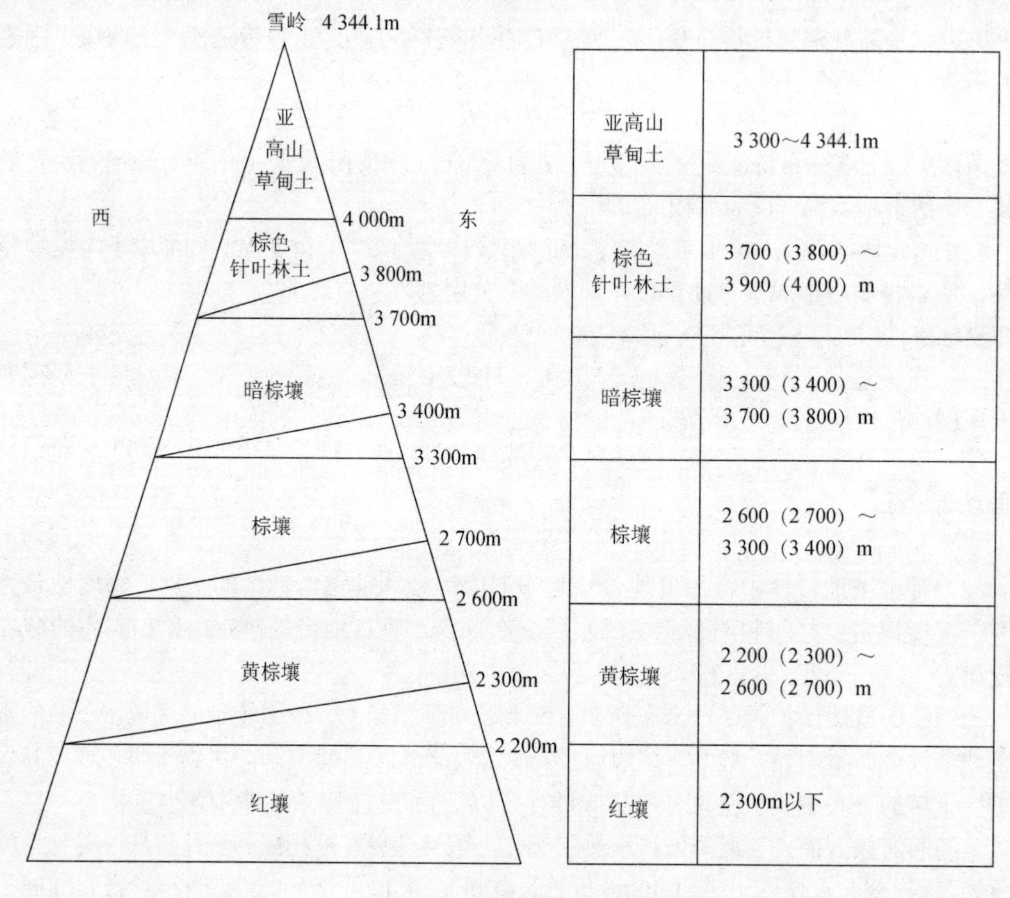

图 2-2 土壤的垂直分布

2.5.3 土壤发育特点

显著分异的生物、气候条件使得土壤的形成过程、性状特征等均有显著的垂直变化。随着海拔高度的增加，土壤的表土层和心土层的颜色相应地由浅变深。随着海拔高度的增加，气候由干热逐渐变湿暖，再到湿冷，土壤脱硅富铝化过程由中等强度转为弱度，腐殖质累积过程则逐渐增强。

随着海拔高度的增加，土壤质地表现出土壤黏粒含量逐渐减少，而粗砂、砾石含量逐渐增多的趋势。山体中下部的红壤，心土层质地大多黏重，为黏土、黏壤土，山体上部的暗棕壤、棕色针叶林土和亚高山草甸土，质地较轻，粗骨性较强。土壤自然水分含量随海拔高度增加而相应增大。表土层有机质含量随海拔高度的增加而相应增大，到 3 300m 以上的暗棕壤、棕色针叶林土和亚高山草甸土，含量达到最大值，一般为 300.00g/kg 左右。

2.5.4 土壤资源的利用和保护

轿子山自然保护区系深切割高山、高中山峡谷区，山高谷深，地势起伏大，陡坡、陡崖众多，重力梯度效应显著，石灰岩山体所占面积较大，山脊山顶（高海拔地区）冰缘作用强烈，季节冻土和石质冻土地貌发育，土壤和风化壳的冻融侵蚀和风力侵蚀现象明显。陡坡、陡崖地段，植被覆盖少，自然成土环境条件极不稳定，自然成土过程十分缓慢，母质及土体较薄，土壤物理、化学性质较差，抗侵蚀和涵养水源的能力弱，局部地段，沙化、砾质化、石漠化现象突出，自然环境较为脆弱。湿季雨量大且集中，水蚀严重，在植被覆盖差的地方容易造成水土流失，尤其是山体脆弱地带，容易造成泥石流、塌方等地质灾害，为我国地质灾害隐患较严重的地区之一。并且在土壤的形成和发育过程中，除了气候、植被、地形、母质、时间等成土因素，人类是影响土壤发生发展的一个重要的成土因素。在保护区的利用开发中，应保护好现有的各类植被，防止土壤的侵蚀和污染，提高土壤质量，因地制宜地采取人工造林育林措施，加快植被的恢复。

第3章　植物多样性

3.1　植物区系

轿子山自然保护区所在山体属于拱王山系，处于中国-喜马拉雅植物区系与中国-日本植物区系分界的关键区域，在云南省植物分区图上属滇中高原区东北隅，在种子植物区系上具有明显的过渡性质。到目前为止，轿子山自然保护区共记录野生维管植物157科563属1 613种，其中蕨类植物16科33属108种；裸子植物7科12属23种，被子植物134科518属1 469种，种子植物141科530属1 505种。

轿子山自然保护区记录的野生种子植物141科，包含的主要科有菊科（Compositae）、蔷薇科（Rosaceae）、禾本科（Gramineae）、毛茛科（Ranunculaceae）、唇形科（*L*abiatae）、龙胆科（Gentianaceae）、石竹科（Caryophyllaceae）、玄参科（Scrophulariaceae）、杜鹃花科（Ericaceae）、伞形科（Umbelliferae）、兰科（Orchidaceae）、报春花科（Primulaceae）、蓼科（Polygonaceae）、虎耳草科（Saxifragaceae）等。根据李锡文、吴征镒等对种子植物科分布区类型的划分原则，轿子山种子植物141科可划分为10个类型（含9个变形）（表3-1）。

表3-1　云南轿子山种子植物科的分布区类型

分布区类型	科数	占全部科的比例/%
1. 世界分布	41	29.08
2. 泛亚带分布	36	25.53
2-1 热带亚洲、大洋洲和热带美洲（南美洲或墨西哥）分布	1	0.71
2-2 热带亚洲、热带非洲和热带美洲（南美洲）分布	4	2.84
2S 以南半球为主的泛热带分布	2	1.42
3. 东亚（热带、亚热带）及热带南美洲分布	6	4.26
4. 旧世界热带分布	3	2.13
5. 热带亚洲至热带大洋洲分布	2	1.42

续表

分布区类型	科数	占全部科的比例/%
7．热带亚洲（热带东南亚至印度—马来西亚，太平洋诸岛）分布	—	—
7d 全分布区东达新几内亚分布	1	0.71
8．北温带分布	11	7.80
8-2 北极-高山分布	1	0.71
8-4 北温带和南温带间断分布	18	12.77
8-5 欧亚和南美洲温带间断分布	2	1.42
8-6 地中海、东亚、新西兰和墨西哥-智利间断分布	1	0.71
9．东亚和北美间断分布	5	3.55
10．旧世界温带分布	—	—
10-3 欧亚和南部非洲（有时也在大洋洲）间断分布	1	0.71
14．东亚分布	6	4.26
合计	141	100.0

轿子山自然保护区记录的野生种子植物 530 属，包含的主要属有杜鹃属（*Rhododendron*）、龙胆属（*Gentiana*）、马先蒿属（*Pedicularis*）、蓼属（*Polygonum*）、蝇子草属（*Silene*）、虎耳草属（*Saxifraga*）、灯心草属（*Juncus*）、报春花属（*Primula*）、景天属（*Sedum*）、凤仙花属（*Impatiens*）、委陵菜属（*Potentilla*）等。根据李锡文、吴征镒等对种子植物属分布区类型的划分原则，轿子山种子植物 530 属可划分为 15 个类型（含 21 个变形）（表 3-2）。

表 3-2　云南轿子山种子植物属的分布区类型

分布区类型	属数	占全部属的比例/%
1．世界分布	43	8.11
2．泛亚带分布	61	11.51
2-1 热带亚洲、大洋洲（至新西兰）和中南美洲间断分布	3	0.57
2-2 热带亚洲、非洲和中南美洲间断分布	4	0.75
3．热带亚洲至热带美洲间断分布	9	1.70
4．旧世界热带分布	23	4.34
4-1 热带亚洲、非洲（或东非、马达加斯加）和大洋洲间断分布	2	0.38
5．热带亚洲至热带大洋洲分布	11	2.08
5-1 中国（西南）亚热带和新西兰间断分布	1	0.19
6．热带亚洲至热带非洲分布	27	5.09
6-2 热带亚洲和东非或马达加斯加间断分布	1	0.19
7．热带亚洲（印度—马来西亚）分布	20	3.77
7-1 爪哇（或苏门答腊）、喜马拉雅山脉间断或星散分布至华南、西南分布	3	0.57
7-2 热带印度至华南（尤其云南南部）分布	2	0.38

续表

分布区类型	属数	占全部属的比例/%
7-3 缅甸、泰国至华西南分布	1	0.19
7-4 越南（或中南半岛）至华南（或西南）分布	2	0.38
8. 北温带分布	89	16.79
8-2 北极—高山分布	5	0.94
8-4 北温带和南温带间断分布	44	8.30
8-5 欧亚和南美洲温带间断分布	7	1.32
8-6 地中海、东亚、新西兰和墨西哥—智利间断分布	1	0.19
9. 东亚和北美间断分布	35	6.60
9-1 东亚和墨西哥间断分布	2	0.38
10. 旧世界温带分布	23	4.34
10-1 地中海区、西亚（或中亚）和东亚间断分布	10	1.89
10-2 地中海区和喜马拉雅间断分布	2	0.38
10-3 欧亚和南部非洲（有时也大洋洲）间断分布	2	0.38
11. 温带亚洲分布	10	1.89
12. 地中海、西亚和中亚分布	—	—
12-3 地中海区至温带—热带亚洲、大洋洲和南美洲间断分布	2	0.38
13. 中亚分布	—	—
13-2 中亚东部至喜马拉雅山脉和中国西南部分布	6	1.13
14. 东亚分布	24	4.53
14-1 中国—喜马拉雅山脉分布	38	7.17
14-2 中国—日本分布	4	0.75
15. 中国特有分布	13	2.45
合计	530	100.0

轿子山自然保护区记录的野生种子植物 1 505 种（含变种、亚种），他们是进行该区种子植物区系统计分析及其他相关研究的基本素材。植物区系地理学的基本研究对象是具体区系，归根结底是以植物种作为研究对象的。根据吴征镒（2006）的中国种子植物属的分布区类型的概念，结合每一个种的现代地理分布格局，将轿子山现有种划分为 15 个类型（含 10 个亚型）（表 3-3）。

表 3-3　云南轿子山种子植物种的分布区类型

分布区类型	属数	占全部属的比例/%
1. 世界分布	7	0.47
2. 泛亚带分布	11	0.73
3. 热带亚洲至热带美洲间断分布	1	0.07
4. 旧世界热带分布	6	0.39

续表

分布区类型	属数	占全部属的比例/%
5．热带亚洲至热带大洋洲分布	16	1.06
6．热带亚洲至热带非洲分布	6	0.39
7．热带亚洲（印度—马来西亚）分布	62	4.12
7-1 爪哇（或苏门答腊）、喜马拉雅山脉间断或星散分布至华南、西南分布	32	2.13
7-2 热带印度至华南（尤其云南南部）分布	3	0.20
7-3 缅甸、泰国至华西南分布	27	1.79
7-4 越南（或中南半岛）至华南（或西南）分布	25	1.66
8．北温带分布	31	2.06
9．东亚和北美间断分布	3	0.20
10．旧世界温带分布	23	1.53
11．温带亚洲分布	19	1.26
12．地中海、西亚和中亚分布	3	0.20
13．中亚分布	—	—
13-2 中亚东部至喜马拉雅山脉和中国西南部分布	2	0.13
14．东亚分布	46	3.06
14-1 中国—喜马拉雅山脉分布	374	24.85
14-2 中国—日本分布	33	2.19
15．中国特有分布	—	—
15-1 轿子山特有分布	16	1.06
15-2 轿子山与云南其他地区共有分布	—	—
15-2-a 轿子山与滇中高原共有分布	34	2.26
15-2-b 轿子山与滇西北共有分布	87	5.78
15-2-c 轿子山与云南非热区共有分布	11	0.73
15-2-d 轿子山与云南热区共有分布	12	0.79
15-2-e 轿子山与整个云南高原地区共有分布	8	0.53
15-3 轿子山与中国其他地区共有分布	—	—
15-3-a 轿子山西南片区分布	424	28.17
15-3-b 轿子山南方片区分布	63	4.19
15-3-c 轿子山南、北方片区分布	120	7.97
合计	1 505	100.0

轿子山种子植物区系的评价：综合科、属、种三级水平的统计分析，轿子山地区的现代植物区系主要是由中国特有成分、东亚成分及北温带成分组成的，这三大成分构成了本区现代种子植物区系的主体。从种一级水平上看，温带性质的种所占比例远远超过热带性质的种所占比例，且温带性质的种多数是典型北温带分布或温带亚洲分布的种类，另外，占据比例较大的中国特有种多为南北共有且向北分布很远的温带种，东亚分

布种则多为温带性质较强的中国-喜马拉雅种系。由此可以看出，轿子山种子植物区系的性质是典型的温带植物区系。从本区出现了6个东亚特有科，63个东亚特有属及453个东亚特有种来看，本区植物区系与东亚植物区系有着最为密切的联系，应该属于东亚植物区系的一部分，从而验证了吴征镒等（1966）对本区植物区系的划分。总之，本区在东亚植物区系区划中的地位是：东亚植物区（III East Asiatic Kingdom）—中国—喜马拉雅森林植物亚区（III E. Sino-Himalayan forest subkingdom）—云南高原地区（III E13. Yunnan plateau region）—滇中高原亚地区（III E13a. Central Yunnan plateau subregion）（Wu & Wu，1996）。

3.2 植被

3.2.1 植被分类原则与依据

保护区的植被类型遵循《云南植被》，并参考《中国植被》和《云南森林》等重要植被专著。植被分类系统采用植物群落学—生态学植被分类原则，即主要以植物群落自身特征为分类依据，并参考群落的生态关系。分类具体原则如下。

1. 依据优势种分类

优势种（建群种）或共建种，都是植物群落组成中数量最多、盖度最大、群落学作用最明显的物种，把它作为分类的一个依据是很重要的。如果植被类型中出现多个建群种或共建种，在划分优势种时比较困难，则采用生态幅狭窄，对该类型有指示作用的物种——标志种作为划分标准。

2. 依据群落外貌和结构分类

群落的外貌和结构是划分植被类型高级单位的依据。群落的外貌指群落的外表形状，结构指物种在空间上的搭配和排列状况。不同的群落，反映出的不同的群落外貌和结构是植被分类的一个重要依据。植被的外貌和结构主要取决于优势种的生活型，一些群落结构单位（如层片）就是以生活型为主要标准划分的。生活型系统，从形态上把植物木本、半木本、草本和叶状体4类按主干木质化程度和生命周期分为乔木、灌木、半灌木、多年生草本和一年生草本等类型；再从体态和发育节律（落叶、常绿等）划分为第三、第四级。

3. 依据生态地理特征分类

任何植被类型都具有特定的生态环境和分布空间，仅以前两条原则分类是不够的，如针叶林外貌相似，但常包括异质类群。因此，在分类时应考虑生态地理特征，根据分布地区热量的不同来划分亚型。

4. 依据动态特征分类

优势种原则和群落外貌与结构分类原则，只注重了群落的现状，不能划分出原生和次生类型，因此，还要考虑群落的动态特征。对于一些不稳定的次生类型，考虑到动态演替的阶段变化，不单独划出，与原生植被合为同一类型。对于一些相对稳定的次生类型，因其反映现状植被，单独划分类型。

3.2.2 单位和系统

采用 3 个基本等级制，高级单位为植被型，中级单位为群系，基本单位为群丛（群落），并可设置亚级作为辅助和补充。各等级划分标准和命名依据《云南植被》编目系统。

分类单位等级系统为：植被型（Vegetation type），如灌丛；植被亚型（Vegetation subtype），如高寒灌丛；群系（Formation），如杜鹃灌丛；群落（Community），如红棕杜鹃灌丛。

植被型：分类系统中最重要的高级分类单位。建群种的生活型相同或近似，同时对水热条件生态关系一致的植物群落划为植被型。从地带性植被看，植被型是一定气候区域的产物；而从隐域性植被看，它又是一定的特殊生境的产物。

植被亚型：为植被型的辅助或补充单位。根据群落优势林层或指示林层的差异进一步划分亚型。这种林层结构的差异一般是由气候亚带的差异或一定地貌、基质条件的差异引起的。

群系：分类系统中一个重要的中级分类单位。凡是建群种或共建种相同（在热带或亚热带有时是标志种相同）的植物群落均划为群系。

群丛（群落）：分类的基本单位。凡是林层结构相同，各林层的优势种、共优种或标志种相同的植物群落为群丛。

3.2.3 植物群落的命名

对群系的命名采用群落中优势种的属名，对群系的命名采用主要层次的优势种、建群种的学名，均不考虑构成群落的次要层次的物种。两个以上的建群种之间用“+”连接，后面的建群种省略，以免名称太长，如绣球+杜鹃林（Form. *Hydrangea mollis* + *Rhododendron ssp.*）（群系）。

群丛（群落）的命名采用列出各层最主要优势种的方法。同一层次有多个优势种或建群种，则用“+”连接；不同层次的优势种用“-”连接，如云南松-马缨花-翅柄蓼+云南莎草群落（Ass. *Pinus yunnanensis* - *Rhododendron delavayii* - *Polygonum sinomontanum*+ *Cyperus duclouxii*）。

3.2.4 植被分类系统

保护区植被类型丰富多样，而且具有十分完整的垂直带谱类型，发育了滇中高原最典型和完整的植被类型，是滇中高原植被的典型缩影。按照上述植被分类的原则和方法，轿子山自然保护区的植被类型可划分为 7 个植被型、11 个植被亚型、17 个群系组和 28 个群系（表 3-4）。

表 3-4 轿子山自然保护区植被分类系统

植被型	植被亚型	群系组	群系
常绿阔叶林	半湿润常绿阔叶林	元江栲林	元江栲林
		银木荷林	银木荷林
	中山湿性常绿阔叶林	野八角林	野八角林
	山顶苔藓矮林	杜鹃矮林	假乳黄杜鹃-斑壳玉山竹林
			洁净红棕杜鹃-斑壳玉山竹林
			锈红毛杜鹃林
硬叶常绿栎林	干热河谷硬叶常绿栎林	铁橡栎林	铁橡栎林
	寒温山地硬叶常绿栎林	黄背栎林	黄背栎林
温性针叶林	温凉性针叶林	高山柏林	高山柏林
		高山松林	高山松林
	寒温性针叶林	冷杉林	急尖长苞冷杉林
落叶阔叶林	暖温性针叶阔叶林	绣球林	绣球+杜鹃林
		杨桦林	山杨林
			皂柳+大白花杜鹃林
竹林	暖温性竹林	玉山竹林	紫秆玉山竹林
灌丛	寒温灌丛	杜鹃灌丛	红棕杜鹃灌丛
			露珠杜鹃灌丛
			密枝杜鹃灌丛
			锈红毛杜鹃灌丛
		柳灌丛	长花柳灌丛
			密穗柳灌丛
			乌柳灌丛
			小垫柳灌丛
		圆柏灌丛	高山柏灌丛
			小果垂枝柏灌丛
		硬叶栎灌丛	黄背栎灌丛
草甸	寒温草甸	杂类草草甸	草血竭+蒿草草甸
			西南委陵菜+遍地金+粗糙青茅草甸

3.3　植物物种及其分布

3.3.1　被子植物

轿子山被子植物名录详见附录 1。

3.3.2　裸子植物

轿子山裸子植物名录见表 3-5。

表 3-5　轿子山裸子植物名录

科	种	拉丁名	分布区类型	在轿子山的分布	生境
苏铁科（Cycadaceae）	攀枝花苏铁	*Cycas panzhihuaensis* L. Zhou & S.Y.Yang	15-3-a	普渡河苏铁保护区	干旱河谷、山坡灌丛
松科（Pinaceae）	云南黄果冷杉（变种）	*Abies ernestii* Rehder var. *salouenensis*（Bordères & Gaussen）W.C.Cheng & L.K.Fu	15-3-a	法者林场抱水井丫口、大厂大洼子	针阔混交林，冷杉林中
	川滇冷杉	*Abies forrestii* C. C. Rogers	15-3-a	法者林场干箐垭口、大孝峰	冷杉林、山坡林中
	长苞冷杉	*Abies georgei* Orr	15-2-b	轿子山、马鬃梁子	杜鹃冷杉林中
	云南油杉	*Keteleeria evelyniana* Masters	7-4	乌蒙乡团街	干燥山坡林中
	华山松	*Pinus armandi* Franch	14-1	大兴厂、九龙沟	沙石坡、山坡林中
	高山松	*Pinus densata* Masters	15-3-a	炉拱山至九龙沟	山坡林缘
	云南松	*Pinus yunnanensis* Franch	15-3-b	轿子山各坡	山坡或平地
	云南铁杉	*Tsuga dumosa*（D. Don）Eichler	14-1	法者林场大厂林区大洼子	针阔混交林中
杉科（Taxodiaceae）	杉木	*Cunninghamia lanceolata*（Lamb）Hook	15-2-e	转龙镇甸尾	林中
柏科（Cupressaceae）	干香柏	*Cupressus duclouxiana* Hickel	15-3-a	乌蒙密枝山	村旁斜坡
	刺柏	*Juniperus formosana* Hayata	15-3-c	轿子山大孝峰	山坡林中、多石山坡、山坡灌丛
	滇藏方枝柏	*Juniperus indica* Bertoloni	14-1	白石崖	山坡灌丛
	垂枝香柏（原变种）	*Juniperus pingii* W. C. Cheng ex Ferré var. *pingii*	15-3-a	轿子山大孝峰、马鬃岭梁子	山坡灌丛

续表

科	种	拉丁名	分布区类型	在轿子山的分布	生境
柏科（Cupressaceae）	香柏（变种）	*Juniperus pingii* W. C. Cheng ex Ferr é var. *wilsonii*（Rehder）Silba	15-3-a	白石崖	杜鹃和刺柏密林下
	小果垂枝柏	*Juniperusrecurva* Buch.-Ham. ex D. Don var. *coxii*（A. B. Jackson）Melville	14-1	独角石	杜鹃林、冷杉林中
	高山柏	*Juniperus squamata* Buch.-Ham. ex D. Don	14-1	白石崖	多石灌丛
	侧柏	*Platycladus orientalis*（Linn.）Franco	15-3-c	乌蒙乡平田	村旁路边
三尖杉科（Cephalotaxaceae）	三尖杉（原变种）	*Cephalotaxus fortunei* Hook. f. var. *fortunei*	15-3-a	乌蒙大地、中槽子	杂木林林缘、山坡林
	高山三尖杉（变种）	*Cephalotaxus fortunei* Hook. f. var. alpina H. L. Li	14-1	法者林场沙子坡至大厂途中、新山丫口至平箐、白家洼	阔叶林、针阔混交林、林缘灌丛
	粗榧	*Cephalotaxus sinensis*（Rehd. & Wils.） Li	15-3-a	中槽子、猴子石	密林边缘
红豆杉科（Taxaceae）	须弥红豆杉	*Taxus wallichiana* Zucc.	14-1	中槽子	常绿阔叶林
麻黄科（Ephedraceae）	丽江麻黄	*Ephedra likiangensis* Florin	15-3-a	白石崖	多石山坡

3.3.3 蕨类植物

轿子山蕨类植物名录见表 3-6。

表 3-6 轿子山蕨类植物名录

科	种	拉丁名	在轿子山的分布	生境
卷柏科（Selaginaceae）	布朗卷柏	*Selaginella braunii* Bak.	普渡河保护小区	干旱河谷山坡灌丛
	狭叶卷柏	*Selaginella mairei* Levl	禄劝乌蒙乡普渡河	河谷灌丛
	垫状卷柏	*Selaginella pulvinata* （Hook. & Grev.） Maxim.	普渡河保护小区	林缘灌丛
木贼科（Equisetaceae）	披散问荆	*Equisetum diffusum* D.Don	轿子山	山谷溪边湿地

续表

科	种	拉丁名	在轿子山的分布	生境
膜蕨科（Hymenophyllaceae）	长叶蕗蕨	*Mecodium longissimum* Ching et Chiu	轿子山大黑箐	冷杉林下
	细叶蕗蕨	*Mecodium polyanthos*	轿子山	山谷林缘
	莱氏蕗蕨	*Mecodium wrightii*	法者林场大海至马鬃岭	林缘灌丛
凤尾蕨科（Pteridaceae）	凤尾蕨	*Pteris cretica* Linn. Var. *Nervosa*（Thunb.） Ching & S.H.Wu	东川区九龙沟	林缘灌丛
	指叶凤尾蕨	*Pteris dactylina* Hook.	炉拱山至九龙	林缘灌丛
	溪边凤尾蕨	*Pteris excelsa* Caud.	禄劝乌蒙乡团街	密林下
	粗糙凤尾蕨	*Pteris laeta* Wall. ex Ettingsh.	雪山乡白家洼	山坡路边灌丛
	蜈蚣草	*Pteris vittata* Linn.	普渡河保护小区	干旱河谷山坡灌丛
中国蕨科（Sinopteridaceae）	多鳞粉背蕨	*Aleuritopteris anceps*（Blanfordii）Panigrahi	普渡河保护小区	干旱河谷山坡灌丛
	阔盖粉背蕨	*Aleuritopteris gresia*（Blanford）Panigrahi	九龙沟	山坡灌丛
	丽江粉背蕨	Aleuritopteris likiangensis Ching	因民镇炉灯村、倒马坎村	石灰岩裂缝
	棕毛粉背蕨	*Aleuritopteris rufa*（D.Don）Ching	乌蒙山团街至转龙	石灰岩隙
	狭盖粉背蕨	*Aleuritopteris stenochlamys* Ching	雪山乡白家洼	山坡路边灌丛
	硫磺粉背蕨	*Aleuritopteris veitchii*（Christ）Ching	禄劝乌蒙乡乐作尼	石灰岩隙
	薄叶薄鳞蕨	*Leptolepidium dalhousiae*（Hook.）Hsing & S.K.Wu	炉拱山至九龙	林缘灌丛
	华北薄鳞蕨	*Leptolepidium kuhnii*（Milde）Hsing & S.K.Wu	九龙沟	山坡灌丛
	绒毛薄鳞蕨	*Leptolepidium subvillosum*（Hook）Hsing & S.K.Wu	九龙沟	山坡路边灌丛、林缘
	黑足金粉蕨	*Oncychium contiguum* Hope	法者林场大海至马鬃岭	林缘灌丛、树下
	栗柄金粉蕨	*Oncychium lucidum*（D.Don）Spreng.	雪山乡白家洼	山坡路边灌丛
	木坪金粉蕨	*Onychium moupinense* Ching	普渡河河谷乐作坭	杂木林下水沟边
	繁羽金粉蕨	*Onychium plumosum* Ching	普渡河保护小区	干旱河谷山坡灌丛
	中国蕨	*Sinopteris grevilleoides*（Christ）C.Chr. & Ching	普渡河保护小区	干旱河谷山坡灌丛

续表

科	种	拉丁名	在轿子山的分布	生境
铁线蕨科（Adiantaceae）	毛足铁线蕨	*Adiantum bonatianum* Brause	禄劝乌蒙乡团街	密林下多石山坡
	团扇铁线蕨	*Adiantum capillus-junonis* Rupr.	普渡河保护小区	干旱河谷山坡灌丛
	铁线蕨	*Adiantum capillus-veneris* Linn.	九龙沟	山坡灌丛
	白背铁线蕨	*Adiantum davidii* Franch.	禄劝县乌蒙乡团街	山坡路边灌丛
	长刺铁线蕨	*Adiantum davidii* Franch. var. longispinum Ching	九龙沟	山坡灌丛
	普通铁线蕨	*Adiantum edgewothii* Hook.	普渡河保护小区	干旱河谷山坡灌丛
	假鞭叶铁线蕨	*Adiantum malesianum* Ghatak in Bull.	禄劝乌蒙乡普渡河河谷乐作泥	灌丛缘路边
	半月形铁线蕨	*Adiantum philippense* Linn.	禄劝乌蒙乡乐作泥	灌丛缘路边
裸子蕨科（Hemionitidaceae）	尖齿凤丫蕨	*Coniogramme affinis* Hieron.	禄劝乌蒙乡	常绿林下
	滇西金毛裸蕨	*Gymnopteris delavayi*（Bak.）Underw.	九龙沟	山坡路边灌丛
	欧洲金毛裸蕨	*Gymnopteris marantae*（Linn.） Ching.	九龙沟	山坡灌丛
	金毛裸蕨	*Gymnopteris vestita*（Wall. ex Hook.）Shing	法者林场大海至马鬃岭	山坡灌丛、林缘
蹄盖蕨科（Athyriaceae）	毛翼蹄盖蕨	*Athyrium dubium* Ching	法者林场大海至马鬃岭	林缘灌丛、树下、岩缝中
	川滇蹄盖蕨	*Athyrium mackinnonii*（Hope）C.Chr.	轿子山大马路	林缘灌丛
	岩生蹄盖蕨	*Athyrium rupicola*（Edgew ex Hope）C.Chr.	炉拱山至九龙沟	林缘灌丛
	软刺蹄盖蕨	*Athyrium strigillosum*（Moore ex Lowe）Moore ex Salom	法者林场大海至马鬃岭	林缘灌丛
	华中蹄盖蕨	*Athyrium Wardii*（Hook.）Makino	乌蒙乡至雪山途中老槽子	山坡林缘、溪边
	冷蕨	*Cystopteris fragilis*（Linn.）Bernh.	轿子山大马路	林缘灌丛
	宝兴冷蕨	*Cystopteris moupinensis* Franch.	法者林场大海至马鬃岭	林缘灌丛
	膜叶冷蕨	*Cystopteris pellucida*（Franch.）Ching ex C. Chr.	炉拱山至九龙沟	林缘灌丛
	羽节蕨	*Gymnocarpium jessoense*（Koidz.）Koidz	九龙沟	山坡灌丛
	大耳蛾眉蕨	*Lunathyrium auriculatum* W. M. Chu & Z.R.Wang	炉拱山至九龙沟	林缘灌丛

续表

科	种	拉丁名	在轿子山的分布	生境
蹄盖蕨科（Athyriaceae）	四川蛾眉蕨	*Lunathyrium sichuanense* Z. R. Wang	雪山乡白家注	山坡路边灌丛
	大叶假冷蕨	*Pseudocystopteris atkinsonii*（Bedd.） Ching	雪山乡白家注	山坡路边灌丛、林缘、树下
	睫毛盖假冷蕨	*Pseudocystopteris schizochlamys* Ching	炉拱山至九龙沟	林缘灌丛
	三角叶假冷蕨	*Pseudocystopteris subtriangularis*（Hook.） Ching	炉拱山至九龙沟	林缘灌丛
肿足蕨科（Hypodematiaceae）	肿足蕨	*Hypodematium crenatum*（Forsk.）Kuhn	普渡河保护小区	干旱河谷山坡灌丛
	无毛肿足蕨	*Hypodematium glabrum* Ching ex Shing	普渡河保护小区	干旱河谷山坡灌丛
金星蕨科（Thelypteridaceae）	长根金星蕨	*Parathelypteris beddomei*（Bak.）Ching	九龙沟	山坡灌丛
	星毛紫柄蕨	*Pseudophegopteris levingei*（C.B.Clarke）Ching	九龙沟	山坡灌丛
铁角蕨科（Aspleniaceae）	铁角蕨	*Asplenium trichomanes* Linn.	九龙沟	山坡灌丛
	变异铁角蕨	*Asplenium varians* Wall. ex Hook. & Grev.	轿子山大马路	山坡路边灌丛、林缘
	云南铁角蕨	*Asplenium yunnsanensis* Franch.	普渡河保护小区	干旱河谷山坡岩石上
岩蕨科（Woodsiaceae）	长叶滇蕨	*Cheilanthopsis elongata*（Hook.）Cop.	法者林场大海至马鬃岭	林缘灌丛
	蜘蛛岩蕨	*Woodsia andersonii*（Bedd.） Christ	法者林场大海至马鬃岭	林缘灌丛
	团羽岩蕨	*Woodsia cycloloba* Hand.-Mazz.	轿子山大马路	林缘灌丛
鳞毛蕨科（Dryopteridaceae）	金冠鳞毛蕨	*Dryopteris chrysocoma*（Christ）C. Chr.	腰棚子林区	林缘灌丛
	硬果鳞毛蕨	*Dryopteris fructuosa*（Christ） C. Chr.	九龙沟	山坡灌丛
	粗齿鳞毛蕨	*Dryopteris juxtaposita* Christ	九龙沟	山坡灌丛
	近多鳞鳞毛蕨	*Dryopteris komarovii* Kosshinsky	轿子山大羊窝	林缘灌丛
	大果鳞毛蕨	*Dryopteris panda*（C. B. Clarke）Christ	法者林场大海至马鬃岭	山坡林下、灌丛
	藏布鳞毛蕨	*Dryopteris redactopinnata* S. K. Basu & Panigr.	法者林场大海至马鬃岭	山坡林下、林缘灌丛

续表

科	种	拉丁名	在轿子山的分布	生境
鳞毛蕨科（Dryopteridaceae）	褐鳞鳞毛蕨	*Dryopteris squamifera* Ching & S. K. Wu	雪山乡白家洼	山坡路边灌丛
	半育鳞毛蕨	*Dryopteris sublacera*	雪山乡白家洼	山坡林下
	大羽鳞毛蕨	*Dryopteris wallichiana*（Spreng.）Hylander	乌蒙乡至雪山途中老槽子	山坡林下
	刺叶耳蕨	*Polystichum acanthophyllum*（Franch.）Christ	乌蒙乡至雪山途中老槽子	山坡林下
	小羽芽胞耳蕨	*Polystichum atkinsonii* Bedd.	法者林场大海至马鬃岭	林缘灌丛
	喜马拉雅耳蕨	*Polystichum brachypterum*（Kuntze）Ching	腰棚子林区	林缘灌丛
	基芽耳蕨	*Polystichum capillipes*（Bak.）Diels	炉拱山至九龙沟	林缘灌丛
	圆片耳蕨	*Polystichum cyclolobum* C. Chr.	九龙沟	山坡林缘灌丛
	杜氏耳蕨	*Polystichum duthiei*（Hope）C.Chr.	腰棚子林区	林缘灌丛
	贡山耳蕨	*Polystichum integrilimbum* Ching & H.S.Kung	法者林场抱水井丫口至大厂	林下
	镰叶耳蕨	*Polystichum manmeiense*（Christ）Nakaike	乌蒙乡至雪山途中老槽子	常绿阔叶林下
	穆坪耳蕨	*Polystichum moupinense*（Franch.）Bedd.	舒姑至马鬃岭梁子	林缘灌丛
	黛鳞耳蕨	*Polystichum nigrum* Ching & H.S.Kung	轿子山大马路	林缘灌丛
	乌鳞耳蕨	*Polystichum piceo-paleaceum* Tagawa	雪山乡白家洼	山坡路边灌丛
	猫儿刺耳蕨	*Polystichum stimulans*（Kunze ex Mett.）	法者林场大海至马鬃岭	山坡林下
	尾叶耳蕨	*Polystichum thomsonii*（Hook. f.）Bedd.	九龙沟	山坡灌丛
三叉蕨科（Aspidiaceae）	巢形轴鳞蕨	*Dryopsis nidus*（Clarke）Holttum & Edwards	法者林场燕子洞至大海	林缘灌丛
骨碎补科（Davalliaceae）	小膜盖蕨	*Araiostegia delavayi*（Bedd. ex Clarke & Bak.）Ching	法者林场燕子洞至大海	林缘灌丛
骨碎补科（Davalliaceae）	宿枝小膜盖蕨	*Araiostegia hookei*（Moore ex Bedd.）Ching	舒姑至马鬃岭梁子	林缘灌丛
	鳞轴小膜盖蕨	Araiostegia perdurans（Christ）Copel	九龙沟	山坡灌丛
	长片小膜盖蕨	*Araiostegia pseudocystopteris*（Kunze）Copel	九龙沟	山坡灌丛

续表

科	种	拉丁名	在轿子山的分布	生境
水龙骨科（Polypodiaceae）	刺齿隐子蕨	*Crypsinus glaucopsis*（Franch.）Tagawa	轿子山大马路	林缘灌丛
	弯弓隐子蕨	*Crypsinus malacodon* Copel	法者林场大海至燕子洞	林下、林缘灌丛
	苍山隐子蕨	*Crypsinus subebenipes*（Ching）T.Nakaike	法者林场大海至马鬃岭	林下
	二色瓦韦	*Lepisorus bicolor*（Takeda）Ching	法者林场大海至马鬃岭	林缘树上
	网眼瓦韦	*Lepisorus clathratus*（C.B.Clarke）Ching	轿子山大马路	林缘树上
	扭瓦韦	*Lepisorus contortus*（Christ）Ching	法者林场大海至马鬃岭	林缘树上
	白边瓦韦	*Lepisorus morrisonensis*（Hayata）H.Ito	法者林场大海至马鬃岭	林缘树上
	假网眼瓦韦	*Lepisorus pseudo-clathratus* Ching & S. K. Wu	轿子山大马路	林缘树上
	连珠瓦韦	*Lepisorus subconfluense* Ching	炉拱山至九龙沟	林缘树上
	多变瓦韦	*Lepisorus variabilis* Ching & S.K.Wu	法者林场大海至马鬃岭	林缘树上
	石松	*Lycopodium japonicum* Thunb. ex Murray	老炭房山后	山坡树下
	篦齿蕨	*Metapolypodium manmeiense*（Christ） Ching	法者林场大海至马鬃岭	山坡灌丛
	黑鳞假瘤蕨	*Phyrnatopsis ebenipes*（Hook.）Pic. Serm.	九龙沟	山坡灌丛
	陕西假瘤蕨	*Phymatopteris shensiensis*（Christ）Pic.Serm.	轿子山大羊窝	林缘灌丛
	柔毛水龙骨	*Polypodiodes ameena*（Wall. ex Mett.）Ching var. *pilosa*（C.B. Clarke）Ching	雪山乡白家洼	林缘灌丛
	细根水龙骨	*Polypodiodes microrhizoma*（Clarke ex Bak.）	法者林场大海至马鬃岭	林缘灌丛
	假友水龙骨	*Polypodiodes subamoena*（C.B. Clarke）Ching	腰棚子林区	林缘灌丛
	西南石韦	*Pyrrosia gralla*（Gies.）Ching	雪山乡白家洼	山坡路边树上

3.3.4 大型真菌

1. 大型真菌的种类及其分布

根据考察收集的资料和数据，结合访问当地药农和居民，保护区有大型真菌约182种（含变种），隶属12目30科63属（表3-7）。其中种类最多的科为多孔菌科，共有28种（占总种数的14%）；第二为红菇科，共有17种（占总种数的9%）；第三为刺革菌科，共有15种（占总种数的8%）。含10种及以上的科还有口蘑科（14种）、灵芝科（14种）、炭角菌科（13种）、伏革菌科（12种）、鹅膏科（11种）、牛肝菌科（11种）。由于真菌生长的季节性强，受调查统计时间的限制，部分大型真菌没有收集在内，有待今后进一步考察完善。

表3-7 轿子山自然保护区大型真菌科属种数量统计

科名	属数	种数
麦角菌科［Clavicipitaceae（Lind.）Earl.ex Rog.］	1	4
炭角菌科（Xylariaceae L.& C.Tul）	2	13
舌菌科（Leotiaceae Cda.）	1	1
肉杯菌科（Sarcoscyphaceae Le Gal ex Eckb.）	1	1
羊肚菌科（Morchellaceae Reich）	1	1
木耳科（Auriculariaceae Fr.）	1	2
伏革菌科（Corticiaceae Hert.）	4	12
杯菌科（Podoscyphaceae Reid）	1	1
韧革菌科（Stereaceae Pil. Emend. Parm）	1	5
革菌科（Thelephoraceae Pers）	1	3
珊瑚菌科（Clavariaceae Chev.）	1	5
猴头菌科（Hericiaceae Donk）	1	5
齿菌科（Hydnaceae Chev）	2	4
灵芝科（Ganodermataceae Donk）	1	14
刺革菌科（Hymenochaetaceae Donk）	4	11
多孔菌科（*Polyporaceae* Cda）	9	28
裂褶菌科（*Schizophyllaceae* Que1）	1	1
鸡油菌科（Cantharellaceae Schroet.）	1	3
蜡伞科（Hygrophoraceae Lots.）	1	1
鹅膏科（Amanitaceae Heim）	1	11
口蘑科（Tricholomataceae v.Ov.）	13	14
光柄菇科（Pluteaceae Kotl. & Pouz.）	1	2
粉褶蕈科（Entolomataceae Kotl.& Pouz.）	1	3
伞菌科（Agaricaceae Cohn）	2	4
鬼伞科（Coprinaceae Ov.）	2	8

续表

科名	属数	种数
球盖菇科（Strophariaceae Ov. Et Sing. Et Sm.）	1	1
丝膜菌科（Cortinariaceae Heim）	1	4
牛肝菌科（Boletaceae Lots.）	4	11
红菇科（Russulaceae Lots.）	1	17
马勃科（Lycoperdaceae Cda.）	1	3
总计	63	197

2. 主要药用大型真菌

（1）灵芝

菌盖为木栓质、呈半圆形或肾形，大小约 12cm×20cm，厚约 2cm，幼嫩时黄色，成熟时红褐色，皮壳有光泽；菌肉近白色至淡褐色，厚 1cm；菌柄紫红褐色。灵芝有扶正固本、加强保护性抑制、减轻中枢神经系统对外界刺激、增进肝功能的作用，对神经衰弱、支气管哮喘、肾炎、矽肺、关节炎等症均有一定疗效。

（2）猴头菌

子实体为肉质，无菌盖菌柄之分，块状，不分枝，新鲜时全部白色，干后浅黄褐色，直径 5～10cm。基部着生处狭窄，下延；块状体上部密生许多锥形齿刺；子实层生刺上，孢子无色光滑，球形至近球形，直径 5～6μm。猴头菌有安神平喘，助消化利五脏的功效，内含多糖、多肽类物质，有抗癌作用。成药“猴头菌片”对胃溃疡和十二指肠溃疡疗效达 86.6%；对胃癌、食道癌及其他消化道良性肿瘤疗效达 69.3%。

（3）茯苓

菌核球形或不规则，直径 10～30cm，生于地下的松树根上。新鲜时柔软，干后变硬。皮壳深褐色，多皱纹；内部粉粒状，白色或淡红色。子实体生于菌核表面，平伏，厚 3～8mm，白色，老后或干后变为浅褐色，孔多角形或不规则形，深 2～3mm，直径 0.5～1.5mm。茯苓有益脾胃、宁心神、利水渗湿的功能。对小便不利、水肿腹泻、停饮、心悸失眠等症有疗效。

3. 经济价值较高的食用野生菌类

（1）猴头菌

猴头菌为著名“山珍”之一，美味可口，是药用、食用兼备的珍贵真菌，具有较高的经济价值。

（2）黑脉羊肚菌

菌盖锥形或近圆柱形，顶端尖，高 5.5～10cm，宽 3～5cm，凹坑多长方形，蜡黄色至黄褐色，棱纹黑褐色，纵向排列，由横脉连接。菌柄白色至淡土黄色，海绵状，中空，圆柱形，长 5.5～15cm，粗 2～3.5cm，向下渐粗，下部有明显凹槽，上部凹槽浅或近平。菌肉与菌盖同色，肉质，很脆，厚 1～3mm。散生于阔叶林近水边的地上。质脆味美，是国际上著名食用菌之一，据报道有抗癌功效。

（3）松乳菇

菌盖宽 13cm，初为扁半球形，边缘内卷，后平展或中凹至浅漏斗状；表面湿时黏，浅橙黄色或近于紫铜色，往往有颜色较深的同心环纹；菌肉较厚，受伤后很快变成绿色，乳汁酱油色。菌褶近于紫铜色，脆，稍稀，长短不一，乳汁较多，受伤立即变绿色；柄圆柱形，与盖表面同色或稍淡，内部松软后中空，受伤变绿色；孢子卵白色，孢子无色，近球形。散生于混交林中地上。松乳菇质脆味美，略有辣味。据报道，松乳菇子实体提取物对小白鼠肿瘤有抑制作用。

（4）红汁乳菇

菌体各部分受伤时渐变蓝绿色，乳汁褐红色。菌盖宽 5～9cm，初为扁半球形，边缘内卷，后平展中凹到浅漏斗状；表面湿时黏，浅红褐色至带橙黄色，有同心环纹；柄与盖表面同色，光滑，圆柱形，内部松软，后中空；孢子乳酪色，孢子近无色，球形至椭圆形。散生于阔叶林或混交林中地上。红汁乳菇菌根均可食，据报道，对小白鼠肿瘤有时显抑制作用。

（5）浓香乳菇

菌盖宽 1～1.5cm，扁半球形至凸镜形，中央有或无小乳突，土红色至红褐色或棕褐色，光滑至有不明显粉末状小绒毛，边缘内卷，无条纹。菌肉与菌盖同色至略浅，不变色，近柄处厚约 1.5mm，无味道，干时有香气味。乳汁乳白色，不变色。菌褶淡粉红色，盖缘处每厘米 30～40 片，宽 2～3mm，不等长，具横脉，直生至短延生，褶缘平滑。菌柄中生至偏生，圆柱形，长 0.8～2.5cm，近柄顶粗 2～5mm，略向下增大，淡土红色，被微细绒毛，脆，空心。孢子近球形，纹饰较弱，具小疣及细连线，微黄色，淀粉质。该菌群生于混交林中地上，带檀香气味，食味鲜美可口，经试验对小白鼠肿瘤有一定的抑制作用。

（6）美味红菇

菌盖宽 5～14cm，平展，伸开后下凹成漏斗形，白色，不黏，被绒毛或光滑，边缘整齐，略向内卷，厚，无味道或有时微苦，无气味；菌褶白色，老时变乳黄色，不等长，中部分叉，近盖缘处凸弯，直生至短延生；菌柄中生，圆柱形，长 1.5～5cm，白色，被绒毛，肉质，空心；孢子近球形，有尖突和小刺，无色，淀粉质。单生散生于阔叶林、混交林或针叶林中地上。食用和药用：该菌因有胡椒般的辣味，经水煮用清水洗净后再炒食美味可口，且有抗癌活性。

（7）褐圆孔牛肝菌

菌盖宽 1.8～7cm，扁半球形，渐平展，不黏，色泽不一，淡肉桂色到浅褐色，或淡黄微带褐色至淡红色，上覆有微细绒毛或近光滑，菌肉白色或微带红色，伤时不变色，近柄处厚 4.5～11mm，近边缘处消失，菌管表面黄色，伤不变色或稍变褐色；菌管长 8～

10mm，易剥离，在菌柄周围处凹陷或离生，菌孔角形，细小；菌管棒形，向下削细；基部略膨大，与菌盖同色，上有微细绒毛及纵条纹，空心。单生至散生于混交林中地上。褐圆孔牛肝菌是食用菌和药用菌，肉质细嫩，食味可口，据报道对实验动物的肿瘤有抑制作用。

3.4　珍稀濒危和特有植物

3.4.1　珍稀濒危保护植物

迄今为止，轿子山共发现国家级珍稀濒危保护植物 9 种（表 3-8），隶属 9 科 9 属（裸子植物 1 种，被子植物 7 种，大型真菌 1 种）。其中，国家 I 级重点保护野生植物 2 种（攀枝花苏铁、须弥红豆杉），国家 II 级重点保护野生植物 7 种。在本区内，攀枝花苏铁仅分布在普渡河保护小区，生于干旱河谷灌丛中，范围非常狭窄；须弥红豆杉仅分布在中槽子一带，野外调查发现的个体已非常少。近年来，由于盗伐、偷采、偷挖现象屡禁不止，使得攀枝花苏铁和须弥红豆杉的生境受到了不同程度的破坏，居群个体数量急剧减少，若不尽快采取措施加强保护，这两种植物在本区将可能永远消失。其他 7 种国家 II 级重点保护植物中，除了异颖草和金荞麦分布相对较广、居群较大外，其余种类像金铁锁、松茸等也都受到滥采、乱挖等因素的威胁，也亟待加强保护。

表 3-8　云南轿子山自然保护区珍稀濒危保护植物

中文名	拉丁名	所属科	保护区内分布	海拔/m	生境	保护级别
攀枝花苏铁	*Cycas panzhihuaensis*	苏铁科（*Cycadaceae*）	普渡河保护小区	1 170～1 500	干旱河谷	国家 I 级
须弥红豆杉	*Taxus wallichiana*	红豆杉科（*Taxaceae*）	中槽子	2 600	常绿阔叶林中	国家 I 级
异颖草	*Deyeuxia petelotii*	禾木科（*Poaceae*）	九龙沟、老炭房后山	2 600	草坡	国家 II 级
金荞麦	*Fagopyrum dibotrys*	蓼科（*Polygonaceae*）	九龙沟	2 800	沟边灌丛	国家 II 级
西康玉兰	*Magnolia wilsonii*	木兰科（*Magnoliaceae*）	九龙沟、大厂	2 800	阔叶林中	国家 II 级
平当树	*Paradombeya sinensis*	梧桐科（*Sterculiaceae*）	普渡河保护小区	1 170	干旱河谷灌丛	国家 II 级
金铁锁	*Psammosilene tunicolides*	石竹科（*Caryophyllaceae*）	舒姑至马鬃岭	3 190	黄背栎林下	国家 II 级
丁茜	*Trailliaedoxa gracilis*	茜草科（*Rubiaceae*）	普渡河保护小区	1 170	干旱河谷灌丛	国家 II 级

续表

中文名	拉丁名	所属科	保护区内分布	海拔/m	生境	保护级别
松茸	*Tricholoma matsutake*（Ito et Imai Singer）	口蘑科（*Tricolomataceae*）	舒姑至马鬃岭	3 190	黄背栎林下	国家 II 级

注：表中的“国家 I 级”“国家 II 级”保护植物为国务院 1999 年 8 月 4 日颁布的《国家重点野生保护植物名录（第一批）》所收录的物种。

3.4.2 特有植物

经过数次野外调查采集和大量的标本及文献查阅，目前发现局限于轿子山地区分布的狭域特有种子植物有 15 种和 1 变种（表 3-9），3.1 节已就其区系性质及意义进行了论述，在此不再赘述。虽然文献记载模式标本采自东川区或禄劝县（根据采集者当年的调查路线推测，很多种类应该是采自轿子山地区）的种类多达 35 种（东川区 22 种，禄劝县 13 种），但是其中多数种类并没有见到标本，因此，此处暂未列入。从轿子山所处的自然地理位置及区内复杂多样的气候、生境条件及其较大的高差来看，其特有种的数目相对偏低。不过相信随着今后调查研究的深入，这一数字还会增加。

表 3-9 云南轿子山特有种子植物名录

中文名	拉丁名	所属科	在轿子山分布	海拔/m	生境
膝瓣乌头	*Aconitum geniculatum*	毛茛科（Ranunculaceae）	烂泥坪、马鬃岭、马鬃岭梁子	3 200～3 720	山坡草地、林缘灌丛
爪盔膝瓣乌头	*Aconitum geniculatum* var. *unguiculatum*	毛茛科（Ranunculaceae）	烂泥坪、大海至马鬃岭	3 200～3 600	山坡草地、林缘灌丛
东川当归	*Angelica duclouxii*	伞形科（Umbelliferae）	烂泥坪	3 500	山坡草地
乌蒙小檗	*Berberis woomungensis*	小檗科（Berberidaceae）	轿子山大黑箐	3 400～4 000	针阔混交林中、林缘
细枝杭子梢	*Campylotropis tenuiramea*	亚科（Leguminosae）	普渡河	1 200～1 800	干旱河谷
乌蒙杓兰	*Cypripedium wumengense*	兰科（Orchidaceae）	何家村、老槽子	2 800	多石山坡林下岩缝
东川箭竹	*Fargesia semicoriacea*	禾本科（Gramineae）	烂泥坪	3 000	华山松林下
伞把竹	*Fargesia utilis*	禾本科（Gramineae）	烂泥坪	2 700～3 650	山坡林下
革叶龙胆	*Gentiana scytophylla*	龙胆科（Gentianaceae）	乌蒙团街	2 700	山坡草地
乌蒙绿绒蒿	*Meconopsis wumungensis*	罂粟科（Papaveraceae）	轿子山一线天	3 600～3 800	陡崖岩缝中

续表

中文名	拉丁名	所属科	在轿子山分布	海拔/m	生境
禄劝花叶重楼	*Paris luquanensis*	延龄草科（Trilliaceae）	乌蒙乡乐作坭	2 100	山坡灌丛
乌蒙茴芹	*Pimpinella urbaniana*	伞形科（Umbelliferae）	轿子山	3 500	山坡草地
毛脉杜鹃	*Rhododendron pubicostatum*	杜鹃花科（Ericaceae）	大黑箐、大马路、马鬃岭梁子	3 450～4 012	冷杉-杜鹃林林缘
东川虎耳草	*Saxifraga dongchuanensis*	虎耳草科（Saxifragaceae）	白石崖、烂泥坪	3 700～4 000	岩缝中
禄劝景天	*Sedum luchuanicum*	景天科（Crassulaceae）	大黑箐	3 980～4 200	陡崖岩缝中
齿瓣蝇子草	*Silene dentipetala*	石竹科（Caryophyllaceae）	烂泥坪	3 500	山坡草地

第4章　动物多样性

轿子山自然保护区地形地貌特殊、自然风光秀丽、生物多样性丰富，素有“滇中第一山”的美称。云南省人民政府于 1994 年批准建立轿子山省级自然保护区。然而，对这个特殊的自然保护区的动物多样性却很少受到关注。目前，对于该地区的动物多样性调查仅有 3 次，第一次是 2004 年云南省林业调查规划院受昆明市林业局委托对轿子山自然保护区进行的科学考察，并在 2006 年出版《云南轿子山自然保护区》（云南省林业调查规划院、昆明市林业局，2006）；第二次是 2006 年中国科学院昆明动物研究所博物馆受云南省科技厅委托对轿子山的动物资源进行考察；第三次是 2008 年中国科学院植物研究所牵头受昆明市林业局委托，对轿子山的动植物资源进行野外考察，并编写出版《云南轿子山国家自然保护区》（彭华，刘恩德，2015）。本章动物多样性主要通过查阅 3 次轿子山有关动物考察的资料，结合轿子山相关文献，以及对当地村民和猎户走访了解来总结编写。

4.1　动物区系

在学术界，生物地理区划的问题仍然没有明确的定论。通过总结近年的学术研究成果，在中国的动物地理区划中，轿子山自然保护区归属于东洋界西南山地亚区。

4.1.1　区系的复杂性

动物区系组成极其复杂多样，有 7 种动物分布型、20 种分布亚型：①世界分布型；②热带亚洲、非洲至旧大陆温带分布型；③旧大陆温带分布型；④亚洲热带至温带分布型；⑤东亚分布型，包括日本、朝鲜半岛、中国、中南半岛至阿富汗分布，朝鲜半岛、俄罗斯（西伯利亚）、中国（东部至青藏高原）、巴基斯坦（北部）分布，朝鲜、中国、中南半岛至喜马拉雅山脉分布，中国东北至中南半岛分布，华南至东喜马拉雅山脉分布，华南、华东、华北至横断山区分布，华东、华南至横断山区分布，横断山脉至东喜马拉雅山脉分布；⑥热带亚洲（印度—马来西亚）分布型，包括热带南亚至东南亚分布，热带南亚、东南亚至华中分布，南洋群岛、马来半岛、中国南部至东喜马拉雅山脉分布，马来半岛、中国南部至东喜马拉雅山脉分布，中南半岛、华南、横断山区至东喜马拉雅山区分布；⑦特有分布型，包括横断山区特有，云、贵、川特有，云贵高原特有。

1. 世界分布型

世界分布型是指因与人类的紧密伴生而遍布全世界各大洲及岛屿的动物分布型。

2. 热带亚洲、非洲至旧大陆温带分布型

热带亚洲、非洲至旧大陆温带分布型是指分布区可从热带非洲到地中海沿岸、欧洲及整个亚洲（包括热带在内）的种，是埃塞俄比亚界、古北界和东洋界三大动物地理界的广布种。

3. 旧大陆温带分布型

旧大陆温带分布型分布于欧亚大陆、非洲北部或仅为亚洲北部，为古北界的代表种。

4. 亚洲热带至温带分布型

亚洲热带至温带分布型为从东南亚的南洋群岛或印度南部热带一直分布到俄罗斯西伯利亚的古北—东洋，但主要分布于东洋区的动物分布型。

5. 东亚分布型

东亚分布型经中南半岛、横断山区、缅甸北部、喜马拉雅山脉，向西甚至可达阿富汗，通过我国华北可达朝鲜或日本。

6. 热带亚洲分布型

热带亚洲分布型主要指热带亚洲起源的物种，它们大多分布在亚洲南部的热带和南亚热带，在我国可向北延伸到长江流域。

7. 特有分布型

特有分布型的分布区仅在我国西南区。

4.1.2 区系的交汇性

动物区系具有东西动物过渡、南北动物交汇的特点，具有特殊的科学价值。部分物种，如沙坪角蟾（*Megophrys shapingensis*）、四川湍蛙（*Amolops mantzorum*）等从四川西部延伸分布到轿子山自然保护区；云南热带、南亚热带地区的物种人红瘰疣螈

（*Tylototriton verrucoosus*）、无指盘臭蛙（*Rana grahami*）、双团棘胸蛙（*Bi-Lump Spined-breasted Frog*）等从云南南部分布到轿子山自然保护区；南蝠（*Ia io*）、林麝（*Muschus berezovskii*）、毛冠鹿（*Elaphodus cephalophus*）、猪尾鼠（*Platacanthomyidae*）、暗褐竹鼠（*Rhizomys vestitus*）、长尾大麝鼩（*Crocidura fuliginosa*）、灰麝鼩（*Crocidura attenuata*）、北树鼩（*Tupaia belangeri*）、猪獾（*Arctonyx collaris*）、大灵猫（*Viverra zibetha*）等是东洋界的华南区、华中区、西南区所共有的物种。轿子山自然保护区个别物种还与贵州西北部的物种类似，与四川的一些物种交汇。

4.1.3 垂直分布和垂直带谱的复杂多样性

轿子山自然保护区的植被具有较为明显的垂直地带性，同时具有一定的特殊性，其生境和垂直带可以分为 7 个垂直带：①半湿性常绿阔叶林带及经破坏后的次生林；②华山松、云南松及元江栲林带；③中山湿性常绿阔叶林及次生林（包括黄背栎林及乳状石栎-野八角林）；④寒温性急尖长苞冷杉林带；⑤高山杜鹃灌丛及高山柏灌丛带；⑥居民点及农耕带；⑦河流、湖泊和沼泽湿地。随着海拔的垂直变化，动植物随之出现相应的垂直变化；从区系组成上看，古北种在海拔较低的半湿性常绿阔叶林带及经破坏后的次生林所占比例较小，随海拔的升高，古北种所占比例逐渐增加，海拔最高的高山杜鹃灌丛及高山柏灌丛带所占比例最大。

4.2 动物种类及其分布

4.2.1 哺乳类

经前人调查整理总结，轿子山记录的哺乳动物共有 79 种，隶属于 8 目 25 科 59 属，占中国现有哺乳动物 12 目 55 科 245 属（蒋志刚，等，2015）的 66.67%、45.45%和 24.08%，占云南省哺乳动物 11 目 44 科 306 种的 72.73%、56.82%和 25.82%。

1. 哺乳动物的组成

（1）目的组成

轿子山自然保护区目前记录的 79 种哺乳动物隶属于 8 个目，其中以啮齿目的种数最多，计 27 种；其次是食肉目 16 种、翼手目 14 种、食虫目 13 种。这 4 个目共计 70 种，占轿子山哺乳动物种数的 88.61%，可见它们在轿子山哺乳动物区系组成中所起的决定性作用。另外，剩下的 4 目仅有 9 种，而偶蹄目就有 6 种，另外 3 目（攀鼩目、鳞甲目和兔形目）分别只有 1 种，但它们在丰富轿子山哺乳动物的物种多样性上起到至关重要的作用。

（2）科的组成

轿子山自然保护区的哺乳动物隶属于25个科，其中最大的科是鼠科（7属14种），其次是鼩鼱科（7属10种），这两个科占到轿子山哺乳动物种数的30.38%，体现出它们在轿子山哺乳动物区系构成中的作用；其余的科均在7种以下，依次为鼬科（6属7种），蝙蝠科（4属6种），菊头蝠科（1属5种），灵猫科和松鼠科（4属4种），鼹科（3属3种），鼯鼠科（2属3种），仓鼠科（1属3种），蹄蝠科、犬科、猫科、鹿科和牛科分别为1属2种；剩下的树鼩科、长翼蝠科、鲮鲤科、獴科、猪科、麝科、刺山鼠科、鼹形鼠科、豪猪科和兔科10科在轿子山均以单属种的形式出现，它们在科的组成上占了40%，但在物种组成上仅占12.66%。

（3）属的组成

轿子山自然保护区的79种哺乳动物分别隶属于59属，缺乏明显的优势属，更多的是（47属）以单属种的形式出现，占本地区哺乳动物总属数的79.66%、物种数的59.49%，其中一些属甚至为单型属，如长吻鼩鼹属（*Nasillus gracilis*）、白尾鼹属（*Parascaptor*）、貉属（*Nycterutes*）、斑林狸属（*Prionodon*）、花面狸属（*Paguma*）、毛冠鹿属（*Elaphodus*）、滇攀鼠属（*Vernaya*）、巢鼠属（*Micromys*）和猪尾鼠属（*Typhlomys*），这些类群在本地区哺乳动物区系组成及多样性构成中均起重要作用；其余12属（占本地区总属数的20.34%）的物种数（占本地区总物种数的40.51%）中，最大属为菊头蝠属（*Rhinolophus*），但也只有5种，其次是麝鼩属（*Crocidura*）、绒鼠属（*Eothenomys*）、姬鼠属（*Apodemus*）、家鼠属（*Rattus*）和白腹鼠属（*Niviventer*）各3种，鼩鼱属（*Sorex*）、伏翼属（*Pipistrellus*）、鼠耳蝠属（*Myotis*）、鼬属（*Mustela*）、鼯鼠属（*Petaurista*）和小家鼠属（*Mus*）等各2种，具体见表4-1。

表4-1　轿子山自然保护区哺乳动物名录

目	科	种
食虫目（INSECTIVORA）	鼩鼱科（Soricidae）	云南鼩鼱（*Sorex excelsus*）
		小纹背鼩鼱（*Sorex bedfordiae*）
		淡灰黑齿鼩鼱（*Blarinella griselda*）
		灰褐长尾鼩鼱（*Episoriculus macrurus*）
		云南缺齿鼩鼱（*Chodsigoa parca*）
		短尾鼩（*Anourosorex squamipes*）
		喜马拉雅水鼩（*Chimmarogale himalayicus*）
		华南中麝鼩（*Corcidura voras*）
		灰麝鼩（*Crocidura attenuata*）
		长尾大麝鼩（*Crocidura fluliginosa*）
	鼹科（Talpidae）	长吻鼩鼹（*Nasillus gracilis*）
		长尾鼩鼹（*Scaptonyx fusicaudus*）
		白尾鼹（*Parascaptor leucurus*）

续表

目	科	种
攀鼩目（SCANDENTIA）	树鼩科（Tupaiidae）	北树鼩（*Tupaia belangeri*）
翼手目（CHIROPTERA）	菊头蝠科（Rhinolophidae）	马铁菊头蝠（*Rhinolophus ferrumequinum*）
		间型菊头蝠（*Rhinolophus affinis*）
		托氏菊头蝠（*Rhinolophus thomasi*）
		小菊头蝠（*Rhinolophus blythi*）
		皮氏菊头蝠（*Rhinolophus pearsoni*）
	蹄蝠科（Hipposideridae）	大马蹄蝠（*Hipposideros armiger*）
		三叶小蹄蝠（*Aselliscus stoliczkanus*）
	蝙蝠科（Vespertilionidae）	日本伏翼（*Pipistrellus abramus*）
		普通伏翼（*Pipistrellus pipistrellus*）
		白腹管鼻蝠（*Murina leucogaster*）
		西南鼠耳蝠（*Myotis altarium*）
		大足鼠耳蝠（*Myotis ricketti*）
		南蝠（*Ia io*）
	长翼蝠亚科（Miniopteridae）	亚洲长翼蝠（*Miniopterus fuliginosus*）
鳞甲目（PHOLIDOTA）	鲮鲤科（Manidae）	中国穿山甲（*Manis pentadactyla*）
食肉目（CARNIVORA）	犬科（Canidae）	赤狐（*Vulpes vulpes*）
		貉（*Nycterutes procyonoides*）
	鼬科（Mustelidae）	黄喉貂（*Martes flavigula*）
		黄鼬（*Mustela sibirica*）
		黄腹鼬（*Mustela kathiah*）
		鼬獾（*Melogale moschata*）
		藏獾（*Meles leucurus*）
		猪獾（*Arctonyx collaris*）
		水獭（*Lutra lutra*）
	灵猫科（Viverridae）	斑林狸（*Prionodon pardicolor*）
		大灵猫（*Viverra zibetha*）
		小灵猫（*Viverricula indica*）
		花面狸（*Paguma larvata*）
	獴科（Herpestidae）	食蟹獴（*Herpestes urva*）
	猫科（Felidae）	豹猫（*Prionailurus bengalensis*）
		金猫（*Catopuma temminckii*）

续表

目	科	种
偶蹄目（ARTIODACTYLA）	猪科（Suidae）	野猪（*Sus scrofa*）
	麝科（Moschidae）	林麝（*Moschus berezovskii*）
	鹿科（Cervidae）	毛冠鹿（*Elaphodus cephalophus*）
		赤麂（*Muntjak vaginalis*）
	牛科（Bovidae）	中华鬣羚（*Capricornis milneedwardsii*）
		川西斑羚（*Naemorhaedus griseus*）
啮齿目（RODENTIA）	松鼠科（Sciuridae）	赤腹松鼠（*Callosciurus erythraeus*）
		泊氏长吻松鼠（*Dremomys pernyi*）
		隐纹花鼠（*Tamiops swinhoei*）
		侧纹岩松鼠（*Sciurotamias forresti*）
	鼯鼠科（Pteromyidae）	灰头鼯鼠（*Petaurista caniceps*）
		栗背大鼯鼠（*Petaurista albiventer*）
		黑白飞鼠（*Hylopetes alboniger*）
	仓鼠科（Cricetidae）	大绒鼠（*Eothenomys miletus*）
		滇绒鼠（*Eothenomys eleusis*）
		昭通绒鼠（*Eothenomys olitor*）
	鼠科（Muridae）	滇攀鼠（*Vernaya fulva*）
		巢鼠（*Micromys minutus*）
		澜沧江姬鼠（*Apodemys ilex*）
		大耳姬鼠（*Apodemys latronum*）
		高山姬鼠（*Apodemys chevrieri*）
		黄胸鼠（*Rattus flavipetus*）
		褐家鼠（*Rattus norvegicus*）
		大足鼠（*Rattus nitidus*）
		社鼠（*Niviventer confucianus*）
		川西白腹鼠（*Niviventer excelsior*）
		白腹巨鼠（*Niviventer coninga*）
		青毛硕鼠（*Berylmys bowersi*）
		小家鼠（*Mus musculus*）
		锡金小鼠（*Mus pahari*）
	刺山鼠科（Platacanthomyidae）	猪尾鼠（*Typhlomys cinereus*）
	鼹形鼠科（Spalacidae）	暗褐竹鼠（*Rhizomys Wardi Thomas*）
	豪猪科（Hystricidae）	豪猪（*Hystrix hodgsoni*）
兔形目（LAGOMORPHA）	兔科（Leporidae）	云南兔（*Lepus comus*）

2. 哺乳动物的分布型

轿子山自然保护区的79种哺乳动物，根据其地理分布特征，可分以下几种分布型，见表4-2。

（1）世界分布型

属于这一分布型的是小家鼠（*Mus musculus*）。

（2）热带亚洲、非洲至旧大陆温带分布型

属于这一分布型的仅有野猪（*Sus scrofa*）。

（3）旧大陆温带分布型

在旧大陆温带分布型中有6种，其中马铁菊头蝠（*Rhinolophus ferrumequinum*）、普通伏翼（*Pipistrellus pipistrellus*）、赤狐（*Vulpes vulpes*）、水獭（*Lutra lutra*）为广布于欧、亚、非的种；巢鼠（*Micromys minutus*）仅为欧、亚北部种；白腹管鼻蝠（*Murina leucogaster*）分布于中亚、阿富汗、环喜马拉雅山区、中国至东北亚的温带地区。

（4）亚洲热带至温带分布型

这一分布型主要有5种，即亚洲长翼蝠（*Miniopterus fuliginosus*）、豺（*Cuon alpinus*）、黄喉貂（*Martes flavigula*）、黄鼬（*Mustela sibirica*）和豹猫（*Prionailurus bengalensis*）。

（5）东亚分布型

1）日本、朝鲜半岛、中国、中南半岛至阿富汗分布：东亚伏翼（*Pipistrellus abramus*）。

2）朝鲜半岛、俄罗斯（西伯利亚）、中国（东部至青藏高原）、巴基斯坦（北部）分布：藏獾（*Meles leucurus*）。

3）朝鲜、中国、中南半岛至喜马拉雅分布：川西斑羚（*Naemorhaedus griseus*）、貉（*Nycterutes procyonoides*）。

4）中国东北至中南半岛分布：社鼠（*Niviventer confucianus*）。

5）华南至东喜马拉雅山脉分布：中国穿山甲（*Manis pentadactyla*）、中国豪猪（*Hystrix hodgsoni*）。

6）华南、华东、华北至横断山脉分布：隐纹花鼠（*Tamiops swinhoei*）。

7）华东、华南至横断山脉分布：南蝠（*Ia io*）、林麝（*Moschus berezovskii*）、毛冠鹿（*Elaphodus cephalophus*）、猪尾鼠（*Typhlomys cinereus*）和暗褐竹鼠（*Spalacidae*）。

8）横断山脉至东喜马拉雅山脉分布：白尾鼹（*Parascaptor leucurus*）、小纹背鼩鼱（*Sorex bedfordiae*）、灰褐长尾鼩鼱（*Episoriculus macrurus*）、间型菊头蝠（*Rhinolophus affinis*）、斑灵狸（*Prionodon pardicolor*）。

（6）热带亚洲分布型

1）热带南亚至东南亚分布：小菊头蝠（*Rhinolophus pusillus*）。

2）热带南亚、东南亚至华中分布：小灵猫（*Viverricula indica*）和赤麂（*Muntiacus vaginalis*）。

3）南洋群岛、马来半岛、中国南部至东喜马拉雅分布：喜马拉雅水鼩（*Chimmarogale himalayicus*）、大马蹄蝠（*Hipposideros armiger*）、三叶小蹄蝠（*Aselliscus stoliczkanus*）、花面狸（*Paguma larvata*）、金猫（*Catopuma temminckii*）、中华鬣羚（*Capricornis milneedwardsii*）、灰头鼯鼠（*Petaurista caniceps*）、青毛硕鼠（*Berylmys bowersi*）。

4）马来半岛、中国南部至东喜马拉雅分布：长尾大麝鼩（*Crocidura fluliginosa*）、灰麝鼩（*Crocidura attenuata*）、北树鼩（*Tupaia belangeri*）、猪獾（*Arctonyx collaris*）、大灵猫（*Viverra zibetha*）、食蟹獴（*Herpestes urva*）、赤腹松鼠（*Callosciurus erythraus*）、栗背大鼯鼠（*Petaurista albiventer*）、大足鼠（*Rattus nitidus*）。

5）中南半岛、华南、横断山脉至东喜马拉雅山脉分布：微尾鼩（*Anourosorex squamipes*）、华南中麝鼩（*Corcidura voras*）、托氏菊头蝠（*Rhinolophus thomasi*）、西南鼠耳蝠（*Myotis altarium*）、大足鼠耳蝠（*Myotis ricketti*）、黄腹鼬（*Mustela kathiah*）、鼬獾（*Melogale moschata*）、泊氏长吻松鼠（*Dremomys pernyi*）、黑白飞鼠（*Hylopetes alboniger*）、黄胸鼠（*Rattus tanezumi*）、白腹巨鼠（*Leopoldamys edwardsi*）、锡金小鼠（*Mus pahari*）。

（7）特有分布型

1）横断山脉特有分布：云南鼩鼱（*Sorex excelsus*）、灰黑齿鼩鼱（*Blarinella griselda*）、云南缺齿鼩鼱（*Chodsigoa parca*）、长吻鼩鼹（*Nasillus gracilis*）、滇攀鼠（*Vernaya fulva*）、大耳姬鼠（*Apodemys latronum*）、澜沧江姬鼠（*Apodemys ilex*）、川西白腹鼠（*Niviventer excelsior*）、大绒鼠（*Eothenomys miletus*）、滇绒鼠（*Eothenomys eleusis*）、昭通绒鼠（*Eothenomys olitor*），是横断山脉哺乳动物区系的典型代表。

2）云、贵、川特有分布：白喉岩松鼠（*Sciurotamias forresti*）、高山姬鼠（*Apodemys chevrieri*）。

3）云贵高原特有分布：云南兔（*Lepus comus*）。

轿子山自然保护区哺乳动物分布型和区系分析见表4-2。

表4-2　轿子山自然保护区哺乳动物分布型和区系分析

分布区类型	物种数	区系从属
1．世界分布型	1	广布种
2．热带亚洲、非洲至旧大陆温带分布型	1	广布种
3．旧大陆温带分布型	6	古北界种
4．亚洲热带至温带分布型	5	东洋界与古北界共有
5．东亚分布型		
5-1 日本、朝鲜半岛、中国、中南半岛至阿富汗分布	1	东洋界与古北界共有
5-2 朝鲜半岛、俄罗斯（西伯利亚）、中国（东部至青藏高原）、巴基斯坦（北部）分布	1	东洋界与古北界共有
5-3 朝鲜、中国、中南半岛至喜马拉雅山脉分布	2	东洋界与古北界共有
5-4 中国东北至中南半岛分布	1	东洋界与古北界共有

续表

分布区类型	物种数	区系从属
5-5 华南至东喜马拉雅山脉分布	2	东洋界华南区、西南区共有
5-6 华南、华东、华北至横断山脉分布	1	东洋界与古北界共有
5-7 华东、华南至横断山脉分布	5	东洋界华南区、华中区、西南区共有
5-8 横断山脉至东喜马拉雅山脉分布	5	东洋界西南区
6. 热带亚洲分布型		
6-1 热带南亚至东南亚分布	1	东洋界泛布种
6-2 热带南亚、东南亚至华中分布	2	东洋界泛布种
6-3 南洋群岛、马来半岛、中国南部至东喜马拉雅山脉分布	8	东洋界泛布种
6-4 马来半岛、中国南部至东喜马拉雅山脉分布	9	东洋界华南区、华中区、西南区共有
6-5 中南半岛、华南、横断山脉至东喜马拉雅山脉分布	12	
7. 特有分布型		
7-1 横断山区特有分布	11	东洋界西南区特有种
7-2 云、贵、川特有分布	2	东洋界华中区、西南区共有种
7-3 云贵高原特有分布	1	
总计	79	

3. 哺乳动物区系特点

基于分布型的统计，轿子山自然保护区 79 种哺乳动物中，仅有少数的广布种，如与人类伴生而遍布世界各地的小家鼠及广布于欧亚大陆、北非，以及主要起源于古北区向南延伸分布至东洋区的马铁菊头蝠、普通伏翼、白腹管鼻蝠、野猪、赤狐、水獭和巢鼠等古北种 8 种（占 10.13%），其余 71 种（占 89.87%）虽具东洋区性质，但有不少物种为主要起源和分布在亚洲热带、南亚热带而向北延伸分布到温带的东洋区和古北区的共有种，包括亚洲长翼蝠、东亚伏翼、豺、貉、黄喉貂、黄鼬、藏獾、豹猫、川西斑羚和社鼠 10 种。因此，完全属于东洋界的物种（亚洲热带-亚热带种、东南亚热带-中国南部-喜马拉雅种、喜马拉雅-横断山特有种、横断山区特有种和中国南部特有种等）计有 61 种（占 77.21%）。

在东洋界种中，东洋界泛布的种有喜马拉雅水鼩、小菊头蝠、大马蹄蝠、三叶小蹄蝠、小灵猫、花面狸、金猫、赤麂、中华鬣羚、灰头小鼯鼠和青毛硕鼠 11 种（占东洋界种数的 18.03%）；为华中、华南和西南山地共有的东洋界种有微尾鼩、长尾大麝鼩、灰麝鼩、华南中麝鼩、皮氏菊蝠、托氏菊头蝠、西南鼠耳蝠、大足鼠耳蝠、南蝠、北树鼩、黄腹鼬、鼬獾、猪獾、大灵猫、食蟹獴、林麝、毛冠鹿、赤腹松鼠、泊氏长吻松鼠、隐纹花鼠、黑白飞鼠 、栗背大鼯鼠、黄胸鼠、大足鼠、白腹巨鼠、锡金小鼠、猪尾鼠和暗褐竹鼠 28 种（占东洋界种数的 45.90%）；云贵高原特有分布的云南兔、白喉岩松鼠和高山姬鼠 3 种为华中区和西南区共有种；华南区与西南区共有的种有中国穿山甲和中国豪猪 2 种；而属于东洋界西南区的种有长吻鼩鼹、白尾鼹、小纹背鼩鼱、云南鼩鼱、灰黑齿鼩鼱、灰褐长尾鼩鼱、云南缺齿鼩鼱、间型菊头蝠、斑灵狸、滇攀鼠、大耳姬鼠、澜沧江姬鼠、川西白腹鼠、大绒鼠、滇绒鼠和昭通绒鼠等 17 种（占东洋界种数的 27.87%）。由此可见，轿子山自然保护区虽地处云南的中北部，但哺乳动物的区系组成仍有较大比例的西南区物种，在我国动物地理区划中属东洋界西南区动物区系。

4. 重要哺乳动物简介

1）云南鼩鼱（*Sorex excelsus*）：在中国大陆，分布于西藏、云南等地；可能在尼泊尔发现。该物种的模式产地在云南中甸县。

2）长吻鼩鼹（*Nasillus gracilis*）：体背自头前至尾基为暗褐色，腹面为深灰色；尾与体背同色，上下一色；四足背淡棕色；头骨上面观呈等腰三角形，脑部圆；吻尖，管状。为横断山特有种，且有一定数量。

3）微尾鼩（*Anourosorex squamipes*）：适于地下生活；体型粗壮，四肢粗短；耳壳很小；隐于被毛下，呈痕迹状；尾短，几乎与后足等长；背毛呈暗灰褐色并带有光泽。

4）长尾鼩鼹（*Scaptonyx fusicaudus*）：鼹型，地下生活型。吻部覆以污白色短毛，体背于腹面覆以一致短而厚密的黑褐色柔毛，具金属光泽；尾部色较暗淡，四足背面棕褐色；吻尖而细长，眼退化，无外耳壳；前足较宽，具长而直的爪；尾长等于或超过体长之半，呈棍棒状。

5）北树鼩（*Tupaia belangeri*）：外形似松鼠，吻部尖长，背毛呈橄榄褐黑色，腹部为浅黄棕色。栖息范围较广，村庄、农田、灌丛、森林均可发现其踪迹，有一定数量，为重要的医学实验动物。

6）南蝠（*Ia io*）：蝙蝠科中的大型种类。背毛烟褐色，腹毛略淡，由基部深褐色至端部渐变为灰褐色，面部几乎裸露，下颌中央有一小簇深色硬毛；耳前折不达吻端，耳屏肾形，足连爪超过胫长之半。栖息于海拔 400～1 700m 的大岩洞中，常数只结成小群悬挂于岩洞顶壁，有时也可多至十余只。

7）中国穿山甲（*Manis pentadactyla*）：鳞片与体轴平行，共 15～18 列；尾上另有纵向鳞片 9～10 片；鳞片呈黑褐色，老年兽的鳞片边缘呈橙褐或灰褐色，幼兽尚未角化的鳞片呈黄色；吻细长，脑颅大，呈圆锥形。栖息于丘陵、山麓、平原的树林潮湿地带。喜炎热，能爬树。国家 II 级重点保护野生动物。

8）貉（*Nycterutes procyonoides*）：类似犬科祖先的物种，体型短而肥壮，介于浣熊和狗之间，小于犬、狐。体色乌棕，吻部白色，四肢短呈黑色；尾巴粗短。栖息于阔叶林中开阔、接近水源的地方或开阔草甸、茂密的灌丛带和芦苇地；很少见于高山的茂密森林。

9）豺（*Cuon alpinus*）：大小似犬而小于狼，吻较狼短而头较宽，耳短而圆，身躯较狼短。四肢较短，尾比狼略长，但不超过体长的一半，其毛长而密，略似狐尾；背毛红棕色，毛尖黑色，腹毛较浅淡。国家II级重点保护野生动物。

10）水獭（*Lutra lutra*）：躯体长，吻短，眼睛稍突而圆，耳朵小，四肢短，体背部为咖啡色，腹面呈灰褐色。多穴居，白天休息，夜间出来活动。已列入世界自然保护联盟（IUCN） 2015 年濒危物种红色名录。

11）花面狸（*Paguma larvata*）：体毛短而粗，体色为黄灰褐色，头部毛色较黑，由额头至鼻梁有一条明显的色带，眼下及耳下具有白斑，背部体毛灰棕色。后头、肩、四肢末端及尾巴后半部为黑色，四肢短壮，各具五趾。趾端有爪，爪稍有伸缩性；尾长，约为体长的 2/3。主要栖息在森林、灌木丛、岩洞、树洞或土穴中，偶尔可在开垦地发现。

12）金猫（*Catopuma temminckii*）：头形短圆，颜面部短宽，耳较短而宽，直立头顶两侧，眼大而圆。毛色很复杂，主要有 3 个色型，亮红色（红金猫）到灰棕色、暗灰褐色（灰金猫）和全身斑点（花金猫）。一般独居，夜行性，以晨昏活动较多，白天栖于树上洞穴内，夜间下地活动。金猫已列入世界自然保护联盟（IUCN）2015 年濒危物种红色名录。

13）中华鬣羚（*Capricornis milneedwardsii*）：体型中等，雌雄均具角。头后颈背具长鬣毛，体背灰褐色。栖息于地形较为陡峭的地区。国家II级重点保护野生动物，在合适的栖息地可发现其活动的踪迹。

14）川西斑羚（*Naemorhaedus griseus*）：体型较小，雌雄均具角。体背灰褐色，喉斑灰白色。典型的林栖种类，常出没于陡峭崖坡地段。国家II级重点保护野生动物，在玉龙雪山地区尚可发现其活动的痕迹。

15）昭通绒鼠（*Eothenomys olitor*）：分布于云南（东北部、西部）等地，常见于高山耕地。该物种的模式产地在云南昭通，是中国的特有物种。已列入世界自然保护联盟（IUCN）2013 年濒危物种红色名录。

16）巢鼠（*Micromys minutus*）：耳壳内有三角形的耳瓣，能将耳孔关闭。尾巴长并有缠绕性，常利用尾巴协助四肢在农作物上或枝条间攀爬觅食，偶尔也在浅水中游泳。对农牧产业都有害。巢鼠已列入世界自然保护联盟（IUCN）2013 年濒危物种红色名录。

17）中国豪猪（*Hystrix hodgsoni*）：体型粗壮；尾短；体侧和胸部有扁平的棘刺；鼻骨宽长，全身棕褐色，被长硬的空心棘刺；耳裸出，具少量白色短毛，额部到颈部中央有一条白色纵纹。栖息于森林和开阔田野，在堤岸和岩石下挖大的洞穴。

18）云南兔（*Lepus comus*）：体背面毛暗赭灰色，背脊具零乱黑色斑纹，腰臀部毛尖黑色，呈现黑色斑纹，臀部隐约有灰色臀斑；耳背面暗褐色，耳缘灰白色，耳尖黑色。中国特有种。

4.2.2 鸟类

轿子山自然保护区内共记录鸟类 9 目、隶属 32 科（另 4 亚科）、167 种（另 7 亚种），占云南省所录鸟类 19 目 69 科 848 种的 47.37%、46.38%、19.69%，占全国鸟类种数 1 329

种的12.57%。

1. 鸟类的组成

（1）目的组成

轿子山自然保护区目前记录的167种鸟类隶属于9个目，其中以雀形目的种数最多，计135种；其次是隼形目9种。这2个目共计142种，占轿子山鸟类种数的85.03%，可见它们在轿子山鸟类区系组成中所起的决定性作用。另外，剩下的7目仅有23种，而雨燕目只有2种；另外6目中鸽形目、鹃形目和鴷形目分别只有4种，鸡形目、鸮形目、佛法僧目分别只有3种，但它们在丰富轿子山鸟类物种多样性上起到至关重要的作用。

（2）科的组成

轿子山自然保护区的鸟类隶属于31个科，其中最大的科是鹟科（70种），其次是雀科（12种）、鹰科（7种）和鹡鸰科（7种），这4个科共计96种，占到轿子山鸟类物种数的57.49%，可见它们在轿子山鸟类区系构成中的作用；其余的科均为7种以下，依次为鸦科（6种），鹎科、卷尾科各5种，鸠鸽科、杜鹃科、啄木鸟科、山椒鸟科各4种，雉科、鸱鸮科、伯劳科、文岛科各3种，隼科、雨燕科、翠鸟科、燕科、太阳鸟科、绣眼鸟科各2种，剩下的戴胜科、百灵科、黄鹂科、河乌科、鷦鹩科、岩鹨科、鳾科、旋木雀科、啄花鸟科在轿子山均以单属种的形式出现，它们在科的组成上占了90.63%，但在物种组成上仅占49.70%，具体见表4-3。

表4-3 轿子山自然保护区鸟类名录

目	科	种
隼形目（FALCONIFORMES）	鹰科（Accipitridae）	黑翅鸢（*Elanus caeruleus*）
		黑鸢（*Milvus migrans*）
		雀鹰（*Accipiter nisus*）
		松雀鹰（*Accipiter virgatus*）
		大鵟（*Buteo hemilasius*）
		普通鵟（*Buteo buteo*）
		蛇雕（*Spilornis cheela ssp.*）
	隼科（Falconidae）	燕隼（*Falco subbuteo*）
		红隼（*Falco tinnunculus*）
鸡形目（GALLIFORMES）	雉科（Pheasianidae）	血雉（*Ithaginis cruentus*）
		红腹角雉（*Tragopan temminckii*）
		白腹锦鸡（*Chrysolophus amherstiae*）
鸽形目（COLUMBIFORMES）	鸠鸽科（Columbidae）	点斑林鸽（*Columba hodgsonii*）
		山斑鸠（*Streptopelia orientalis*）
		珠颈斑鸠（*Streptopelia chinensis*）
		火斑鸠（*Streptopelia tranquebarica*）

续表

目	科	种
鹃形目（CUCULIFORMES）	杜鹃科（Cuculidae）	鹰鹃（*Cuculus sparverioides*）
		四声杜鹃（*Cuculus micropterus*）
		大杜鹃（*Cuculus canorus*）
		小杜鹃（*Cuculus poliocephalus*）
鸮形目（STRIGIFORMES）	鸱鸮科（Strigidae）	领角鸮（*Otus bakkamoena*）
		雕鸮（*Bubo bubo*）
		斑头鸺鹠（*Glaucidium cuculoides*）
雨燕目（APODIFORMES）	雨燕科（Apodidae）	白腰雨燕（*Apus pacificus*）
		小白腰雨燕（*Apus affinis*）
佛法僧目（CORACIIFORMES）	翠鸟科（Alcedinidae）	普通翠鸟（*Alcedo atthis*）
		白胸翡翠（*Halcyon smyrnensis*）
	戴胜科（Upupidae）	戴胜（*Upupa epops*）
䴕形目（PICIFORMES）	啄木鸟科（Picidae）	蚁䴕（*Jynx torquilla*）
		黑枕绿啄木鸟（*Picus canus*）
		大斑啄木鸟（*Dendrocopos major*）
		棕腹啄木鸟（*Dendrocopos hyperythrus*）
雀形目（PASSERIFORMES）	百灵科（Alaudidae）	小云雀（*Alauda gulgula*）
	燕科（Hirundinidae）	家燕（*Hirundo rustica*）
		金腰燕（*Hirundo daurica*）
	鹡鸰科（Motacillidae）	黄头鹡鸰（*Motacilla citreola*）
		灰鹡鸰（*Motacilla cinerea*）
		白鹡鸰（*Motacilla alba*）
		田鹨（*Anhtusrichardi*）
		树鹨（*Anhtus hodgsoni*）
		红喉鹨（*Anhtus cervinus*）
		山鹨（*Anhtus sylvanus*）
	山椒鸟科（Campephagidae）	粉红山椒鸟（*Pericrocotus roseus*）
		长尾山椒鸟（*Pericrocotus ethologus*）
		短嘴山椒鸟（*Pericrocotus brevirostris*）
		赤红山椒鸟（*Pericrocotus flammeus*）
	鹎科（Pycnontidae）	凤头雀嘴鹎（*Spizixos canifrons*）
		红耳鹎（*Pycnonotus jocosus*）
		黄臀鹎（*Pycnonotus xanthorrhous*）
		绿翅短脚鹎（*Hypsipetes mcclellandii*）
		黑短脚鹎（*Hypsipetes madagascariensis*）

续表

目	科	种
雀形目（PASSERIFORMES）	伯劳科（Laniidae）	红尾伯劳（*Lanius cristatus*）
		棕背伯劳（*Lanius schach*）
		灰背伯劳（*Lanius tephronotus*）
	黄鹂科（Oriolidea）	黑枕黄鹂（*Oriolus chinensis*）
	卷尾科（Dicruridae）	黑卷尾（*Dicrurus macrocercus*）
		灰卷尾（*Dicrurus leucogenis*）
		发冠卷尾（*Dicrurus hottentottus*）
		灰头椋鸟（*Sturnus malabaricus*）
		（普通）八哥（*Acridotheres cristatellus*）
	鸦科（Corvidae）	红嘴蓝鹊（*Urocissa erythrorhyncha*）
		喜鹊（*Pica pica*）
		星鸦（*Nucifraga caryocatactes*）
		红嘴山鸦（*Pyrrhocorax pyrrhocorax*）
		大嘴乌鸦（*Corvus macrorhynchos*）
		小嘴乌鸦（*Corvus corone*）
	河乌科（Cinclidae）	褐河马（*Cinclus pallasii*）
	鹪鹩科（Troglodytidae）	鹪鹩（*Troglodytes troglodytes*）
	岩鹨科（Prunellidae）	棕胸岩鹨（*Prunella strophiata*）
	鹟科（Musciapidae）	红点颏（*Luscinia calliope*）
		蓝歌鸲（*Luscinia cyane*）
		红胁蓝尾鸲（*Tarsiger cyanurus*）
		金色林鸲（*Tarsiger chrysaeus*）
		白眉林鸲（*Tarsiger indicus*）
		鹊鸲（*Copsychus saularis*）
		蓝额红尾鸲（*Phoenicurus frontalis*）
		白喉红尾鸲（*Phoenicurus schisticeps*）
		北红尾鸲（*Phoenicurus auroreus*）
		红尾水鸲（*Rhyacornis fuliginosus*）
		小燕尾（*Enicurus scouleri*）
		白冠燕尾（*Enicurus leschenaulti*）
		黑喉石䳭（*Saxicola torquata*）
		灰林䳭（*Saxicola ferrea*）
		白顶溪鸲（*Chaimarrornis leucocephalus*）
		栗腹矶鸫（*Monticola rufiventris*）
		蓝矶鸫（*Monticola solitarius*）
		紫啸鸫（*Myiophoneus caeruleus*）
		虎斑地鸫（*Zoothera dauma*）

续表

目	科	种
雀形目（PASSERIFORMES）	鹟科（Musciapidae）	黑胸鸫（*Turdus dissimilis*）
		灰头鸫（*Turdus rubrocanus*）
		斑鸫（*Turdus naumanni*）
		斑胸钩嘴鹛（*Pomatorhinus erythrocnrmis*）
		棕颈钩嘴鹛（*Pomatorhinus ruficollis*）
		矛纹草鹛（*Babax lanceolatus*）
		灰翅噪鹛（*Garrulax cineraceus*）
		白颊噪鹛（*Garrulax sannio*）
		纯色噪鹛（*Garrulax subunicolor*）
		橙翅噪鹛（*Garrulax elliotii*）
		黑顶噪鹛（*Garrulax affinis*）
		蓝翅希鹛（*Minla cyanouroptera*）
		斑喉希鹛（*Minla strigula*）
		火尾希鹛（*Minla ignotincta*）
		金胸雀鹛（*Alcippe chrysotis*）
		白眉雀鹛（*Alcippe vinipectus*）
		褐头雀鹛（*Alcippe cinereiceps* ssp.）
		褐胁雀鹛（*Alcippe dubia*）
		灰眶雀鹛（*Alcippe morrisonia*）
		黑头奇鹛（*Heterophasia melanoleuca*）
		丽色奇鹛（*Heterophasia pulchella*）
		黄颈凤鹛（*Yuhina flavicollis*）
		纹喉凤鹛（*Yuhina gularis*）
		白领凤鹛（*Yuhina diademata*）
		棕肛凤鹛（*Yuhina occipitalis*）
		栗头地莺（*Tesia castaneocoronata*）
		强脚树莺（*Cettia fortipes*）
		棕顶树莺（*Cettia brunnifrons*）
		沼泽大尾莺（*Megalurus palustris*）
		黄腹柳莺（*Phylloscopus affinis*）
		棕腹柳莺（*Phylloscopus subaffinis*）
		褐柳莺（*Phylloscopus fuscatus*）
		橙斑翅柳莺（*Phylloscopus pulcher*）
		黄眉柳莺（*Phylloscopus inornatus*）
		黄腰柳莺（*Phylloscopus proregulus*）
		灰喉柳莺（*Phylloscopus maculipennis*）
		暗绿柳莺（*Phylloscopus trochiloides*）

续表

目	科	种
雀形目（PASSERIFORMES）	鹟科（Musciapidae）	冠纹柳莺（*Phylloscopus reguloides*）
		白斑尾柳莺（*Phylloscopus davisoni*）
		金眶鹟莺（*Seicercus burkii*）
		黑脸鹟莺（*Abroscopus schisticeps*）
		灰胸鹪莺（*Prinia hodgsonii*）
		褐头鹪莺（*Prinia subflava*）
		红喉姬鹟（*Ficedula parva*）
		橙胸姬鹟（*Ficedula strophiata*）
		棕胸蓝姬鹟（*Ficedula hyperythra*）
		棕腹仙鹟（*Niltava sundara*）
		铜蓝鹟（*Eumyias thalassinus*）
		方尾鹟（*Culicicapa ceylonensis*）
		白喉扇尾鹟（*Rhipidura albicollis*）
		黄腹扇尾鹟（*Rhipidura hypoxantha*）
	山雀科（Paridae）	大山雀（*Parus major*）
		绿背山雀（*Parus monticolus*）
		黄颊山雀（*Parus spilonotus*）
		黑冠山雀（*Parus rubidiventris*）
		红头长尾山雀（*Agithalos concinnus*）
		黑眉长尾山雀（*Agithalos iouschistos*）
	䴓科（Sittidae）	普通䴓（*Sittu europaca*）
	旋木雀科（Certhiidae）	旋木雀（*Certhia familiaris*）
	啄花鸟科（Dicaeidae）	红胸啄花鸟（*Dicaeum ignipectus*）
	太阳鸟科（Nectariniidae）	黄腰太阳鸟（*Aethopyga siparaja*）
		蓝喉太阳鸟（*Aethopyga gouldiae*）
	绣眼鸟科（Zosteropidae）	暗绿绣眼鸟（*Zosterops japonicus*）
		灰腹绣眼鸟（*Zosterops palpebrosa*）
	文鸟科（Ploceidae）	树麻雀（*Passer montanus*）
		山麻雀（*Passer rutilans*）
		白腰文鸟（*Lonchura striata*）
	雀科（Fringillidae）	黑头金翅雀（*Carduelis ambigua*）
		藏黄雀（*Carduelis thibetana*）
		暗胸朱雀（*Carpodacus nipalensis*）
		点翅朱雀（*Carpodacus rhodopeplus*）
		普通朱雀（*Carpodacus erythrinus*）
		金枕黑雀（*Pyrrhoplectes epauletta*）
		白斑翅拟蜡嘴雀（*Mycerobas carnipes*）

续表

目	科	种
雀形目（PASSERIFORMES）	雀科（Fringillidae）	黄喉鹀（*Emberiza elegans*）
		灰头鹀（*Emberiza spodocephala*）
		灰眉岩鹀（*Emberiza cia*）
		小鹀（*Emberza pusilla*）
		凤头鹀（*Melophus lathami*）

2. 鸟类的区系特点

（1）居留情况

轿子山自然保护区共有鸟类167种（另7种亚种），其中，常年居留于轿子山自然保护区的留鸟（Resident birds）共有126种和亚种，占鸟类种数的72.41%；仅春末夏初迁徙至本地区，夏末秋初迁离的夏候鸟共计有15种和亚种，占鸟类种数的8.62%；秋末冬初由北方迁飞至此地越冬的冬候鸟和旅经该地再向南迁的旅鸟，即在本地区鸟类中既是冬候鸟也是旅鸟的共有33种和亚种，占鸟类种数的18.97%；不在本地越冬，仅旅经本地区再向南迁的旅鸟仅有2种，占鸟类种数的1.15%。因此，轿子山自然保护区的鸟类以留鸟为主，冬候鸟和夏候鸟次之，旅鸟的种数最少。

（2）区系分析

在轿子山自然保护区167种鸟类中，在本地区繁殖的鸟类有140种，占鸟类种数的83.83%。其中，繁殖区主要在东洋界的鸟类，计100种，占在本地区繁殖的鸟类种数的71.43%；繁殖区广布于东洋、古北两大界的鸟类，计32种，占在本地区繁殖的鸟类种数的22.86%；繁殖区主要在古北界的鸟类，计8种，占在本地区繁殖的鸟类种数的5.71%。由此可见，轿子山自然保护区的鸟类区系以东洋界为主。

100种东洋界鸟类中，分布于西南山地亚区的鸟类最多，共92种和亚种。其中，仅分布于西南山地亚区的有珠颈斑鸠（*Streptopelia chinensis*）、黑短脚鹎（*Hypsipetes madagascariensis*）、白眉林鸲（*Tarsiger indicus*）、斑胸钩嘴鹛（*Pomatorhinus erythrocnemis*）、灰翅噪鹛（*Garrulax cineraceus*）、黑顶噪鹛（*Garrulax affinis*）、白眉雀鹛（*Alcippe vinipectus*）、灰眶雀鹛（*Alcippe morrisonia*）、丽色奇鹛（*Heterophasia pulchella*）、纹喉凤鹛（*Yuhina gularis*）、栗头地莺（*Tesia castaneocoronata*）、棕顶树莺（*Cettia brunnifrons*）、灰喉柳莺（*Phylloscopus maculipennis*）、黑脸鹟莺（*Abroscopus schisticeps*）、黑眉长尾山雀（*Aegithalos iouschistos*）、点翅朱雀（*Carpodacus rhodopeplus*）、金枕黑雀（*Pyrrhoplectes epauletta*）17种和亚种，仅分布在滇南山地亚区的种有纯色噪鹛（*Garrulax subunicolor*）、黄腰太阳鸟（*Aethopyga siparaja*）2种和亚种。除仅分布于西南山地区和滇南山亚区的种和亚种外，黑翅鸢（*Elanus caeruleus*）、血雉（*Ithaginis cruentus*）、金色林鸲（*Tarsiger chrysaeus*）、藏黄雀（*Carduelis thibetana*）4种和亚种仅

分布于西南山地亚区和青海藏南亚区，白腹锦鸡（*Chrysolophus amherstiae*）、棕背伯劳（*Lanius schach*）、赤红山椒鸟（*Pericrocotus flammeus*）、凤头雀嘴鹎（*Spizixos canifrons*）、红耳鹎（*Pycnonotus jocosus*）、黄臀鹎（*Pycnonotus xanthorrhous*）、紫啸鸫（*Myiophoneus caeruleus*）、黑胸鸫（*Turdus dissimilis*）、棕颈钩嘴鹛（*Pomatorhinus ruficollis*）、白颊噪鹛（*Garrulax sannio*）、黑头奇鹛（*Heterophasia melanoleuca*）、斑喉希鹛（*Minla strigula*）、黄颈凤鹛（*Yuhina flavicollis*）、棕肛凤鹛（*Yuhina occipitalis*）、白斑尾柳莺（*Phylloscopus davisoni*）、灰胸鹪莺（*Prinia hodgsonii*）、黄腹扇尾鹟（*Rhipidura hypoxantha*）、红头长尾山雀（*Agithalos concinnus*）、黑头金翅雀（*Carduelis ambigua*）等22种和亚种仅分布于西南山地亚区和滇南山地亚区，红腹角雉（*Tragopan temminckii*）、长尾山椒鸟（*Pericrocotus ethologus*）、矛纹草鹛（*Babax lanceolatus*）、火尾希鹛（*Minla ignotincta*）、金胸雀鹛（*Alcippe chrysotis*）、暗胸朱雀（*Carpodacus nipalensis*）6种和亚种分布于西南山地亚区和西部山地高原亚区。其余49种和亚种则分布于3个及以上的亚区种，占轿子山自然保护区的东洋种鸟类种数的49%。

以上数据表明，轿子山自然保护区的鸟类以东洋界鸟类为主，在II级区系成分中，分布于西南山地亚区的有17种和亚种，占轿子山自然保护区东洋种的17%；仅分布于滇南山地亚区的种类有2种和亚种，占2%；其余的81种和亚种则分布于2个及其以上的亚区种，区系成分复杂。

（3）地理区划

轿子山自然保护区的174种（含亚种）鸟类中，东洋种的种数远远超过古北种，因而保护区的鸟类区系在整体上倾向于东洋种。在东洋种中，仅分布于西南山地亚区的种和亚种最多，因而，轿子山自然保护区归属于东洋界西南山地亚区。

3. 鸟类的垂直分布生境

轿子山自然保护区的植被分布于垂直地带，同时也有一定的特殊性，一是受坡向、坡度和小气候等环境因子的影响，植被类型交错分布明显；二是最显著的，就是在中山湿性常绿阔叶林带上，分布有一个自然存在的寒温性针叶林带，即急尖长苞冷杉林带，它既是该山地唯一的寒温性针叶林，又是这一类植被分布最东南的边缘类型。由于各种鸟类的生存都依附于与之相适应的生境条件，因此不同的垂直带和不同的生境，其鸟类的种类也不尽相同，因此形成了鸟类生境分布和垂直分布的变化。根据轿子山自然保护区的气候、植被的垂直地带性变化及各种鸟类所记录的植被类型和海拔高度，将鸟类的栖息、生境归纳为以下7个类型。

（1）半湿性常绿阔叶林带及经破坏后的次生林

位于1 960～2 300m，为温型半湿润低山区，年平均气温13～15℃，最冷月平均气温6～7℃，最热月平均气温18～21℃，年降水量960～1 000mm。土壤主要为红壤。植被主要是半湿润常绿阔叶林及其被破坏后的次生林。本带记录有87种鸟类。其中东洋种为 51 种；古北种有 3 种；广布种有 20 种；旅鸟、冬候鸟和迷鸟 13 种。

（2）华山松、云南松及元江栲林带

位于海拔 2 300（2 200）～2 600（2 800）m，原为中山湿性常绿阔叶林，由于长期的人为活动，森林面积不仅日渐缩小，而且优势树种也不明显，仅残存 166hm^2 的元江栲林，且是十分破碎的次生林，于东川片区的大厂附近存有 3 片。本带的大面积（达 737hm^2）以华山松和云南松为主，其中华山松林 646hm^2，是近 20 年来营造的人工林，分布于保护区的边缘地带，呈小块状分布，林下较空旷，灌木种类少，主要有点背蔷薇（*Rosa mairei*）、木帚栒子（*Cotoneaster dielsianus*）等。本带共有鸟类 103 种，占轿子山自然保护区鸟类种数的 61.68%。其中东洋种为 61 种；古北种有 4 种；广布种为 25 种；旅鸟、冬候鸟和迷鸟 13 种。

（3）中山湿性常绿阔叶林及次生林

包括滇山杨林、黄背栎林及乳状石栎-野八角林，主要分布在海拔 2 600（2 800）～3 200m。与轿子山自然保护区的中山湿性常绿阔叶林和半湿性常绿阔叶林一样，长期受到人为的严重干扰，优势不明显，原本以壳斗科树种占优势的林相已发生变化，成为典型的次生林，以萌生的野八角-乳状石栎林（1 123hm^2）、滇山杨林（115hm^2）及黄背栎林（723hm^2）为主。在本带分布的鸟类有 130 种。其中东洋种为 79 种；古北种有 8 种；广布种有 28 种；旅鸟、冬候鸟和迷鸟有 15 种。

（4）寒温性急尖长苞冷杉林带

分布于海拔 2 800～3 900m。主要有急尖长苞冷杉林，急尖长苞冷杉是长苞冷杉的变种，属阴性树种。轿子山自然保护区的急尖长苞冷杉林是滇西北横断山区和滇东高原北部山地的两个分区地之一，处于这一植被分布区的东南边缘地带。它主要分布于轿子山东坡东川片区法者林场的大厂林区、沙子坡林区一带，少量分布于西坡禄劝片区，以东川法者林场一带的保存较为完好，近原始状态。禄劝片区的冷杉林由于人为破坏严重，原始老林已不复存在，成为次生林。林内较阴湿，附生的苔藓和地衣类较发达。主要与红桦（*Betula albo-sinensis*）、野八角（*Illicium simonsii*）、大王杜鹃（*Rhododendron rex*）等为伴生树种。该类型树形多为塔形或尖塔形，高大而挺拔、外形美观、长势良好，是保护区重要的森林类型，具有很高的保护价值和旅游价值。本带共记录鸟类 116 种，占保护区鸟类综述的 69.46%。其中东洋种为 68 种；古北种有 9 种；广布种有 24 种；旅鸟、冬候鸟和迷鸟有 15 种。

（5）高山杜鹃灌丛及高山柏灌丛带

自然植被带的上线，海拔为 3 900～4 200m。该地带不适于树木生长，风大、冷湿、支柱低矮呈匍匐状，草密如毛毡，寒温性的密枝杜鹃灌丛和高山柏灌丛占绝对优势，成片分布于冷杉林上，零星分布于冷杉林中，偶见乌蒙宽叶杜鹃、毛叶杜鹃、乳黄杜鹃等。本带是生态脆弱地段，一旦破坏，将无法恢复。本带共记录鸟类 23 种，占轿子山自然保护区鸟类种数的 13.77%。其中东洋种有 13 种；古北种有 2 种；广布种有 2 种；旅鸟、冬候鸟和迷鸟有6种。

（6）居民点及农耕地

鸟类除了活动于上述自然垂直带中，也活动于农田、村寨及江河、溪流等非垂直性变化的生境中。根据鸟类在这些生境中觅食和栖息活动的地点可分为居民点—农耕地和湿地（包括河流、湖泊和沼泽）两种生境。居民点—农耕地生境共记录鸟类有59种。其中东洋种有29种；古北种有3种；广布种有18种；旅鸟、冬候鸟和迷鸟有6种。

（7）河流、湖泊和沼泽湿地

该地带的植被属于非地带性植被，河流、湖泊和沼泽湿地类型的鸟类主要指那些在江河、溪流和坝塘中觅食水生昆虫、鱼虾及其他动物和水生植物的鸟类，共计15种，占轿子山自然保护区鸟类种数的8.98%。其中东洋种有7种；古北种有1种；广布种有5种；旅鸟和冬候鸟有2种。

根据上述半湿性常绿阔叶林带及经破坏后的次生林、华山松、云南松及元江栲林带、中山湿性常绿阔叶林及次生林、寒温性急尖长苞冷杉林带、高山杜鹃灌丛，以及高山柏灌丛带5种具有垂直地带性生境的鸟类组成分析可以看出，轿子山自然保护区的鸟类具有一定的垂直地带性分布特征。随着海拔高度的变化，植被产生垂直变化，鸟类也随之出现相应的垂直地带性变化。从区系组成可以看出，古北种在海拔较低的半湿性常绿阔叶林带及经破坏后的次生林所占比例较小；随海拔的增高，古北种所占比例逐渐增加，海拔最高的高山杜鹃灌丛及高山柏灌丛带所占比例最大。总之，轿子山自然保护区由于山势高峻，气候和植被的垂直地带性分布比较明显。

4. 重要鸟类简介

（1）黑翅鸢（*Elanus caeruleus*）

眼先和眼上有黑斑，前额白色，到头顶逐渐变为灰色；后颈、背、肩、腰，一直到尾上，覆羽蓝灰色；翅上小覆羽和中覆羽黑色，大覆羽后缘，次级和初级覆羽蓝灰色，初级飞羽暗灰色，外侧7枚具黑色尖端；中央尾羽灰色，尖端缀有皮黄色，两侧尾羽灰白色，尖端缀有皮黄色，其余具暗灰色羽轴；整个下体和翅下覆羽白色，但初级飞羽下表面黑色，次级飞羽灰色，具淡色尖端。栖息于有树木和灌木的开阔原野、农田、疏林和草原地区，从平原到4 000m多的高山均见有栖息。在云南省为留鸟，在浙江、广西、河北为夏候鸟。

（2）黑鸢（*Milvus migrans*）

前额基部和眼先灰白色，耳羽黑褐色，头顶至后颈棕褐色，具黑褐色羽干纹；上体暗褐色，微具紫色光泽和不甚明显的暗色细横纹和淡色端缘，尾棕褐色，呈浅叉状，其上具有宽度相等的黑色和褐色横带，呈相间排列，尾端具淡棕白色羽缘；翅上中覆羽和小覆羽淡褐色，具黑褐色羽干纹；初级覆羽和大覆羽黑褐色，初级飞羽黑褐色，次级飞羽暗褐色，具不甚明显的暗色横斑；下体颏、颊和喉灰白色，胸部、腹部及两肋暗棕褐色；下腹至肛部羽毛稍浅淡，呈棕黄色，几乎无羽干纹，或羽干纹较细；尾下覆羽灰褐色，翅上覆羽棕褐色；脚和趾黄色或黄绿色，爪黑色。栖息于开阔平原、草地、荒原和低山丘陵地带，也常在城郊、村屯、田野、港湾、湖泊上空活动，偶尔出现在 2 000m 以上的高山森林和林缘地带。

（3）雀鹰（*Accipiter nisus*）

上体鼠灰色或暗灰色，头顶、枕和后颈较暗，前额微缀棕色，后颈羽基白色，常显露于外，其余上体自背至尾上覆羽暗灰色，尾上覆羽羽端有时缀有白色；尾羽灰褐色，具灰白色端斑和较宽的黑褐色次端斑；下体白色，颏和喉部满布以褐色羽干细纹；胸部、腹部和两肋具红褐色或暗褐色细横斑；尾下覆羽亦为白色，常缀不甚明显的淡灰褐色斑纹，翅下覆羽和腋羽白色或乳白色，具暗褐色或棕褐色细横斑；尾羽下面亦具 4～5 道黑褐色横带。栖息于针叶林、混交林、阔叶林等山地森林和林缘地带，冬季主要栖息于低山丘陵、山脚平原、农田地边，以及村庄附近，尤其喜欢在林缘、河谷，采伐迹地的次生林和农田附近的小块丛林地带活动。

（4）松雀鹰（*Accipiter virgatus*）

整个头顶至后颈石板黑色，头顶缀有棕褐色；眼先白色；头侧、颈侧和其余上体暗灰褐色；颈项和后颈基部羽毛白色；肩和三级飞羽基部有白斑，其中以三级飞羽基部白斑较大；次级飞羽和初级飞羽外啊具黑色横斑，内啊基部白色，具褐色横斑，尾和尾上覆羽灰褐色，尾具 4 道黑褐色横斑。颏和喉白色，具有 1 条宽阔的黑褐色中央纵纹；胸部和两肋白色，具宽而粗著的灰栗色横斑；腹白色，具灰褐色横斑；覆腿羽白色，亦具灰褐色横斑。尾下覆羽白色，具少许断裂的暗灰褐色横斑。常单独或成对在林缘和丛林边等较为空旷处活动和觅食。

（5）大鵟（*Buteo hemilasius*）

体色变化较大，分暗型、淡型两种色型。暗型上体暗褐色，肩和翼上覆羽缘淡褐色，头和颈部羽色稍淡，羽缘棕黄色，眉纹黑色，尾淡褐色；下体淡棕色，具暗色羽干纹及横纹；覆腿羽暗褐色。淡型头顶、后颈几乎为纯白色，具暗色羽干纹。眼先灰黑色，耳羽暗褐，背、肩、腹暗褐色，具棕白色纵纹的羽缘；虹膜黄褐色，嘴黑褐色，蜡膜绿黄色，跗跖和趾黄褐色，爪黑色。栖息于山地、山脚平原和草原等地区，也出现在高山林缘和开阔的山地草原与荒漠地带，垂直分布高度可以达到 4 000m 以上的高原和山区。冬季也常出现在低山丘陵和山脚平原地带的农田、芦苇沼泽、村庄，甚至城市附近。

（6）普通鵟（*Buteo buteo*）

体色变化较大，上体主要为暗褐色，下体主要为暗褐色或淡褐色，具深棕色横斑或纵纹，尾淡灰褐色，具多道暗色横斑。飞翔时两翼宽阔，初级飞羽基部有明显的白斑，翼下白色，仅翼尖、翼角和飞羽外缘黑色（淡色型）或全为黑褐色（暗色型），尾散开呈扇形。翱翔时两翅微向上举成浅 V 字形。主要栖息于山地森林和林缘地带，从海拔 400m 的山脚阔叶林到 2 000m 的混交林和针叶林地带均有分布，常见在开阔平原、荒漠、旷野、开垦的耕作区、林缘草地和村庄上空盘旋翱翔。

（7）蛇雕（*Spilornis cheela* ssp.）

头顶具黑色杂白的圆形羽冠，覆盖头后；上体暗褐色，下体土黄色，颏、喉具暗褐色细横纹，腹部有黑白两色虫眼斑；飞羽暗褐色，羽端具白色羽缘；尾黑色，中间有一条宽的淡褐色带斑；尾下覆羽白色。喙灰绿色，蜡膜黄色，被网状鳞，黄色，跗跖及趾黄色，爪黑色。多成对活动。栖居于深山高大密林中，喜在林地及林缘活动。

（8）燕隼（*Falco subbuteo*）

俗称青条子、蚂蚱鹰、青尖等，体形比猎隼、游隼等都小，为小型猛禽，体长 28～35cm，体重 120～294g。上体为暗蓝灰色，有 1 条细细的白色眉纹，颊部有 1 条垂直向下的黑色髭纹，颈部的侧面、喉部、胸部和腹部均为白色，胸部和腹部还有黑色的纵纹，下腹部至尾下覆羽和覆腿羽为棕栗色；尾羽为灰色或石板褐色，除中央尾羽外，所有尾羽的内侧均具有皮黄色、棕色或黑褐色的横斑和淡棕黄色的羽端；虹膜黑褐色，眼周和蜡膜黄色，嘴蓝灰色，尖端黑色，脚、趾黄色，爪黑色。栖息于有稀疏树木生长的开阔平原、旷野、耕地、海岸、疏林和林缘地带，有时也到村庄附近，但却很少出现在浓密的森林和没有树木的裸露荒原。

（9）红隼（*Falco tinnunculus*）

喙较短，先端两侧有齿突，基部不被蜡膜或须状羽；鼻孔圆形，自鼻孔向内可见一柱状骨棍；翅长而狭尖，扇翅节奏快；尾较细长；虹膜暗褐色，嘴蓝灰色，先端黑色，基部黄色，蜡膜和眼睑黄色，脚、趾深黄色，爪黑色。栖息于山地森林、森林苔原、低山丘陵、草原、旷野、森林平原和山区中植物稀疏的混合林、开垦耕地、旷野灌丛草地、林缘、林间空地、疏林和有稀疏树木生长的旷野、河谷和农田地区。

（10）血雉（*Ithaginis cruentus*）

别名血鸡、松花鸡，血雉的雄鸟大覆羽、尾下覆羽、尾上覆羽，脚、头侧、蜡膜为红色，故称血雉，额、眼先、眉纹和颊呈黑色，除眼先外多少沾有绯红色。头顶土灰色，羽轴灰白色，部分羽毛向后延长成冠羽；头后两侧黑褐色；耳羽亦为黑褐色，背至尾上覆羽黑褐色，喉及上胸乌灰色，上胸具灰白色羽干纹；下胸和两肋灰褐色，具宽阔的绿色羽缘和具有黑缘的白色羽干纹；腹灰褐色；尾下覆羽黑褐色。雌鸟额、眼先和眼的上下浅棕褐色，头顶灰色，具有额棕褐色羽干纹；头顶羽毛并向后延长成羽冠，耳羽灰褐色，飞羽褐色，外翈稍浅，并具棕褐色羽干纹；尾羽棕白色，具褐棕色羽干纹和黑褐色虫蠹状斑。性喜成群，常几只至几十只群体活动，通常天一亮即开始活动，一直到黄昏，中午常在岩石上或树荫处休息，活动主要在林下地上，晚上到树上栖息。

（11）红腹角雉（*Tragopan temminckii*）

雄鸟体羽及两翅主要为深栗红色，满布具黑缘的灰色眼状斑，下体灰斑大而色浅。雌鸟上体灰褐色，下体淡黄色，杂以黑、棕、白斑。雄性较雌性更为美丽。头、颈的后部和上胸为橙红色，尾羽为棕黄色，杂有黑色的虫蠹状斑，并具有黑色的横斑和端斑。其余体羽都是深栗红色，上面布满了圆圆的灰色眼状斑，背部的较小，胸、腹部的较大，虹膜为褐色；嘴黑色或角褐色；腿、脚粉红色或灰褐色。栖息于海拔 1 000～3 500m 的山地森林、灌丛、竹林等不同植被类型中，其中以 1 500～2 500m 的常绿阔叶林和针阔叶混交林为多，有时也上到海拔 3 500m 左右的高山灌丛，甚至裸岩地带活动。

（12）白腹锦鸡（*Chrysolophus amherstiae*）

枕冠狭长，呈紫红色；后颈被以白色而具蓝黑边缘的扇状羽，头顶、上背和肩羽呈金属翠绿色，背表面展露棕黄色羽缘，尾上覆羽白而缀黑，末端橙红色；外侧尾羽内翈呈黑白相杂，为云石状，外翈大都黄褐色，而具黑色横斑。翅大都为金属蓝黑色，向外转为黑褐，初级飞羽外缘以白色，脸和喉黑；胸部与上背同；尾下覆羽亦然；腹部和胁白，下胁和肛周具有黑斑。栖息于 2 000～4 000m 的多岩山地，较金鸡所栖的地带高，而分布到更南地区。常出没活动于灌丛与矮竹间。

（13）点斑林鸽（*Columba hodgsonii*）

雄鸟头淡灰色，后颈上部也为淡灰色，下部黑褐色，羽毛延长呈尖形，羽端两侧灰色，在下颈形成黑褐色斑纹；上背和两肩紫红褐色，下背至尾上覆羽暗蓝灰色，尾黑褐色。翅中小覆羽与上背同色，翅大覆羽与下背同色。头侧、颈侧、颏和喉淡灰色，颈侧羽毛具中心黑斑或褐红色中心斑，胸部鸽灰色，微缀葡萄色，下体黑色。雌鸟和雄鸟相似，但背部和胸部无紫红褐色，均被灰色或暗褐色所取代，头也偏褐色。虹膜乳黄色或浅黄而沾灰色，嘴黑色，脚、趾暗绿色，爪角黄色。主要栖息于山地混交林和针叶林中，有时也出现于林缘耕地，分布海拔高度可达 3 000m 以上。

（14）山斑鸠（*Streptopelia orientalis*）

别名斑鸠、憨斑鸠。前额和头顶前部蓝灰色，头顶后部至后颈转为沾栗色的棕灰色，颈基两侧各有一块羽缘为蓝灰色的黑羽，形成显著黑灰色颈斑；上背褐色，各羽缘以红褐色；下背和腰蓝灰色，尾上覆羽和尾同为褐色，具蓝灰色羽端，越向外侧蓝灰色羽端越宽阔，最外侧尾羽外翈灰白色，肩和内侧飞羽黑褐色，具红褐色羽缘；外侧中覆羽和大覆羽深石板灰色，羽端较淡；飞羽黑褐色，羽缘较淡；下体为葡萄酒红褐色，颏、喉棕色沾染粉红色，胸部沾灰色，腹部淡灰色，两胁、腑羽及尾下覆羽蓝灰色，虹膜金黄色或橙色，嘴铅蓝色，脚洋红色，爪角褐色。栖息于低山丘陵、平原和山地阔叶林、混交林、次生林、果园和农田耕地，以及宅旁竹林和树上。

（15）珠颈斑鸠（*Streptopelia chinensis*）

小型鸟类，体长 27～34cm，体重 120～205g，嘴峰长 15～19mm，翅长 137～163mm，尾长 123～165mm，跗跖长 20～26mm。头为鸽灰色，上体大都褐色，下体粉红色，后颈有宽阔的黑色，其上满布以白色细小斑点形成的领斑，在淡粉红色的颈部极为醒目。尾甚长，外侧尾羽黑褐色，末端白色，飞翔时极明显。嘴暗褐色，脚红色。栖息于有稀疏树木生长的平原、草地、低山丘陵和农田地带，也常出现于村庄附近的杂木林、竹林及田地边的树上或住家附近。繁殖于树上（偶尔也在地面或者建筑上繁殖），以树枝在树杈间编筑简陋的编织巢，育雏习性为鸽形目典型的以鸽乳育雏，父母双亲共同筑巢、孵卵、喂养雏鸟。主要以植物种子为食，特别是农作物种子，如稻谷、玉米、小麦、豌豆、黄豆、菜豆、油菜、芝麻、高粱和绿豆等。

（16）火斑鸠（*Streptopelia tranquebarica*）

别名红鸠、红斑鸠、斑甲、红咖追、火鸪鷀。雄鸟额、头顶至后颈蓝灰色，头侧和颈侧亦为蓝灰色，但稍淡；颏和喉上部白色或蓝灰白色，背、肩、翅上覆羽和三级飞羽葡萄红色，腰、尾上覆羽和中央尾羽暗蓝灰色，其余尾羽灰黑色，最外侧尾羽外翈白色喉至腹部淡葡萄红色，两胁、覆腿羽、肛周、翅下覆羽和腋羽均蓝灰色。雌鸟额和头顶淡褐而沾灰，后颈基处黑色领环较细窄，不如雄鸟明显，且黑色颈环外缘以白边；其余上体深土褐色，腰部缀有蓝灰色；下体浅土褐色，略带粉红色，颏和喉白色或近白色，下腹、肛周和尾下覆羽淡灰色或蓝白色。虹膜暗褐色，嘴黑色，基部较浅淡，脚褐红色，爪黑褐色。栖息于开阔的平原、田野、村庄、果园和山麓疏林及宅旁竹林地带，也出现于低山丘陵和林缘地带。主要以植物浆果、种子和果实为食，也吃稻谷、玉米、荞麦、小麦、高粱和油菜子等农作物种子，有时也吃白蚁、蛹和昆虫等动物性食物。

（17）鹰鹃（*Cuculus sparverioides*）

别名大鹰鹃、鹰头杜鹃、子规。头和颈侧灰色，眼先近白色；上体和两翅表面淡灰褐色；尾上覆羽较暗，具宽阔的次端斑和窄的近灰白色或棕白色端斑；尾灰褐色，具5道暗褐色和3道淡灰棕色带斑，尾基部还在覆羽下隐掩着一条白色带斑，初级飞羽内侧具多道白色横斑；颏暗灰色至近黑色；其余下体白色。喉、胸具栗色和暗灰色纵纹，下胸及腹部具较宽的暗褐色横斑；虹膜黄色至橙色，幼鸟褐色，眼睑橙色，嘴暗褐色。下嘴端部和嘴裂淡焦绿色，焦橙色至焦黄色。多见于山林中，高至海拔1 600m，冬天常到平原地带。

（18）领角鸮（*Otus bakkamoena*）

额和面盘白色或灰白色，稍缀以黑褐色细点；两眼前缘黑褐色，眼端刚毛白色具黑色羽端，眼上方羽毛白色。耳羽外翈黑褐具棕褐色斑，内翈棕白色而杂以黑褐色斑点，上体灰褐色，肩和翅上外侧覆羽端具有棕色或白色大型斑点，颏、喉白色，上喉有一圈皱领，微沾棕色，各羽具黑色羽干纹，两侧有细的横斑纹，其余下体白色或灰白色，满布粗著的黑褐色羽干纹及浅棕色波状横斑；尾下覆羽纯白色，覆腿羽棕白色而微具褐色斑点，趾被羽。虹膜黄色，嘴角色沾绿，爪角黄色，先端较暗（东北亚种）。主要栖息于山地阔叶林和混交林中，也出现于山麓林缘和村寨附近的树林。主要以鼠类、甲虫、蝗虫和鞘翅目昆虫为食。

（19）雕鸮（*Bubo bubo*）

别名鹫兔、怪鸱、角鸱、雕枭、恨狐、老兔，是猫头鹰的一种。面盘显著，淡棕黄色，杂以褐色细斑；眼先和眼前缘密被白色刚毛状羽，各羽均具黑色斑点；眼的上方有一大型黑斑，面盘余部淡棕白色或栗棕色，满杂以褐色细斑；皱领黑褐色，两翈羽缘棕色，头顶黑褐色，羽缘棕白色，并杂以黑色波状细斑；耳羽特别发达，显著突出于头顶两侧，长达55～97mm，其外侧黑色，内侧棕色；后颈和上背棕色，各羽具粗著的黑褐色羽干纹，端部两翈缀以黑褐色细斑点；肩、下背和翅上覆羽棕色至灰棕色，杂以黑色和黑褐色斑纹或横斑，并具粗阔的黑色羽干纹；羽端大都呈黑褐色块斑状；腰及尾上覆羽棕色至灰棕色，中央尾羽暗褐色，外侧尾羽棕色，飞羽棕色，颏白色，喉除皱领外亦白，胸部棕色，下腹中央几乎均为纯棕白色，腋羽白色或棕色，具褐色横斑。虹膜金黄色，嘴和爪铅灰黑色。栖息于山地森林、平原、荒野、林缘灌丛、疏林，以及裸露的高山和峭壁等各类环境中。在新疆和西藏地区，栖息地的海拔高度可达 3 000～4 500m。

（20）斑头鸺鹠（*Glaucidium cuculoides*）

别称小猫头鹰。小型鸟类，但却是我国鸺鹠类中体形最大的，体较领鸺鹠稍大，全长 204～260mm，体重 150～260g。面盘不明显，头侧无直立的簇状耳羽；头、胸和整个背面几乎均为暗褐色，头部和全身的羽毛均具有细的白色横斑，腹部白色，下腹部和肛周具有宽阔的褐色纵纹，喉部还具有两个显著的白色斑；尾羽上有 6 道鲜明的白色横纹，端部白缘。虹膜黄色，嘴黄绿色，基部较暗，蜡膜暗褐色，趾黄绿色，具刚毛状羽，爪近黑色。栖息于从平原、低山丘陵到海拔 2 000m 左右的中山地带的阔叶林、混交林、次生林和林缘灌丛，也出现于村寨和农田附近的疏林和树上。

（21）普通翠鸟（*Alcedo atthis*）

别名鱼虎、鱼狗、钓鱼翁、金鸟仔、大翠鸟、蓝翡翠、秦椒嘴。小型鸟类，体长 16～17cm，翼展 24～26cm，体重 40～45g，寿命 15 年。上体金属浅蓝绿色，体羽艳丽而具光辉，头顶布满暗蓝绿色和艳翠蓝色细斑；眼下和耳后颈侧白色，体背灰翠蓝色，肩和翅暗绿蓝色，翅上杂有翠蓝色斑；喉部白色，胸部以下呈鲜明的栗棕色；颈侧具白色斑点；下体橙棕色，颏白，橘黄色条带横贯眼部及耳羽，为本种区别于蓝耳翠鸟及斑头大翠鸟的识别特征。栖息于有灌丛或疏林、水清澈而缓流的小河、溪涧、湖泊及灌溉渠等水域，主要栖息于林区溪流、平原河谷、水库和水塘，甚至水田岸边。

（22）戴胜（*Upupa epops*）

别名胡哱哱、花蒲扇、山和尚、鸡冠鸟、臭姑鸪、鵖鴔。头、颈、胸部淡棕栗色；羽冠色略深且各羽具黑端；胸部沾淡葡萄酒色；上背和翼上小覆羽转为棕褐色；下背和肩羽黑褐色而杂以棕白色的羽端和羽缘；上、下背间有黑色、棕白色、黑褐色 3 道带斑及 1 道不完整的白色带斑；腰白色；尾上覆羽基部白色，端部黑色，部分羽端缘白色；尾羽黑色，各羽中部向两侧至近端部有一白斑相连成一弧形横带。虹膜褐至红褐色；嘴黑色，基部呈淡铅紫色；脚铅黑色。栖息于山地、平原、森林、林缘、路边、河谷、农田、草地、村屯和果园等开阔地方，尤其在林缘耕地生境较为常见。

4.2.3 两栖爬行类

经前人调查和总结，轿子山自然保护区共有记录的两栖爬行动物 47 种，其中，两栖类有 22 种，隶属于 2 目 8 科 14 属；爬行类 25 种，隶属于 2 目（亚目）8 科 18 属。

1. 两栖爬行类的组成

（1）两栖类的组成

轿子山自然保护区两栖类动物中有尾目 CAUDATA 蝾螈科（Salamandridae）2 属 2

种；无尾目 SALIENTIA 铃蟾科（Bombiniidae）1 属 1 种，角蟾科（Megophryidae）4 属 5 种，蟾蜍科（Bufonidae）1 属 3 种，雨蛙科（Hyliidae）1 属 1 种，蛙科（Ranidae）3 属 6 种，树蛙科（Rhacophoridae）1 属 2 种，姬蛙科（Microhyliidae）2 属 2 种，具体见表 4-4。

表 4-4　轿子山自然保护区两栖类名录

目	科	种
有尾目（CAUDATA）	蝾螈科（Salamandridae）	蓝尾蝾螈（*Cynops cyanurus*）
		红瘰疣螈（*Trlotoriton verrucosus*）
无尾目（SALIENTIA）	铃蟾科（Bombinidae）	大蹼铃蟾（*Bombina maxima*）
	角蟾科（Megophryidae）	齿蟾（*Oreolalax* sp.）
		峨山掌突蟾（*Leptolalax oshanensis*）
		平顶短腿蟾（*Brachytarsophrys platyparietus*）
		小角蟾（*Megophrys minor*）
		沙坪角蟾（*Megophrys shapingensis*）
	蟾蜍科（Bufonidae）	华西蟾蜍（*Bufo andrewsi*）
		中华蟾蜍（*Bufo gargarizans*）
		黑眶蟾蜍（*Bufo melanostictus*）
	雨蛙科（Hylidae）	华西雨蛙（*Hyla annectans*）
	蛙科（Ranidae）	四川湍蛙（*Amolops mantzorum*）
		双团棘胸蛙（*Paa yunnanensis*）
		滇蛙（*Rana pleuraden*）
		昭觉林蛙（*Rana chaochiaoensis*）
		无指盘臭蛙（*Rana grahami*）
		威宁蛙（*Rana weiningensis*）
	树蛙科（Rhacophoridae）	斑腿泛树蛙（*Polypedates megacephalus*）
		杜氏泛树蛙（*Polypedates dugreti*）
	姬蛙科（Microhylidds）	多疣狭口蛙（*Kaloula verrucosa*）
		云南小狭口蛙（*Calluella yunnanensis*）

（2）爬行类的组成

轿子山自然保护区爬行类动物中龟鳖目 TESTUDINES 淡水龟科 Bataguridae 1 属 2 种；蜥蜴目 LACERTILIA 铃蟾科 Bombinidae 1 属 1 种，壁虎科 Gekkonidae 2 属 2 种，石龙子科 Scincidae 2 属 2 种，蜥蜴科 Lacertian 1 属 1 种，蛇蜥科 Anguidae 1 属 1 种；蛇目 SERPENTIFORMES 游蛇科 Colubridae 8 属 12 种，蝰科 Viperidae 2 属 4 种，具体见表 4-5。

表 4-5 轿子山自然保护区爬行类名录

目	科	种
龟鳖目（TESTUDINES）	淡水龟科（Bataguridae）	云南闭壳龟（*Cuora yunnanensis*）
		裸耳龙蜥（*Japalura dymondi*）
蜥蜴目（LACERTILIA）	铃蟾科（Bombiniidae）	昆明龙蜥（*Japalura varcoae*）
	壁虎科（Gekkonidae）	多疣壁虎（*Gekko japonicus*）
		半叶趾虎（*Hemiphyllodactylus yunnanensis*）
	石龙子科（Scincidae）	山滑蜥（*Scincella monticola*）
		蜓蜥（*Sphenomorphus indicus*）
	蜥蜴科（Lacertian）	峨眉地蜥（*Platyplacopus intermedius*）
	蛇蜥科（Anguidae）	细蛇蜥（*Ophisaurus gracilis*）
蛇目（SERPENTES）	游蛇科（Colubridae）	八线腹链蛇（*Amphiesma octolineata*）
		腹斑腹链蛇（*Amphiesma modesta*）
		白链蛇（*Dinodon septentrionalis*）
		王锦蛇（*Elaphe carinata*）
		紫灰锦蛇（*Elaphe porphyracea*）
		黑眉锦蛇（*Elaphe taeniura*）
		斜鳞蛇（*Pseudoxenodon macrops*）
		颈槽蛇（*Rhabdophus nuchalis*）
		红脖颈槽蛇（*Rhabdophis subminiatus*）
		颈棱蛇（*Macropisthodon rudis*）
		黑头剑蛇（*Sibynophis chinensis*）
		黑线乌梢蛇（*Zaocys nigromarginatus*）
	蝰科（Viperidae）	白头蝰（*Azemiops feae*）
		山烙铁头（*Ovophis monticola*）
		菜花烙铁头（*Protobothrops jerdonii*）
		云南竹叶青（*Trimeresurus yunnanensis*）

2. 两栖爬行类的区系分析

（1）两栖类的区系特点

轿子山自然保护区的两栖类区系均为东洋界成分，其中以西南区成分为绝大多数，其次为少量的西南区、华南区种，超过这两个区范围的广布于西南区、华南区和华中区的成分很少，没有纯粹的华南区和华中区成分。

西南区种共有 18 种，有蓝尾蝾螈（*Cynops cyanurus*）、红瘰疣螈（*Trlotoriton verrucosus*）、大蹼铃蟾（*Bombina maxima*）、齿蟾（*Oreolalax* sp.）、沙坪角蟾（*Megophrys shapingensis*）、华西蟾蜍（*Bufo andrewsi*）、四川湍蛙（*Amolops mantzorum*）、昭觉林蛙（*Rana chaochiaoensis*）、无指盘臭蛙（*Rana grahami*）和威宁蛙（*Rana weiningensis*）等，

占轿子山自然保护区两栖动物物种数的81.8%。

西南区和华南区共有种只有1种，即小角蟾（*Megophrys minor*），占轿子山自然保护区两栖动物物种数的4.6%。

广布种指我国国内属于东洋界范围，主要是西南区、华南区和华中区。轿子山自然保护区内属于此类分布型的两栖类动物共有3种，分别是中华蟾蜍（*Bufo gargarizans*）、黑眶蟾蜍（*Bufo melanostictus*）和斑腿泛树蛙（*Polypedates megacephalus*），占轿子山自然保护区两栖动物物种数的13.6%。

（2）爬行类的区系特点

轿子山自然保护区爬行类的区系组成与两栖类相似，都属于东洋界成分，以西南区成分为主，另有少量西南区和华南区成分，广布于西南区、华南区和华中区的成分较少。

西南区种主要有13种，包括云南闭壳龟（*Cuora yunnanensis*）、裸耳龙蜥（*Japalura dymondi*）、昆明龙蜥（*Japalura varcoae*）、半叶趾虎（*Hemiphyllodactylus yunnanensis*）、菜头烙铁头（*Protobothrops jerdonii*）和云南竹叶青（*Trimeresurus yunnanensis*）等，占轿子山自然保护区爬行类动物物种数的52.0%。

西南区和华南区共有种有3种，即白链蛇（*Dinodon septentrionalis*）、黑线乌梢蛇（*Zaocys nigromarginatus*）和山烙铁头（*Ovophis monticola*），占轿子山自然保护区爬行类动物物种数的12.0%。

西南区和华中区共有种仅有1种，即颈棱蛇（*Macropisthodon rudis*），占轿子山自然保护区爬行类动物物种数的4.0%。

广布种（“南中国种”）共有8种，即蜓蜥（*Sphenomorphus indicus*）、王锦蛇（*Elaphe carinata*）、黑眉锦蛇（*Elaphe taeniura*）、斜鳞蛇（*Pseudoxenodon macrops*）和红脖颈槽蛇（*Rhabdophis subminiatus*）等，占轿子山自然保护区爬行类动物物种数的16.0%。

3. 两栖爬行类的特有种

轿子山自然保护区有两种国家II级保护动物，即红瘰疣螈（*Trlotoriton verrucosus*）和云南闭壳龟（*Cuora yunnanensis*）。两栖类有保护区特有种1种，即齿蟾（*Oreolalax* sp.），爬行类有云南特有种1种。可见轿子山自然保护区内珍稀、濒危和特有物种丰富，且物种的濒危程度极高。

4. 重要两栖爬行类简介

（1）蓝尾蝾螈（*Cynops cyanurus*）

雄螈一般85 mm左右，雌螈一般100mm左右。头较扁平，躯干浑圆，背脊明显隆起；头长大于头宽；吻端钝圆，突出于下唇；吻棱较明显，鼻孔极近吻端，吻长略大于眼径，口裂恰在眼后角后下方；上唇褶在近口角处较明显，掩盖下唇的后部；上、下颌有细齿，犁骨齿两列呈尖端向前的倒V字形；舌小而厚，卵圆形，前、后端与口腔底部相连，两侧游离。栖息于海拔 1 700～2 600 m 的水沟、水塘内，常有杂草（三棱草等）生长的地方，水栖生活为主，早春季节在稻田里也常发现。繁殖季节在 6—7 月；分布于云南、贵州。蓝尾蝾螈是较好的实验动物和观赏动物。

（2）红瘰疣螈（*Trlotoriton verrucosus*）

全长 125～200mm，尾长约占头体长的 76%（雌）或 85%（雄）。犁骨齿列呈尖端向前的倒 V 字形。皮肤粗糙，密布瘰粒。头背两侧有显著的骨质嵴棱。体色以棕黑色为主，前后肢贴体且相向，彼此超越 4 个瘰疣距离。仅见于云南西南部陇川及其附近，西藏和云南的沪水、丽江、保山、腾冲、永德、龙陵、陇川、盈江、景洪、绿春、景东、双柏、新平和建水等地区。生活在海拔 1 000m～2 400m，林木繁茂、杂草丛生及其水稻田附近的山区；成螈营陆栖生活；非繁殖期多栖息在林间草丛下或阴湿环境中，觅食昆虫及其他小动物。5—6 月为繁殖季节。

（3）大蹼铃蟾（*Bombina maxima*）

体形较大，体长 53～73mm；吻端圆且高，突出于下颌，吻棱不显；颊部向外侧倾斜，无鼓膜；犁骨齿两小团；舌大近圆形；前肢粗壮，指短扁、端圆；后肢短粗，左右跟部不相遇，趾蹼极发达，为满蹼。皮肤粗糙，身体背面及体侧布满瘰粒；耳后腺大而扁平；腹面皮肤较光滑。生活在云南高原上的 2 500～3 600m 海拔高度的中山及亚高山环境中，主要集中于横断山区东侧。大蹼铃蟾能大量捕食危害森林、牧草及农作物的害虫。大蹼铃蟾可供饲养观赏或作为实验动物。

（4）华西雨蛙（*Hyla annectans*）

体形小，雄蛙体长 34～38mm，雌蛙 39～43mm；吻宽圆而高，吻棱明显；颊部垂直，鼓膜圆；舌较圆厚，后端微有缺刻；犁骨齿两小团；指端有吸盘和马蹄形横沟，趾端形态同指；背面皮肤光滑，腹面遍布扁平疣；生活时背面绿色，头侧有紫灰及金黄条纹；股前后方及跗跖内侧具黑色斑点，1～5 枚不等；腹面乳白色。栖息于海拔 750～2 400m 的稻田地区。栖息温度为 18～30℃，最适宜为 20℃。短期的 15℃气温也能忍受，只是不进食；温度不能高于 35℃。数量较多，在农作区可消灭大量害虫。

（5）云南闭壳龟（*Cuora yunnanensis*）

壳长 140mm 左右；头中等大小，头背皮肤光滑；上颚不钩曲，背甲较低，具三棱，脊棱强；腹甲大，前缘圆，后缘凹入；肛盾 2 枚，背腹甲以韧带相连，胸、腹盾间亦具韧带，腹甲前叶可动，不能完全闭合于背甲；四肢较扁，指、趾间全蹼。头橄榄色，头侧有黄线纹；咽及颏部有黄色对称的斑纹；背棕橄榄色或奶栗壳色，边缘及棱有时为黄白色；腹棕色或浅黄橄榄色，边缘黄白色，鳞缝暗黑色或腹黄橄榄色，在各腹盾上，有浅红棕色污斑。栖息地为海拔 2 000～2 260 m 的高原山地。大多为肉食龟，以蠕虫、螺类、虾及小鱼等为食，亦食植物的茎叶。中国特有物种，已知仅产于我国云南昆明及东川，被评估为功能性灭绝，国家 II 级野生保护动物。

（6）多疣壁虎（*Gekko japonicus*）

头大，略呈三角形；吻斜扁，吻鳞长方形，宽为高的 2 倍；眼无活动眼睑；耳孔小，卵圆形，深陷；上唇鳞 8～12 枚；颏鳞前宽后窄，呈倒三角形，颔片 2～3 对，内侧一对大，外侧一对小；全身均被粒鳞，平铺排列；体背疣鳞显著大于粒鳞，呈圆锥形；体和四肢腹面被覆瓦状鳞。常栖息于树林、沙漠、草原及住宅区等，是昼伏夜出的动物。

（7）山滑蜥（*Scincella monticola*）

体细长而略扁，头体长略短于尾长。头宽略大于颈宽，吻短而末端圆钝，吻鳞宽大于高，肉眼可辨；鼻鳞较大、完整，鼻孔位于其中央，无上鼻鳞，额鼻鳞单枚，宽大于长，其前缘正中与吻鳞相节；两前额鳞彼此在前内角与中线相切，额鳞窄长，最宽处在前半部；额顶鳞 2 枚，略大于中央的顶间鳞，彼此在顶间鳞之前与前内侧缘相切；顶鳞 2 枚，较额顶鳞或顶间鳞大，彼此在顶间鳞后方相切成一短缝线。在中国大陆，分布于陕西、山西、四川和云南等地。该物种的模式产地在云南丽江的玉龙雪山。

（8）八线腹链蛇（*Amphiesma octolineata*）

别名八线游蛇，为游蛇科腹链蛇属的爬行动物。在中国大陆，分布于四川、贵州和云南等地，多栖息于海拔 1 000m～2 000m 及 2 000m 以上山区的各种水体及其附近湿地，以及多活动于湖边、河边、秧田及水沟边或潮湿山区灌丛草地中。其生存的海拔范围为 700～2 220m。繁殖方式为卵生，于 7—8 月产卵于深穴或石缝内。该物种的模式产地在云南昆明。

（9）黑眉锦蛇（*Elaphe taeniura*）

别名眉蛇、家蛇、锦蛇、菜花蛇、黄长虫、慈鳗蛇、称星蛇、花广蛇。眼后有 2 条明显的黑色斑纹延伸至颈部，状如黑眉，所以有“黑眉锦蛇”之称。背面呈棕灰色或土黄色（地域不同，颜色也不同）；自体中段开始，两侧有明显的黑色纵带，到末端为止；体后具有 4 条黑色纹延至尾梢；腹部灰白色；体长 1.7m 以上，个别个体可以突破 2.5m。善攀爬，生活在高山、平原、丘陵、草地、田园及村舍附近，也常在稻田、河边及草丛中，有时活动于农舍附近。每年 5 月左右交配，6—7 月产卵，每次产卵 6～12 枚；孵化期为 35～50 天。

（10）白头蝰（*Azemiops feae*）

别名白头蛇。躯干及尾背面紫棕色，有成对镶黑边的朱红色窄横纹，彼此交错排列，仅个别横纹在背中央合并为一；腹面藕褐色，前端有棕色斑；头背淡棕灰色；吻及头侧浅粉色；额鳞正中有一前窄后宽的浅粉红色纵斑；其后二顶鳞上各有浅粉红色斑，往后斜向顶鳞中缝彼此愈合为一；头部腹面浅棕黑色，杂以白色或灰白色纹，头大呈椭圆形，与颈部明显区别；吻短而宽，吻鳞宽度超过高度，从背面可见到它的上缘；鼻间鳞宽度超过其长度。白头蝰单独生活，夜行性，黄昏时分比较活跃，每年 12 月至次年 2 月为冬眠期。中国 27 种毒蛇之一。

4.2.4 鱼类

1. 鱼类类型

（1）栖息水层

根据栖息水层划分，可将鱼类分为底层鱼类、中层鱼类及上层鱼类。轿子山自然保护区的鱼类基本上为底层鱼类，这是对山地河流适应的表现，山地河流往往水流湍急，鱼类往往依靠底层砾石以抗击水流。

（2）水流动态

根据适应的水流动态，轿子山自然保护区的鱼类可以分为流水型鱼类和激流型鱼类两种类型。其中流水型鱼类指一般活动于水流相对较深的流水环境，对激流环境有一定适应能力。激流型鱼类指大多数时间生活激流环境中，对流水有很强的适应性，往往有特化的结构，如口吸盘、胸吸着器或整个身体形成吸盘结构。

（3）摄食偏好

根据摄食偏好划分，可将轿子山自然保护区的鱼类分为植食性、肉食性和杂食性鱼类。植食性鱼类以摄食植物类食物为主；肉食性鱼类以小型鱼类、水生昆虫、虾类、软体动物等动物性食物为主；杂食性鱼类既摄食水生昆虫、虾类、软体动物等动物性食物，也摄食藻类及植物残渣、种子等。

2. 重要鱼类简介

（1）金线鲃（*Sinocyclocheilus grahami*）

别名：金线鱼、小洞鱼、菠萝鱼。

分类：鲤形目，鲤科，鲃亚科，金线鲃属。

特征：体侧扁，头背面平直，中部稍下凹，头后背部隆起。吻端尖，口次下位，上颌稍长于下颌。眼中等大，在头侧的前上位。须 2 对，吻须和口角须等长或前者稍短。全身被鳞，呈覆瓦状。鳞圆形，侧线鳞较上下鳞大，游动时，在阳光下熠熠发光，“金线鱼”的别名由此而来。侧线完全，头背部及侧线上下有不规则的黑色斑块，疏密程度因个体而异。

习性：喜清泉流水，营半穴居生活，通常夜间到洞外觅食。主食浮游动物、小鱼、小虾和水生昆虫等，兼食少量丝状藻和高等植物碎屑。

价值：金线鲃属于国家 II 级保护野生动物，为中国濒危特有鱼类，也是云南特有的一种经济鱼类，属国内名贵鱼类。

（2）大头鲤（*Cyprinus pellegrini*）

别名：大头鱼、碌鱼。

分类：鲤形目，鲤科，鲤亚科，鲤属。

特征：大头鲤的体形与鲤鱼十分相似，但头部较宽大，所以别名“大头鱼”。其头长大于体高和背鳍基长，为体长的 1/3，头背宽而平坦。无须，或有一对较短的口角须（若与其他鲤鱼杂交后，其后代口角须变得较为明显）。尾柄细长，尾鳍呈深叉状，鳃耙排列甚细密。鳞片较大，侧线完全。生活时，背部青灰色，腹部银白色，体侧反射黄绿色光彩。偶鳍及臀鳍均为淡黄色；尾鳍亦呈淡黄色，下叶稍显红色。

习性：喜水深而水质较清澈的水体，为中上层鱼类。性活跃，游泳迅速，对恶劣环境耐受力差。食性单一，以浮游动物为主，兼食部分浮游植物。产卵期较长，为每年的 4—9 月，多集中在 5、6 月份，分批产卵。

价值：大头鲤为国家 II 级保护动物，我国特有种，是云南四大名鱼之一。

（3）胭脂鱼（*Myxocyprinus asiaticus*）

别名：黄排、血排、粉排、食底泥鱼、一帆风顺。

分类：鲤形目，吸口鲤科，胭脂鱼亚科，胭脂鱼属。

特征：鱼体侧扁，背部在背鳍起点处特别隆起。头短，吻圆钝。口下位，呈马蹄状。唇发达，上唇与吻褶形成一深沟；下唇翻出呈肉褶，唇上密布细小乳状突起，无须。下咽骨呈镰刀状，下咽齿单行，数目很多，排列呈梳妆，末端呈钩状。上颞窝明显下陷，位于顶骨外侧，下颊窝浅无须。腹部干直。背脊基底极长，无硬棘，鳍条 50 根以上，基部延长至臀鳍基部后上方；臀鳍条 10～12 条；尾柄短，尾鳍深叉形，下叶长于上叶。背鳍无硬刺，基部很长，延伸至臀鳍基部后上方。臀鳍短，尾柄细长，尾鳍叉形。鳞大呈圆形，侧线完全。

习性：生活在湖泊、河流中。幼体与成体形态各异，生境及生物学习性不尽相同，幼鱼喜集群于水流较缓的砾石间，多活动于水体上层；亚成体则在中下层；成体喜在江河的敞水区。其行动迅速敏捷。

价值：胭脂鱼是中国国家 II 级保护野生动物。

（4）虹鳟鱼（*Oncorhynchus mykiss*）

别名：瀑布鱼、七色鱼。

分类：鲑形目，硬骨鱼亚目，鲑科，鲑属。

特征：个体沿侧线有 1 条呈紫红色和桃红色、宽而鲜红的彩虹带，直沿到尾鳍基部，在繁殖期尤为艳丽，似彩虹，故别名“七色鱼”。鱼体呈纺锤状，略侧扁。有一脂鳍，体色美丽。体侧有一条棕红色纵带，状似彩虹。体型侧扁，口较大，斜裂，端位。吻圆钝，上颌有细齿。背鳍基部短，在背鳍之后还有一个小脂鳍。胸鳍中等，末端稍尖。腹鳍较小，远离臀鳍。鳞小而圆。背部和头顶部蓝绿色、黄绿色和棕色，体侧和腹部银白色、白色和灰白色。头部、体侧、体背和鳍部不规则地分布着黑色小斑点。

习性：虹鳟鱼为肉食性鱼类。幼体阶段以浮游动物、底栖动物、水生昆虫为主；成体以鱼类、甲壳类、贝类及陆生和水生昆虫为食，也食水生植物叶子和种子。

4.2.5 昆虫类

1. 昆虫区系特点

（1）种群数量少、虫口密度低

种群数量少、虫口密度低是轿子山自然保护区自然生态系统的一个特点。因为轿子山自然保护区大多是杜鹃灌丛，单纯的林地较少，食物充足、环境稳定、天敌种类复杂。除了天敌昆虫（捕食性、寄生性）和蜘蛛之外，鸟类和微生物等都是制约昆虫种群密度的重要因素。因为有如此多的因素制约，在正常的天然林系统中，各种昆虫、植物与捕食者和寄生者之间形成了一个相对稳定的食物链、网，所以天然生态系统中每一种昆虫的密度都不高。

（2）鳞翅目和鞘翅目为主体的昆虫区系

这种类型的区系符合昆虫分布的规律，轿子山自然保护区昆虫区系所包括的各类成分是不均衡的，各目所占比例也不一样，以鳞翅目和鞘翅目为主体；某些隐蔽性昆虫、小类群昆虫缺乏专项调查；某些双翅目和膜翅目昆虫因个体微小，难以采集和鉴定，导致这些类群在已知的昆虫组成中比例偏低。

（3）天敌种类占有较大比例

天敌昆虫在控制昆虫的种群密度方面起到了十分重要的作用。轿子山自然保护区的昆虫种类多、种群密度低和天敌控制有直接关系。在稳定的自然条件下，多种天敌共同作用，很好地控制了某些种类的虫害发生。

2. 昆虫资源

昆虫数量庞大、种类繁多、生活周期短，加上人类对其利用的研究相对于其他动物大大落后。因此，在我国的各级保护动物名录中，列入保护的种类很少，而且在轿子山自然保护区都未有分布。有些种类虽然列入保护名录中，但濒于灭绝或已经灭绝。造成这类昆虫种群降低的原因并不是人为的捕杀、利用，因为大多数昆虫在成为成虫后很短的时间内即可交配、产卵，多数昆虫成虫可以存活 1—6 个月，但有些昆虫交配、产卵后很快就死亡了，少数种类成虫可存活 1 年以上，即成虫即使不被捕杀，也会在相对短的时间内死亡。而且，昆虫的繁殖能力很强，在一些因素（人为捕杀等）作用下导致种群降低后，很快就可以得到恢复。人为捕杀（密集的诱杀除外）一般不会导致一种昆虫种群急剧下降或绝灭，因此可以适度地利用昆虫资源。造成昆虫濒危或绝灭的根本原因是环境的破坏。

虽然昆虫可以在各种环境下生活，但每种昆虫只能在特定的生活条件下才能生存。大多数昆虫对环境的抗逆能力是较强的，种群密度明显减少或完全在一个地区消失往往是由于食物缺乏或天敌密度增大。前者往往会导致一个种群完全消失，充足的食源（寄主）是某种昆虫存在的前提；而后者不会导致一个种群在一个地区消失，当这种控制因子减弱时，种群密度就会逐渐恢复。因此，保护整体环境是保护昆虫资源多样性的最好手段。

3. 重要昆虫简介

（1）竖眉赤蜻（*Sympetrum eroticum ardens* Maclachlan）

分类：蜻蜓目，差翅亚目，蜻科，赤蜻属。

特征：头顶黑色，具黄斑；未成熟时复眼黄褐色；成熟时上下唇变褐，复眼黑褐色。未成熟时翅胸鲜黄色，沿翅胸脊具明显的“人”形褐纹，侧板第 1 条纹完整，第 2 条纹中断，第 3 条纹中段细小；成熟时翅胸暗褐色。翅透明，前后翅肩橙黄色，翅痣褐色，足黑褐色，基节、转节及腿节内侧黄褐色。腹部未成熟时鲜黄色；成熟时赤红色，上肛附器上翘。

（2）六斑曲缘蜻（*Palpopleura sex-maculata* Fabricius）

分类：蜻蜓目，差翅亚目，蜻科。

特征：雄性腹长 14～16mm，后翅长 17～20mm，翅痣长 3mm，肛附器长 1.5mm。额上面稍隆起，闪烁金光泽，头顶前部具黑色条纹，后头褐色。胸部前胸黑色，具黄色斑纹；合胸背前方黄褐色，合胸脊两侧各具 2 条与合胸脊平行的褐色条纹，合胸侧面淡黄色，具黑色条纹。翅透明，翅痣黄色。足腿节前侧、胫节内侧及跗节内侧为黑色，余全为黄色，具褐色刺。腹部黑色或黄褐色。

（3）苎麻赤蛱蝶（*Vanessa indica* Herbst）

分类：鳞翅目，蛱蝶科。

特征：成蝶体长 20mm，翅展 45～67mm，前翅黑褐色，近翅端具 7～8 个大小不等的白色斑，呈半圆形，翅中间具有赤黄色不规则云状斑，基部和后缘暗褐色，外缘缘毛上具短弧形白色斑 1 列。后翅暗褐色，近外缘橘黄色，内列有 4 个黑褐色斑，外缘有 1 列短弧形白色斑。

（4）菜粉蝶（*Pieris rapae* Linnaeus）

别名：菜青虫。

分类：鳞翅目，粉蝶科，粉蝶亚科，粉蝶属。

特征：成虫体长 12～20mm，翅展 45～55mm，体黑色，胸部密被白色及灰黑色长毛，翅白色。雌虫前翅前缘和基部大部分为黑色，顶角有 1 个大三角形黑斑，中室外侧有 2 个黑色圆斑，前后并列。后翅基部灰黑色，前缘有 1 个黑斑，翅展开时与前翅后方的黑斑相连接。

（5）枯叶螳螂（*Deroplatys*）

分类：螳螂目，螳螂科。

特征：中至大型昆虫，头三角形且活动自如，复眼大而明亮；触角细长；有枯叶状扩张的背板；颈可自由转动。体色棕色，有模仿枯叶的深色和浅色斑点。它的胸部恰似半片枯叶，一对翅膀收拢后，看上去就像一片完整的枯叶。

（6）龙虱（*Dytiscidae*）

别名：味龙、水龟子。

分类：鞘翅目，肉食亚目，龙虱科。

特征：成虫呈长卵流线形，扁平，光滑，背面拱起，后足扁平，刚毛发达。触角为丝状，共 11 节，下颚的触须较短。常见个体大小为 10～20mm，部分身长可达 35mm 以上。

（7）七星瓢虫（*Coccinella septempunctata*）

别名：金龟、新媳妇、花大姐。

分类：鞘翅目，多食亚目，瓢虫科，瓢虫属。

特征：成虫体长 5.2～6.5mm，宽 4～5.6mm；身体卵圆形，背部拱起，呈水瓢状；头黑色、复眼黑色，内侧凹入处各有 1 个淡黄色点；触角褐色，口器黑色。上额外侧为黄色；前胸背板黑色，前上角各有 1 个较大的近方形的淡黄色点；小盾片黑色；鞘翅红色或橙黄色，两侧共有 7 个黑斑；翅基部在小盾片两侧各有 1 个三角形白点；体腹及足黑色。

（8）棉蝗（*Chondracris rosea rosea*）

别名：大青蝗、蹬倒山。

分类：直翅目，蝗亚目，蝗科，棉蝗属。

特征：头顶中部、前胸背板沿中隆线及前翅臀脉域生黄色纵条纹；后足股节内侧黄色，胫节、跗节红色。头大，较前胸背板长度略短；触角丝状，向后到达后足股节基部，中段一节长为宽的 3.3～4 倍。前胸背板有粗瘤突，中隆线呈弧形拱起，有 3 条明显横沟切断中隆线。前翅发达，长达后足胫节中部，后翅与前翅近等长。后足胫节上侧的上隆线有细齿，但无外端刺。

4.3 珍稀濒危和特有动物

4.3.1 珍稀濒危保护哺乳动物

轿子山自然保护区的哺乳动物共有 79 种，其中列入《国家重点保护野生动物名录》及《濒危野生动植物种国际贸易公约》（CITES）附录 I 和 II 的珍稀濒危哺乳动物有 13 种，占轿子山自然保护区哺乳动物物种数的 16.45%，具体见表 4-6。其中，国家 I 级重点保护野生动物仅有林麝 1 种；国家 II 级重点保护野生动物有中国穿山甲、豺、黄喉貂、水獭、大灵猫、小灵猫、斑灵狸、金猫、中华鬣羚、川西斑羚 10 种，其中水獭、斑灵狸、金猫、中华鬣羚、川西斑羚 5 种被 CITES 列为附录-I 物种；另外，北树鼩和豹猫被列入我国国家重点保护野生动物名录，同时被CITES列为附录-II物种。其中，北树鼩和豹猫的栖息地较广泛，可以栖息于村庄附近、灌丛、阔叶林、针阔混交林等多种生境；水獭、大灵猫和小灵猫对栖息地的要求较为特殊，水獭多依赖于水域，大灵猫和小灵猫多栖息溪流两岸；其他物种对微生境都有不同的要求，林麝多出现于坡上位，中华鬣羚、川西斑羚等主要出现于较为陡峭的山岩地带等。在对轿子山自然保护区的调查中，发现林麝的数量已经很稀少，水獭、大灵猫、小灵猫也为稀有种，豺为偶见物种，而中国穿山甲可能已经灭绝。

表4-6 轿子山自然保护区珍稀保护哺乳动物类名录

物种	国家级保护	CITES
林麝（*Moschus berezovskii*）	I	II
中国穿山甲（*Manis pentadactyla*）	II	II
豺（*Cuon alpinus*）	II	II
黄喉貂（*Martes flavigula*）	II	II
水獭（*Lutra lutra*）	II	
斑灵狸（*Prionodon pardicolor*）	II	I
大灵猫（*Viverra zibetha*）	II	I
小灵猫（*Viverricula indica*）	II	
金猫（*Catopuma temminckii*）	II	I
中华鬣羚（*Capricornis milneedwardsii*）	II	I
川西斑羚（*Naemorhaedus griseus*）	II	I
北树鼩（*Tupaia belangeri*）		II
豹猫（*Prionailurus bengalensis*）		II

4.3.2 珍稀濒危保护鸟类

轿子山自然保护区共有鸟类174种（含亚种），其中国家级重点保护鸟类有15种，被列入《濒危野生动植物国际贸易公约》（CITES）附录-II的物种有12种。在2000年8月颁布的《国家保护的有益的或者有重要经济、科学研究价值的陆生野生动物名录》中，收录有90种，受国家保护的物种数共有105种，占轿子山自然保护区记录的鸟类种数的60.34%。其中，属国家级II级保护的鸟类有黑鸢（*Milvus migrans*）、雀鹰（*Accipiter nisus*）、松雀鹰（*Accipiter virgatus*）、大鵟（*Buteo hemilasius*）、普通鵟（*Buteo buteo*）、蛇雕（*Spilornis cheela* ssp.）、燕隼（*Falco subbuteo*）、红隼（*Falco tinnunculus*）、血雉（*Ithaginis cruentus*）、红腹角雉（*Tragopan temminckii*）、白腹锦鸡（*Chrysolophus amherstiae*）、领角鸮（*Otus bakkamoena*）、雕鸮（*Bubo bubo*）、斑头鸺鹠（*Glaucidium cuculoides*）、凤头鹀（*Melophus lathami*）15种。属CITES附录-II物种的种类有黑翅鸢（*Elanus caeruleus*）、黑鸢（*Milvus migrans*）、雀鹰（*Accipiter nisus*）、松雀鹰（*Accipiter virgatus*）、大鵟（*Buteo hemilasius*）、蛇雕（*Spilornis cheela* ssp.）、燕隼（*Falco subbuteo*）、红隼（*Falco tinnunculus*）、血雉（*Ithaginis cruentus*）、领角鸮（*Otus bakkamoena*）、雕鸮（*Bubo bubo*）、斑头鸺鹠（*Glaucidium cuculoides*）、凤头鹀（*Melophus lathami*）。在1998年《中国濒危动物红皮书：鸟类》中列为易危种的有黑翅鸢、蛇雕、血雉、红腹角雉、白腹锦鸡5种，列为稀有种的有雕鸮；2004年《中国物种红色名录：第一卷》中列为近危种的有红腹角雉、喜鹊2种，见表4-7。

表4-7　轿子山自然保护区珍稀保护鸟类名录

物种	国家级保护	CITES
黑鸢（*Milvus migrans*）	II	II
雀鹰（*Accipiter nisus*）	II	II
松雀鹰（*Accipiter virgatus*）	II	II
大鵟（*Buteo hemilasius*）	II	II
普通鵟（*Buteo buteo*）	II	
蛇雕（*Spilornis cheela* ssp.）	II	II
燕隼（*Falco subbuteo*）	II	II
红隼（*Falco tinnunculus*）	II	II
血雉（*Ithaginis cruentus*）	II	II
红腹角雉（*Tragopan temminckii*）	II	
白腹锦鸡（*Chrysolophus amherstiae*）	II	
领角鸮（*Otus bakkamoena*）	II	II
雕鸮（*Bubo bubo*）	II	II
斑头鸺鹠（*Glaucidium cuculoides*）	II	II
凤头鹀（*Melophus lathami*）	II	
黑翅鸢（*Elanus caeruleus*）		II

4.3.3　珍稀濒危保护两栖爬行类

轿子山自然保护区中，国家II级重点保护动物有2种，即红瘰疣螈（*Trlotoriton verrucosus*）和云南闭壳龟（*Cuora yunnanensis*）；云南省有经济价值的物种有2种，即王锦蛇（*Elaphe carinata*）和黑眉锦蛇（*Elaphe taeniura*）。

红瘰疣螈主要分布在海拔1 850～2 800m的地区，主要分布于云南，在禄劝片区和东川片区都有分布，属于西南片区。由于外表艳丽，习性独特，深受人们的喜爱，导致越来越多的红瘰疣螈被捕捉和贩卖，而且其体表具有毒素成分，有潜在的经济价值。

云南闭壳龟为云南特有龟类物种，是昆明市特有的珍稀物种，为国家II级重点保护野生动物，CITES亦列为附录-II物种。云南闭壳龟自1906年定名以来，人们对其真实产地、分布范围和生态资料一无所知，是资料极度匮乏的重要物种。而且，其数量极为稀少，分布范围极为狭窄，应该得到及时的重点保护。

另外，轿子山自然保护区内还有一些有一定研究价值或经济价值的物种，如细蛇蜥（*Ophisaurus gracilis*）和黑线乌梢蛇（*Zaocys nigromarginatus*）。

目前，轿子山自然保护区的两栖爬行类动物中的一些物种受到人为猎捕，加上生态环境退化，以及人口膨胀、人为活动增加，植被和栖息地的破坏和消失，农药滥用，旅游、工程建设和农牧业发展都对物种的生存环境带来负面影响，导致其数量在逐渐减少。所以，更加应该采取保护措施。

4.3.4　保护区珍稀濒危野生物种保护建议

在此对保护区珍稀濒危野生物种提出以下保护建议。

1）健全野生动物的保护管理机制，保证野生动物保护工作的顺利开展。野生动物的管理保护工作具有自然条件艰苦、范围较广、保护管理难度较大、政策性较强的特点。通过建立健全野生动物保护管理体系与机构，能够很大程度上推动野生动物管理保护事业的健康发展。因此要采取各项措施，明确职责，使野生动物管理保护工作得到落实。

2）努力提高野生动物资源管理保护资金投放力度，尽力改善基础设施。野生动物资源管理保护经费要依照《野生动物保护法》规定纳入财政预算，尽可能争取国家重点项目支持。促进野生动物资源管理保护事业的健康全面发展。

3）加强对野生动物资源的保护宣传力度，努力提高人民群众的保护意识。社会各界要提高对野生动物资源的保护意识，正确处理开发利用与保护的关系。加强对野生动物资源管理保护事业的领导，充分利用展板、公益性广告、报纸等多种媒体进行野生动物资源管理保护宣传，努力提高人们保护野生动物的思想意识。

4）加强野生动物市场经营管理，推动地方经济的科学发展，以发展促进保护，进一步提高野生动物管理保护的质量。严厉打击非法经营、收购野生动物及其产品的违法活动，规范野生动物的产品经营和繁殖驯养行为，支持和鼓励合法经营，努力引导市场向产业化、规范化、科学化的方向发展。根据野生动物资源状况，制定出资源开发利用和野生动物保护规划，进行科学引导，发展以旅游展览、野生动物繁殖驯养、新产品精细加工为主的野生动物资源产业。

5）建立野生动物多样性监测，最主要的目的是为管理者和决策者服务，为他们在保护生物多样性、评价环境影响、制定具体措施等方面提供必要信息。监测调查结束后，监测人员及时核对原始记录表格，并对表格数据进行整理、录入；充分利用监测数据制作保护区物种监测样地分布图和监测物种分布位置图，以及动物监测样线分布图和监测物种在监测样带上的时空分布位置图等。建立轿子山国家级自然保护区生物多样性监测数据管理系统，对监测数据进行标准化、定量化和动态化分析评价，编写出实事求是的保护区生物多样性监测报告，使其成为保护区决策层制定或调整保护管理措施重要的数据和理论支撑。

第5章 自然遗迹

5.1 自然遗迹形成条件和标准

自然遗迹是在自然界演化的历史时期，受各种因素作用，形成并遗留下来的自然产物，是自然资源和环境的重要组成部分。

自然遗迹具有有限性、珍贵性、复杂性、易受破坏性、不可再生性，以及作为资源的可开发性、作为环境的应受保护性。自然遗迹是自然界演变进化过程中，曾经存在过的物种或者发生过的事件，在经历了漫长的地质历史和客观条件的千变万化以后，仅仅其中一小部分可以幸运地保留下来，因此自然遗迹是有限的。许多自然遗迹具有较好的代表性，它们较系统地或者部分地反映了物种或事件发生、存续及消亡过程的信息。例如，云南省内的一些自然遗迹，不仅在省内和国内是稀有的，在国际上也极其珍贵。自然遗迹或埋覆于地下，或因地壳运动而暴露于地表；或单独存在，或混存于其他自然资源之中，其赋存的形式和空间是复杂、多变的。

自然遗迹多是由人类在开发利用其他自然资源（如开发矿产资源、土地资源）时发现、发掘的。同时，人们对自然遗迹也进行着破坏。随着人类生存质量不断提高，对自然资源的需求和开发利用正以空前的规模进行着，自然遗迹也越来越容易遭受人为的破坏。自然遗迹是不可再生的资源，一旦遭受破坏就难以恢复。因为时间是一维的，自然界的进化演变是由低级向高级、不可逆的过程，地质历史时期曾经存在并已消亡的物种或发生过的事件不可能再现。自然遗迹是在一定经济技术条件下，能为人类所利用的一种自然要素，即自然遗迹是自然资源的重要组成部分。

自然遗迹存在着巨大的科学研究和文化学术价值，自然遗迹与人文景观相融合存在着巨大的旅游价值。对自然遗迹进行有效保护、合理开发，可产生出丰厚的社会、经济效益。

自然遗迹可根据其自然属性分为地质遗迹和古生物遗迹 2 个类型［《自然保护区类型与级别划分原则》(GB/T 14529—1993)］。地质遗迹又可分为 3 个亚类：特殊的地质构造、地质剖面类，奇特地质景观类，地质灾害遗迹类。

自然遗迹是地球演化历史中重要阶段的突出例证，是重要地质过程、生物演化过程及人类与自然环境相互关系的突出例证，是独特、稀有或绝妙的自然现象、地貌或具有罕见自然美的地域。

自然遗迹主要包括以下内容。

1）从科学或保护角度看，具有突出的普遍价值的地质和自然地理结构或被明确划分为濒危动植物生存区。

2）从美学或科学角度看，具有突出的普遍价值的由地质和生物结构或是这类结构群组成的自然面貌。

3）从科学、保护或自然美角度看，具有突出的普遍价值的天然名胜区或被明确划分的自然区域。

4）标准：

① 构成地球现代化史中重要阶段的突出例证；

② 构成重要地质过程、生物演化过程及人类与自然环境相互关系的突出例证；

③ 独特、稀少或绝妙的自然现象、地貌或具有罕见自然美的地域；

④ 尚存的珍稀或濒危动植物物种的栖息地。

5.2 轿子山自然遗迹类型和分布

轿子山自然保护区位于昆明市东川区和禄劝县的交界处、小江断裂带和普渡河断裂带之间，总面积为161.93km^2。保护区内最高点火石梁子峰海拔为4 344.1m，最低点海拔2 300m，相对高度超过2 000m。轿子山为云岭山脉由西向东的延伸，属拱王山系的余脉，为滇中北地区最高的山地，素有“滇中第一山”“滇中第一名山”的称誉。其地理坐标为东经102° 48′49″～102° 58′50″，北纬26° 10′23″～26° 10′20″。

轿子山地质史上是新构造运动强烈隆起区，从元古代演变至今，地质遗迹类型丰富多样，有各类古代地质运动所留下的地层、地貌和岩石；第四纪冰川遗迹分布广且保护完好，既有清晰的冰蚀地形、冰蚀湖群，又有相应的冰川堆积物。例如，在海拔3 500～4 300m处的雪岭、双塘子、牯牛峰一带广布第四纪冰川遗迹，有大海、木梆海等冰蚀湖、轿顶月亮岩的冰蚀台阶，以及下岔河、新炭房一带和晓光河沿岸的冰碛物堆积地貌等；在山上还有珍稀的动植物资源生长栖息地，如急尖长苞冷杉林、杜鹃矮林、高山柏灌丛、林麝、攀枝花苏铁等珍稀濒危动植物的集中分布区。这些自然遗迹都是亿万年地球物质运动后大自然在轿子山留下的瑰宝，具有很高的科研价值和保护价值。

5.2.1 类型多样的地貌遗迹景观

1. 地貌遗迹类型和总体特征

轿子山风景区主要地貌遗迹类型有山地、河谷、冲积扇、冰川冻土及其他特殊的微地貌（瀑布、岩溶地、冰蚀地貌及其他地貌）。

轿子山地区地貌遗迹的主要特征：起伏巨大的山原峡谷；无平原和大中型盆地；第四纪冰川遗迹与冰蚀地貌突出；冻土地貌比较发达；新生代以来地貌抬升的玄武岩山地地势中部高，向东西两侧呈阶梯状下降，河谷切割深，相对高差大。轿子山的地质基础是个穹隆构造，其东西两侧受小江深大断裂带和普渡河大断裂带控制，是典型的地垒式断块隆升侵蚀高山，其地势以山脊线附近最高，海拔一般在 3 800～4 200m，向四周迅速降低，东部小江河谷海拔 1 100～1 200m，西部普渡河谷海拔 900～1 000m，北部金沙江河谷海拔 700～800m。轿子山最高点天台峰，海拔 4 344.1m，最低点是小江与金沙江汇合处的小河口，海拔 695m，相对高度是 3 649m。

轿子山地区在新构造运动中抬升幅度大，致使金沙江、普渡河、小江及其下切侵蚀强烈，深切峡谷众多，地势起伏大，山体破碎。受轿子山地垒构造的控制，以及构造抬升的间歇性和阶段性影响，轿子山东坡和西坡均残留有 3 级剥蚀面，地形从山脊向东西两侧呈阶梯状下降。

地貌大格局受构造控制明显，轿子山位于康滇地轴中段，东、西、南三面均为深大断裂带围陷，是新生代以来快速隆升的典型断块山。东部小江河谷和西部普渡河深切河谷均是受小江及普渡河深大断裂带控制的结果，沿河谷两岸有多种类型的构造地貌，如断错沟谷、断错阶地、断错山脊、断层崖、断层三角面等。轿子山东部小清河谷地是受西北—东南走向的晓光向斜控制，并经河流侵蚀而形成的，受许多次一级断裂带的影响和控制，形成了众多规模不等的断层崖，即单斜构造地貌，如单面山、猪背脊等。受构造节理控制，玄武岩分布区有很多玄武岩石柱。

2. 玄武岩地貌

晚二叠世，沿小江断裂带有大量岩浆喷发，形成峨眉山玄武熔岩被，其厚度超过 2 000m，形成的玄武岩台地是保护区内分布最广的次级地貌类型，经新构造运动隆升至现在的山顶面，成为轿子山的第一级夷平面。

1）玄武岩台地：由峨眉山玄武岩构成，广布于保护区及附近广大地区，厚度超过 2 000m，有的是平缓的古夷平面，如轿子山顶、油房河源头的小海附近、木梆海附近、圣山门（海拔约 3 950m）等；有的是剥蚀面。

2）玄武岩陡崖：主要分布于普渡河与小江两个流域的分水岭附近地区，即草药山脑包经轿子山山峰往北至舒姑垭口、马鬃岭主峰、弯腰石主峰沿线附近地区，以及轿子山顶古夷平面与周边峡谷等地貌单元转折过渡的部位、相对高度悬殊，大者超过 100m，小者仅有20～30m，均由峨眉山玄武岩构成，舒姑河支流油房河南岸的陡崖等。著名的陡崖如乌蒙河源头的大黑箐陡崖，轿子山顶天台峰陡崖及周边陡崖，小清河上游支流燕子洞小河源头西岸的普渡崖（又称美女峰陡崖）等。

3）玄武岩石柱。玄武岩因柱状节理发育，地表岩体在坡面流水、沟谷流水、冻融、风力等外营力综合作用下，在部分由致密状玄武岩、斑状玄武岩构成的山脊、山顶、谷坡、台地边缘等地貌部位，发育形成典型的玄武岩石柱。集中分布于普渡河与小江两个流域的分水岭附近，如马鬃岭山脊、弯腰石梁子顶部、轿子山顶至舒姑垭口的山脊上，都分布有典型的玄武岩石柱，高者近20m，低者仅0.5m，多数5～10m。

3. 构造地貌

构造地貌是由地球内力作用直接造就的和受地质体与地质构造控制的地貌。从宏观上看，所有的地貌单元，如大陆和海洋、山地和平原、高原和盆地，均为地壳变动直接造成。完全不受外力作用影响的地貌，如现代火山锥和新断层崖是罕见的，绝大多数构造地貌都经受了外力作用的雕琢。故不论从构造解释地貌，或从地貌分析构造，都有外力作用的影响。

轿子山地区构造地貌类型多样，分布广泛。除由现代构造运动直接形成的地貌（如断层崖、火山锥、构造穹窿和凹地）外，多数是地质体和构造的软弱部分受外营力雕琢的结果。例如，水平岩层地区的构造阶梯、倾斜岩层被侵蚀而成的单面山和猪背岭、褶曲构造区的背斜谷和向斜山，以及断层线崖、断块山地和断陷盆地等。

4. 喀斯特地貌

喀斯特作用是水对可溶性岩石（碳酸盐岩、石膏、岩盐等）进行以化学溶蚀作用为主，流水的冲蚀、潜蚀和崩塌等机械作用为辅的地质作用，以及由这些作用所产生的现象的总称。由喀斯特作用所造成的地貌，称为喀斯特地貌（岩溶地貌）。

轿子山地区出露的元古界、寒武系、二叠纪系等地层中，广泛出露不同时代的碳酸盐类岩石，在其出露地段，发育有类型多样的地表和地下喀斯特地貌形态，形成特有的喀斯特生态环境；高海拔地区发育有典型的高寒喀斯特地貌形态。

5. 地貌遗迹发育简史

地质构造及其演化过程是区域地貌发育的基础。从大地构造单元的划分来看，轿子山所属构造单元为雪山穹隆，位于扬子准地台的二级构造单元——康滇地轴中段东部。康滇地轴经历了十分漫长且复杂的演化进程，大体可分为下列几个阶段。

（1）太古代—元古代阶段

这是康滇地轴构造基底形成的时期，时间跨度很漫长，研究跨度很漫长。研究表明，从晚元古代早期开始，特提斯板块向东移动并俯冲，使康滇地轴的基底先后经历了5个沉积回旋，此期间发生了武陵运动、东川运动、满银沟运动、晋宁运动和澄江运动。其中最强烈的一次是席卷整个扬子地台区的晋宁运动，它使该地区基本完成了从洋壳到陆壳的转化。

（2）古生代和中生代阶段

澄江运动后，康滇地轴进入地台演化阶段。早古生代，本地区位于高纬度海洋环境，形成震旦系冰碛层和寒武系的磷矿床。奥陶纪、志留纪、泥盆纪和石炭纪期间，本区抬升露出海面成为隆起剥蚀区。二叠纪开始时，本区又遭受海侵，形成一整套下二叠系的海相沉积地层。晚二叠纪发生的海西运动对本区域影响巨大，沿断裂带有大规模的玄武岩喷发，轿子山地区分布广、厚度大的玄武岩就是这次岩浆喷发的产物。上二叠纪以后，轿子山地区所处的整个康滇地轴区上升为陆地并接受剥蚀。

中生代上三叠纪时，康滇地轴的南端产生了一些凹陷盆地，小清河谷地就是个典型的内陆湖盆，它接受周边的沉积物，形成一套完整的内陆湖相沉积红色岩系。中侏罗纪时，轿子山所处的康滇地轴南段全部上升为陆地。中生代后期燕山运动时，康滇地轴进一步整体隆升，各种褶皱、断裂经强化改造后基本定型，沿着地轴周边的断裂带形成串珠状、地堑式的断陷盆地和湖泊。

（3）新生代阶段

这是现代地貌的发展演化阶段。燕山运动后一直到第三世纪渐新世中期，轿子山所处的康滇地轴中段进入相对稳定阶段，在长期外营力作用下，隆起的地带都受到剥蚀夷平面作用，最终形成一个范围很大的夷平面，在轿子山及周边的山地，海拔 3 800～4 100m 山顶附近保存的就是这个夷平面。第四纪以来，强烈的新构造运动使整个康滇地轴发生间隙性的大幅度抬升，轿子山成为云贵高原上的几个高峰之一，后期的外力作用进一步塑造了如今的现代地貌景观。

在断裂构造、火山喷发、地面抬升作用及强烈的流水侵蚀作用下，形成了这一地区独特的地质地貌类型，对自然环境的影响在保护区比较明显，使该地具有天气变化莫测、气候垂直分布明显、山顶一带裸露地表的岩石多、土层薄、水土流失严重等特点。

5.2.2 第四纪古冰川遗迹和冻土地貌

第四纪古冰川遗迹广布，冻土地貌较为常见。轿子山地区经历了第四纪末次冰川期，是云贵高原上第四季冰川活动的主要场所，经受过第四纪冰川的强烈作用，古冰川遗迹分布十分普遍。在海拔 3 000m 以上的高中山、高山地区，特别是山脊附近，冰斗、角峰、冰蚀洼地、冰溜槽、羊背石、冰蚀槽、冰蚀湖泊、冰坎等冰蚀地貌很常见，冰碛砾石、冰川漂砾广布。轿子山典型的第四纪古冰川遗迹，为研究该区域第四纪环境演变过程提供了重要依据。海拔 3 600m 以上区域属于山地寒温带气候，寒冷潮湿，每年 11 月下旬到来年 3 月份为积雪期，寒冻风化强烈，冰缘作用强烈，季节冻土和冻土地貌较为常见，石海、石河、倒石锥、雪蚀洼地等地貌形态分布普遍，如精怪塘冰斗后壁的东南方有一大型的石冰川，覆盖于侧碛堤上。双龙塘冰斗后壁，倒石锥、石海、石河、石冰川等随处可见。

第四纪晚更新世至全新世期间，海拔 3 000m 以上的山地曾发育过海洋性山地冰川，遗存有典型的古冰川地貌遗迹，集中分布于精怪塘-牛洞坪、轿子山峰附近、老炭房及雪岭等地区，精怪塘-牛洞坪地区冰斗、冰川槽谷、冰蚀岩盆等分布最为集中、典型，例如有海拔 3 700～3 800m 的精怪塘、贝母房和双龙塘等冰斗槽谷，以及 3 900～4 000m 的白石崖子、紧风口等冰斗，有海拔 3 000～3 300m、3 300～3 700m 和 3 700～3 800m 的三级侧碛堤。老炭房地区有两级冰碛堤，分布的海拔高度分别为 2 950～3 250m 和 3 250～3 550m。该区域冰碛堆积物大多为砾石和黏土混合物，砾石大小不等，有些砾石的表面存在明显的擦痕，堆积物无层理、无分选、成分复杂。轿子山主峰附近的山顶面海拔约 4 000m，发育有冰蚀岩盆、羊背石、冰坎、岩丘、小型冰斗等，大部分冰蚀岩盆已积水成湖，有木梆海、大海等。老炭房地区有海拔约 3 900m 的绿荫塘和海拔约 3 700m 的倒观音等两级冰斗，海拔 2 950～3 250m 和 3 250～3 550m 两级侧碛堤。雪岭发育有良好的冰川槽谷和角峰。冰川作用时代可划分为丽江冰期（倒数第二次冰期）和大理冰期（末次冰期）两个阶段，丽江冰期距今 10 万～11 万年，以牛洞坪村对面海拔 3 140～3 170m 的侧碛堤为代表，北坡古雪线高度 3 700m，南坡高度 3 550m；大理冰期可细分为三序列：①早冰期，距今 4 万～5 万年，以海拔约 3 000m 的侧碛堤为代表，南北坡古雪线高度基本一致，约 3 720m；②盛冰期，距今 1.8 万～2.5 万年，以精怪塘、双龙塘、倒观音等冰斗为代表，北坡古雪线高度约 3 750m，南坡 3 700m；③晚冰期，距今约 1 万年，以白石崖子、紧风口和绿荫塘等冰斗为代表，古雪线高度约 3 950m。大理冰期的冰期序列比较完整，是研究中国东部古冰川发育的重要依据，也是研究东亚地区季风演化的物质基础。

5.2.3 地层和岩石遗迹

1. 地层遗迹

轿子山自然保护区内出露有元古代、寒武纪、二叠纪、三叠纪、侏罗纪、第四纪等地质年代的地层，缺失奥陶纪、志留纪、泥盆纪、石炭纪和白垩纪等地质年代的地层。轿子山自然保护区内出露最古老的地层为前震旦系，出露面积最大的地层为寒武系和二叠系。二叠纪及其以前的地层，均为海相沉积地层，二叠纪以后结束了海洋沉积环境，发育为陆相地层。

2. 岩石遗迹

1）保护区岩性多样，沉积岩包括：砾岩、砂岩、粉砂岩、泥质粉砂岩、钙质粉砂岩、变质砂砾岩、页岩、泥岩、钙质页岩、砂质页岩、炭质页岩等黏土岩，白云岩、泥质白云岩、灰岩、角砾状灰岩、泥灰岩、白云质灰岩等碳酸盐岩；含铁铝土岩、磷块岩、燧石岩、铁质岩等化学岩；变质岩、板岩、千枚岩、粉砂质板岩、铁质板岩、炭质绢云母千枚岩、石英岩等。岩浆岩有致密状玄武岩、斑状玄武岩、杏仁状玄武岩、玻基质玄武岩、辉长岩、斑状辉绿岩、磁铁橄榄岩等。

2）冰碛物：主要由冰碛物和冰水沉积物组成。轿子山地区在更新世晚期已隆升至雪线以上，曾经历了末次冰期，发育有海洋性山岳冰川，冰川作用形成了一定面积的典型的冰碛物，主要分布在海拔 3 000～3 950m 的古冰斗和古冰川谷内。冰碛砾石层由白云岩、泥质灰岩、玄武岩、砂岩、粉砂岩等巨砾、砂砾遗迹岩屑组成，大小悬殊不一，岩块凌乱破碎、杂乱无章，未胶结。

3）冲积物、洪积物、坡积物、残积物：冲积物主要分布于小清河、乌蒙河、清水河、舒姑小河、基多小河等沿岸的谷坡和谷底，常组成河漫滩与河流阶地，其成分以砂、砾石为主，具二元结构。洪积物是由洪水堆积的物质，这是组成洪积扇的堆积物。轿子山区的洪积物是溪沟间歇性洪水挟带的碎屑物质，一般堆积在山前沟口，由于是快速水流搬运，因此一般颗粒较粗，除砂、砾外，还有巨大的块石，分选性也差，大小混杂。又因洪流搬运距离不长，故碎屑滚圆度不好，多呈次棱角状，斜层理和交错层理发育。坡积物是岩石经风化后，再经雨水或雪水将高处的风化碎屑物质洗刷而向下搬运，或由本身的重力作用，堆积在平缓的斜坡或坡脚处，就形成了坡积物。残积物主要分布于缓坡、山脊、夷平面上，大多是亚热带气候下形成的，多为红色黏土。海拔较低、形态保存较好的夷平面的残积物一般较厚，海拔高的夷平面往往因流水侵蚀切割强烈而支离破碎。

5.2.4 水体景观遗迹

1. 冰蚀湖泊

冰蚀湖泊代表性的景观有天池、木梆海、精怪塘等。

冰川遗迹是从古至今气候变化的直接证据，但是冰川遗迹存在着不连续性的缺点，而且后期冰川作用会破坏早期的冰川遗迹，人们现在看到的只是最新留下来的冰川遗迹。湖泊，特别是与冰川发育过程紧密相连的湖泊，能够弥补这一不足，连续的湖相沉积不但能够记录到不同时期气候变化的信息，而且湖泊沉积物较冰川遗迹易于准确定年，因此，将两者结合起来是非常有必要的，冰蚀湖泊是研究冰川遗迹的重要依据。

冰蚀湖泊群主要分布在海拔 3 000～4 050m 高度，数量近百个，但面积都很小，主要有轿子山附近的木梆海、大海、小海、大精塘、双塘子、白龙塘等。这类湖盆平面形态呈长条状，冰蚀湖湖岸平缓，常有漂砾残存，部分湖岸地带现代冰缘形态非常发育，盆壁与盆底的基岩面上往往有冰川磨光面和冰川刻槽和擦痕。冰蚀湖的湖底湖畔多为巨大的石条、石板平铺，部分为裸露基石。

2. 高山瀑布

高山瀑布代表性的景观有密天瀑、鹃花四瀑、双迭瀑、莲花瀑布、飞来瀑布和天来瀑布等玄武岩台地隆升引起的瀑布。

瀑布在地质学上称为跌水，即河水在流经断层、凹陷等地区时垂直地跌落。侵蚀作用的速度取决于特定瀑布的高度、流量及有关岩石的类型与构造，以及其他一些因素。形成瀑布的原因有很多，瀑布存在的一个最常见的原因便是岩石类型的差异。河流跨越许多岩相边界。如果从坚硬的岩石河床流向比较柔软的岩石河床，很可能较软的岩石河床的侵蚀更快，并且两种岩石类型相接处的坡度更陡。当河流改变方向并露出不同的岩石河床间的相接处时，便会发生这种情况。在轿子山海拔 3 000～4 000m 分布有一些硬度较大的玄武岩，隆起的高地玄武岩可形成坚硬的台地，河水从其边缘流过，不断侵蚀旁边那些质地较软的岩层，形成了更陡峭的坡度，日复一日，瀑布的雏形就渐渐形成了。由于高海拔、气候寒冷，轿子山的瀑布每到冬季就会结冰，晶莹剔透，宛如仙境，且持续时间可以长达 4—5 个月，为游客展示了一道靓丽独特的风景线。

3. 河流地貌

轿子山东侧是小江，西侧是普渡河，北侧是金沙江。在新构造运动中本区域大幅度抬升，河流及其众多支流强烈下切，在侵蚀、泥沙搬运和堆积、重力等多种作用下，保护区内河流地貌广泛发育，峡谷普遍，宽谷少见。

轿子雪山风景区内的主要溪流为花溪，发源于轿顶的木梆海，其下游称乌蒙河，是一段长约 4km 的小溪流，穿梭于崇山峻岭之间，从东北向西南流淌，沿岸地势起伏较大，流入下游后，在汇入干流的河口附近形成了规模不等的冲洪积扇，面积不大，但却是重要的动物水源和部分居民的农耕区。

5.2.5 珍稀动植物资源保护地遗迹

轿子山自然保护区独特的气候、海拔等条件决定了其成为特有的珍稀植物群落和动物栖息地，这也是亿万年地质、气候变化的产物，是大自然留下的珍贵遗迹。依据《云南植被》编目系统，本文将轿子山自然保护区的植被划分为 7 个植被型，9 个植被亚型，16 个群系，20 个群落，并对各植被类型的保护价值进行了数量化评价，在此基础上对保护价值较高的急尖长苞冷杉林、野八角-乳状石栎林、杜鹃矮林、杜鹃灌丛、元江栲林、高山柏灌丛、傲骨林、林麝及攀枝花苏铁保护区 8 个主要动植物保护区进行了评价。

1. 急尖长苞冷杉林

长苞冷杉是我国的特有种，也是我国西南特有种。急尖长苞冷杉林作为长苞冷杉的变种，是残留的、特有的珍稀植被。该类型在滇西及滇西北的一些中山或亚高山都有分布。轿子山自然保护区的急尖长苞冷杉林在地理分布上处于该种类分布区的东南端，既是滇中高原北部山地唯一的寒温性针叶林，又是这一类植被分布区最为东南的边缘类型。不仅如此，这里的急尖长苞冷杉林均为纯林，面积大，植被景观效果极佳，具有较高的研究价值，对其应当重点保护。

2. 野八角-乳状石栎林

作为中山湿性常绿阔叶林中一个不多见的群系，轿子山野八角-乳状石栎林在群落优势种及群落种类组成方面都有许多不同之处，因此植被类型的稀有性和特有性方面在各类型中是最高的。本应是以壳斗科植物占优势的中山湿性常绿阔叶林，却因长期人为活动的干扰，使得群落内部发生次生性变化，形成较少见的一些地段由野八角占优势的状况。尽管如此，该类型本身蕴藏着丰富的植物种类，具有较高的生物多样性。同时它作为众多的野生动物和微生物的栖息地、食物来源，是维持动物、微生物多样性的前提。此外，其水源涵养的功能对地区持续发展是重要的保障，也是极具保护价值的植被类型之一。

3. 杜鹃矮林

杜鹃矮林本应是山地垂直带类型，为植被垂直带系列的重要组成部分。但在轿子山，该群系是急尖长苞冷杉林被破坏后演变而成的一类次生植被。它处于山体湿度最高的地带，生境水分充足，许多溪流都起源于此，对于维持地区的水资源平衡起着重要作用。它不仅有很好的水土保持和水源涵养功能，而且由于杜鹃种类较多，在花期有极高的观赏价值。同时也是部分野生动物的重要栖息地和活动场所。在杜鹃矮林的组成种类中，有一些特有的珍稀濒危种类，因此，杜鹃矮林也是轿子山极具保护价值的植被类型之一。

4. 杜鹃灌丛

杜鹃灌丛是轿子山自然保护区分布最广、面积最大、最能代表该地区特色的一种类型。组成种类以杜鹃花科植物最多，有 20 余种，是滇中北地区天然的杜鹃花花园，其中不乏特有种，具有非常高的观赏价值。同时，该类型的盖度较大，树冠整齐，有着良好的水土保持和水源涵养功能，保护价值较显著。

5. 元江栲林

元江栲林作为滇中地区的地带性植被，也是滇西北南部一些地区的地带性植被类型。在没有人为干扰的情况下，滇中高原海拔 1 700～2 900m 的地段都应分布有半湿性常绿阔叶林，其中元江栲林占较大比例。但该类植被在保护区内也是受人类破坏最严重的一类，现存的元江栲林面积很小，仅有 166hm^2，且均是十分破碎的次生林，优势树种元江栲老树桩萌生、退化现象非常明显。但是该类型的存在，对研究滇中北地区半湿性常绿阔叶林的产生、发展及演替有着较大的意义，也体现出一定的保护价值。

6. 高山柏灌丛

和急尖长苞冷杉林一样，保护区内的高山柏灌丛在地理分布上处于该种类分布区的东南端，既是滇中高原北部山地唯一的寒温性针叶灌丛，又是这一类植被分布区最为东南的边缘类型。该类型生境较为特殊，多生长在海拔较高的迎风坡，土壤瘠薄、岩石裸露，为铺地式迎风生长，由于立地条件差，一旦破坏，就无法恢复。此外，高山柏群系树冠整齐，树形优美，景观独特，而且具有良好的水土保持和水源涵养功能，保护价值较大。

7. 傲骨林

傲骨林（又称死亡林）由分布在海拔 3 100～3 900m 的冷杉林死亡后遗留下来的枯萎树干及树枝组成，其死亡可能是由雷电引起的森林火灾导致的结果。由于森林分布在海拔 4 000m 左右的迎风坡，风力强劲，树木死亡后被风迅速风干而留下来了。轿子雪山风景区有两片比较著名的傲骨林，其中一片面积较大，约 15 000m^2，分布在小海附近海拔约 4 000m 的南面斜坡上，称为“大死亡林”；另一片面积较小，约 10 000m^2，分布在冷杉王西面约 800m 的缓坡上，称为“小死亡林”。

8. 林麝、攀枝花苏铁保护区

国家一级重点保护动物林麝和国家二级保护野生植物攀枝花苏铁的集中分布区内分布着保护区内 96%以上的保护动物种类，是保护区生物多样性及主要保护对象分布最为密集的区域。核心区地势险峻，群落结构基本保持了原始状态，生态系统连续性与完整性较好，面积达 6 587.1hm^2，足以有效维持生态系统的结构和功能。

5.3 自然遗迹的价值

5.3.1 本底价值

自然遗迹，又称自然遗产，是大自然发展变化留下的具有特定科学文化价值的旧迹。从世界遗产的标准和风景名胜区的定义中，可以清晰地看到自然遗迹资源的本底价值。

1. 科学价值

（1）科学信息的载体

自然遗迹的自然科学价值，主要体现在遗迹是地球发展的重要记录者。“地球已经有 45 亿年历史，是一切生命的起源、更新和变化的摇篮。在它漫长的进化和缓慢达到成熟的过程中，形成了我们如今生活的环境。”“正如一棵老树的年轮留下了它成长、生活的所有记录一样，地球也记录下它的历史。地球的记录储存在它深处的岩石中、表面的地貌里，可以被辨别，可以被解释。”世界自然遗迹标准第一条明确指出：世界遗迹必须是“展现地球演化史的主要阶段的杰出范例，包括生命的记录，地形发展中正在进行的重大地质过程，或地形地貌。”

轿子山保存了较为完整的混杂岩和自古生代至第四纪的地层记录，代表了区域地质构造的复杂变化，记录了地质历史演化中深部地质作用过程的丰富信息。同时还形成了高山冰蚀湖群区，残留了大量的冰碛、冰蚀地貌，是第四纪山岳冰川和现代山岳冰川地质地貌的展示区之一，为古代地质构造和运动的考察活动提供了现实依据，具有重要的科学意义。

（2）生态环境的圣地

自然遗迹地具有良好的自然生态和自然环境，因此其生态价值是遗产科学价值的重要组成部分。遗迹地作为一种纯洁的、不容破坏的、具有特殊用途的环境生态的“圣地”，其价值又包括环境和生态两方面：自然环境的调谐器和生物多样性的保存地。

轿子山自然保护区从最低海拔 1 200m 的普渡河河谷上升到海拔 4 344.1m 的最高峰雪岭，相对高差 3 144.1m，受亚热带纬度、高原与高山峡谷地形和季风环流的综合影响，保护区低纬高原季风气候、山地气候和干热河谷气候十分显著。这些特殊的自然条件不仅使保护区的大气质量优于国家规定的大气环境质量一级标准，主要水体符合国家地面水一级水质标准，也使得生态系统的组成成分与结构极为复杂、类型多样，物种相对丰富度高。

2. 美学价值

自然遗迹“包括最好的自然现象，有独特的自然美景和重要的审美价值的地区（与其他标准共同使用）”。风景名胜区也必须以富有美感的典型自然景观为基础。因此，自然遗迹的美学价值是脱离人的主观意志（审美）而客观存在的。从宏观上看，每一个自然遗迹地都可以说是一首山水合奏的“交响曲”。“自然风景的结构，是由各种形式的自然因素有规律地组合，包括地形、水系、植被、色彩、声音、线条等。”地形，又有山地、河谷、平原、盆地、高原等种种形态。在这千变万化的地形环境中，又流动着江、海、河、湖、溪、潭、泉和瀑等姿态各异的水体。而在不同的气候、地形、水热条件制约下，山水之间又生长着五彩缤纷、生机盎然的植被森林及栖居其间、充满生命力的各种动物，从而构成色彩缤纷、形式纷繁的自然界。同时造就了种种有规律的自然景观美的形式：形象美、色彩美、线条美、动态美、静态美、听觉美和嗅觉美等，以及雄、奇、险、秀、幽、奥、旷七大山水形象美。“青山不墨千秋画，流水无弦万古琴”，这些美的形式在时间和空间上的有机组合、有序交替和运动变化，正如大自然山水合奏交响曲的动人乐章，给人们带来无限的自然美。

轿子山是云南纬度最低的冬季积雪山峰，有着独特的自然景观，每年春季有几十种杜鹃花盛开在山间。加之山上大小不等的高山冰蚀湖泊、高山草甸和珍稀动植物，使得轿子山璀璨多姿。轿子山每年 11 月份下旬至次年 4 月份为冰雪期，此时瀑布结冰，山间白雪皑皑，冰湖、冰瀑布、雾凇、雪原等景观又带来另一番风味。随着海拔的升高，轿子山从下往上依次有阔叶林、针叶林、高山灌木丛、高山草甸等景观分布，站在雪山顶俯瞰整座山脉，景观层次分明，颜色绚丽多变，使人应接不暇。

5.3.2 直接应用价值

1. 科学研究

由于自然遗迹受到人类干扰相对较少，因此往往是特有的地形、地貌、地质构造、稀有生物及其原种、古代建筑、民族乡土建筑保存的原始场所和宝库，而且它们都有一定的典型性和代表性，因此对揭示地球演变、生物演化、人类进步、文明发展具有极其重要的科学价值。这种价值是巨大的，也是广泛的，通常涉及地质、地貌、气候、水文、生态、环境、考古、历史、建筑、地理、园林、哲学、宗教、民族和文化等多个领域的科学研究价值，而且对这种价值的利用自古有之，中外有之。

轿子山上遗留的冰川遗迹和古地貌遗迹为地质学者的研究提供了依据，同时山上的珍稀动植物保护区又为很多动植物专家和学者的科学研究提供了天然的基地。

2. 教育启智

教育启智具体又可以包括科普教育、启迪智慧两方面。

（1）科普教育

人们透过自然、文化景观的表象，深层次地了解到产生轿子山遗迹景观的自然、文化背景，这就是科学普及。

（2）启迪智慧

轿子山千变万化的自然风景和丰富多彩的遗迹景观，不仅以其优美的造型、绚丽的色彩、深厚的文化底蕴给人以美的享受，还启发人们不断地探索蕴藏其中的奥秘，寻求事物的客观规律。

3. 旅游休闲

自然遗迹地有着良好的生态环境、优美的自然风景、丰富的文物古迹，因而成为广大人民群众向往的游览观赏之地。随着生活综合水平的提高，人们在工作之余游山玩水，获得身心休息和锻炼，陶冶性情，已经逐渐成为精神生活的重要组成部分。自然遗迹地的旅游更是得到了前所未有的发展，轿子山保护区作为第四冰川遗迹的代表性景区之一，应该要充分地利用自然遗迹带动旅游的发展。

5.3.3 间接衍生价值

由于自然遗迹的间接衍生价值主要存在于遗迹地界限范围以外的遗迹地区域，因此这是一种将自然遗迹当作一个“点”而更好地带动遗迹所在区域这个“面”发展的重要途径。这种价值的产生多缘于本区知名度的提高和更多的人员、信息、资金流动，尤其是旅游活动的开展。内容涉及经济、社会等方面，具体可以概括为产业优化和社会促进两方面。

1. 产业优化

遗迹地通过知名度提高、吸引外来资金、旅游业发展及相关产业发展而促进整个地区的经济总量增长。

2. 社会促进

遗迹的社会促进价值表现在给遗迹所在地区带来社会知名度的提高、城镇建设的发展、基础设施的完善、文明的进步和综合环境的改善等方面。

5.4 自然遗迹的保护

自然遗迹是大自然遗留给人类的珍贵而不可再生的遗产。对自然遗迹的保护是人类可持续发展的重要内容之一，保护自然遗迹对于科学研究和人类的文化发展有着重要意义和价值。

轿子山自然保护区地处人文、社会、经济高度发达的滇中地区，历史悠久、文化底蕴丰富、民族众多，早在四五千年前，就有人类在这里繁衍生息。轿子山因其特殊的地理位置和神奇迷人的自然景观而蜚声中外，其资源价值在国际、国内具有独特性和稀有性，综合价值较高。保护区环境独特、自然资源丰富，因此，在保护好轿子山自然生态环境的大前提下，要积极探索保护与利用相结合之路，提高保护区自养能力，为促进当地经济尤其是保护区周边社区的社会经济发展做出贡献。此外，轿子山自然保护区是距离云南省省会昆明市最近的自然保护区，距昆明市区仅167km，交通便利，是省内各大专院校和中小学校开展科普教育和教学实习的理想基地。建立国家级保护区，可提升保护和管理水平，加大保护管理力度。保护好轿子山的自然资源和生态生境，相当于在我国的一个中心城市边上建立了一个庞大的物种基因库，在科学研究、科普和宣传教育及提高公众生态保护意识等方面具有多重意义。

5.4.1 加强法制建设、依法保护的原则

自改革开放以来，我国有关调整自然遗迹资源保护的法律构架体系已初步形成，分别为：法律（国际法）——《生物多样性公约》，我国政府于1992年6月11日，在“联合国环境与发展大会”上签署；法规——《中华人民共和国自然保护区条例》（中华人民共和国国务院令第167号），于1994年10月9日发布；规章——《自然保护区土地

管理办法》于1995年7月24日发布，《地质遗迹保护管理规定》于1995年5月4日发布；政策性文件——《中国自然保护纲要》（国务院“（87）国环字第005”号），于1987年5月22日下发；技术法规——《自然保护区类型与级别划分原则》（GB/T 14529—1993），于1994年1月1日发布实施；《国务院关于加强自然文化遗产保护的通知》于2005年发布；第41号《世界自然文化遗迹保护管理办法》于2006年发布实施。这一系列法律、法规、规章和技术法规就是目前自然遗迹资源保护的依据。但同时，从法律体系的结构、执行和适用法律，即执法和司法的可操作性的角度来看，这一法律构架体系还需要进一步完善，它还缺少国家立法（国内法），即自然遗迹资源保护的特别法，缺少适合于轿子山的地方性法规。当前，对建立自然遗迹保护区所需机构、人员编制和经费的来源及相应的权利和义务都亟待以立法的形式确定下来。自然遗迹资源保护的法制建设包括立法、执法、司法和法制宣传教育4个方面。在加快立法的同时，还须加强行政执法队伍的素质建设；加强司法工作，对于严重破坏自然遗迹资源保护的行为给予及时、有力的法律制裁；加强宣传教育工作，使法人、社团和广大公民了解、懂得自然遗迹资源保护的法律、法规，正确地行使所拥有的权利，认真履行所承担的义务，自觉守法，参与法律的实施。

5.4.2 积极保护、统一规划、合理开发的原则

政府应该将自然遗迹资源保护纳入地方经济和社会发展计划。要处理好地方经济建设和自然遗迹资源保护的关系，保护的目的是创造良好的工作、科研和生活环境，促进经济和社会的可持续发展。开发自然遗迹资源时，应在保护的前提下，在充分调研的基础上，因地制宜制定具体的、符合实际的保护和开发规划，提高开发利用的预见性，避免盲目性，确保自然遗迹资源的永续利用。

5.4.3 调动多方面积极性参与保护的原则

要注意自然遗迹资源的多种效用与开发利用、保护等方面的关系，协调好各部门、各地区在经济和社会等多方面的关系，调动多方面积极性参与保护自然遗迹资源，达到综合开发和保护的目的。对于投资保护自然遗迹资源的法人、社团或公民应给予政策上的优惠和扶持，使得投资人能够因此获得利益，实施的具体保护措施如下。

1）划界竖牌保护。对滇中地区少有的第四纪冰川遗迹、地质地貌遗迹和珍稀动植物保护地进行针对性的划界竖牌保护，可以为滇中地区的地质和珍稀动植物科考、教学提供丰富的教学场所。

2）制定旅游开发限制措施。对保护区范围内第四纪冰川遗迹、地质地貌遗迹和珍稀动植物保护地的旅游开发必须提出严格的限制措施和明确的保护策略。

3）处理好保护与开发利用的关系。合理地协调轿子山各个管理部门及周边社区自发地对自然遗迹地进行保护，做好宣传工作，普及相关知识。

保护好自然遗迹资源，体现着社会的文明与进步。必须承认自然遗迹是一种资源，它与人类的精神生活、文化生活和经济生活紧密相连。保护好自然遗迹资源，就是当代人给子孙后代留下了一笔无价的社会财富。因此，轿子山当地负有管理职能的各级地质矿产行政主管部门和政府其他主管部门需要奉行和坚持以上保护原则，认真关注、切实做好轿子山自然遗迹资源保护的工作。

第6章 旅 游 资 源

轿子山自然保护区是一个以自然保护为主，同时兼具科学研究、教学实习、宣传教育、生态旅游等多功能的自然保护区。通过对轿子山自然保护区及其周边地区进行的深入考察调研和大量资料查阅，以国家2003年发布的《旅游资源分类、调查与评价》（GB/T 18972—2003）为依据，对轿子山自然保护区旅游资源进行系统分类，本旅游区的旅游资源共分为4个主类、18个亚类和33个基本类型。由此可见本资源开发区资源类型丰富，组合良好，详见表6-1。

表6-1 轿子山自然保护区旅游资源类型表

总类	主类	亚类	基本类型	单体名称
自然游憩资源	A 地文景观	AA 综合自然旅游地	AAA 山岳型旅游地	轿子山、落鹰山
			AAE 奇异自然现象	红土地
			AAG 垂直自然地带	山地植被垂直分布带，从山脚到轿顶依次为干热河谷硬叶常绿林、半湿润常绿阔叶林、中山湿性常绿阔叶林、温凉性针叶林、寒温性针叶林、寒温草甸、流石滩灌丛
		AC 地质地貌过程形迹	ACB 山峰	雪岭、轿子山主峰、马鬃岭、火石梁子
			ACD 石林	小白岩石林、七星塔、石芽原野、双乳峰、栅状塔林、五面红旗、玄武地龙、恋人窝、小石林、下石城
			ACE 奇特与象形山石	乌龟石、大佛石、独角石、石将军、神龟探海、猩猩岩、睡佛观音山、佛头山、猴头山
			ACF 岩壁与岩缝	一线天、月亮岩、轿子山绝壁、白石岩、圣天门、箐门口、黑沙门
			ACH 沟壑地	磨池沟、好汉坡、背风窝
			ACL 岩石洞与岩穴	燕子洞、三阳洞、老岩洞、岩屋洞、君子洞
		AD 自然变动遗迹	ADG 冰川侵蚀遗迹	大海、小海、木梆海、妖精塘、月亮岩冰川谷、冰碛堤、角峰、刃脊、牯牛岭、双塘子、木梆海
	B 水域景观	BA 河段	BAA 观光游憩河段	晓光河源头河段、杜鹃花溪
		BB 天然湖泊与池沼	BBA 观光游憩湖区	大海、小海、妖精塘、精怪塘、木梆海、双塘子、冰斗湖
			BBC 潭池	绿谷仙潭

续表

总类	主类	亚类	基本类型	单体名称
自然游憩资源	B 水域景观	BC 瀑布	BCA 悬瀑	舒姑槽子瀑布、花溪冰瀑、滴水崖瀑布、彩色瀑布、双叠瀑布、姐妹瀑布、天来瀑布、飞来冰瀑、莲花冰瀑、叠水岩瀑布、三岔箐瀑布
			BCB 跌水	大厂至新发村河溪流跌水、岔河溪流跌水
		BD 泉	BDA 冷泉	缩泉、冒天水
		BF 冰雪地	BFB 积雪地	轿子山、雪岭
	C 生物景观	CA 树木	CAA 林地	大黑箐冷杉杜鹃林区、大厂原始冷杉林区、千亩玉竹林、林海玉龙、哈衣垭口冷杉林区
			CBA 丛林	傲骨林
		CB 草原与草地	CBA 草地	木梆海草甸、神仙坝草甸、大干海草甸、小干海草甸、大厂草甸、茅坝子草甸
		CC 花卉地	CCA 草甸花卉地	轿子山高山草甸花卉
			CCB 林间花卉地	晓光河源头两岸杜鹃花海、月亮岩至轿子山东侧杜鹃花海
		CD 野生动物栖息地	CDB 野生动物栖息地	温凉性针叶林、寒温性针叶林、半湿润常绿阔叶林、中山湿性常绿阔叶林、山顶苔藓矮林、寒温灌丛、暖温性竹林、寒温草甸
		CE 珍稀生物	CEA 植物	须弥红豆杉、金铁锁、西康玉兰、异颖草、金荞麦、攀枝花苏铁、丁茜
			CEB 动物	林麝、中国穿山甲、豺、黄喉貂、水獭、大灵猫、小灵猫、斑灵狸、金猫、中华鬣羚、川西斑羚、水獭、斑灵狸、金猫、中华鬣羚、川西斑羚、黑翅鸢、红瘰疣螈、云南闭壳龟、黑眉锦蛇
			CEC 菌类	松茸
		DA 光现象	DAB 光环观察地	佛光崖
		DB 天气与气候现象	DBA 云雾多发区	温凉性针叶林、寒温性针叶林、半湿润常绿阔叶林、中山湿性常绿阔叶林、山顶苔藓矮林、寒温灌丛、暖温性竹林、寒温草甸
人文旅游资源	H 民俗文化景观	HB 艺术	HBB 文学艺术作品	轿子山传说、天池传说、妖精塘传说、铜文化，具体大学作品：《六祖分支》《九子射日》《洪水神话》《铜的冶炼》《法嘎王》《雪山集》《蒙岳记》《惠湖积雪》
		HC 民间习俗	HCB 民间节庆	火把节（农历六月二十四）、花山节（农历五月初五）、插花节（农历二月初八）、丰收节（农历六月初六）
			HCD 民间健身活动与赛事	斗牛、打跳、对歌、赛马
			HCH 特色服饰	彝族、苗族、回族服饰
		HD 现代节庆	HDD 体育节	轿子山翻越挑战赛

轿子山 33 个基本类型旅游资源中，自然景观 28 个，占资源总数的 84.85%；人文景观 5 个，占资源总数的 15.15%。从总体上看，资源开发区内自然旅游资源和人文旅

游资源都很丰富，资源的组合性好，而且部分具有一定的独特性和垄断性，具有很高的开发价值。

6.1 自然旅游资源

轿子山自然保护区以稀有的第四季冰川遗迹地貌景观和完善的原始生态为特色，其自然资源可以用“地貌奇观、高山湖泊、雪山冰瀑、杜鹃花海、原始森林”概括。

6.1.1 地貌景观

高山地貌景观为轿子山自然保护区的本底性资源，该类风景资源是轿子山造景因子中的骨架部分，由此形成轿子山自然保护区以下地貌特点：山顶为高山剥蚀面，裂点之下为深切峡谷，从峡谷向上看群峰拔地而起，而登上剥蚀面则地势相对平缓，上下变化剧烈，十分壮观。主要风景资源包括轿形山、轿顶、小珠峰、一线天、五面旗、玄武地龙、石将军、V形峡谷、冰川遗迹、独角石、乌龟石、冻融石柱、普渡神龟、栅状塔林等，较有代表性的如下。

1）轿子山“轿形”。从轿子山东部大海草甸一带往西抬头仰视，轿子山的陡崖组合成一个有如扶手及椅背的轿子，轿子山就因此而得名。

2）五面旗。从大黑箐后龙抬头——佛光顶等所在的5个从北向南依次递降的山峰，由西往东眺望这5个山峰连成的山脊线和其向西倾缓的山坡面，就像五面重叠的迎风招展的大旗，此景即称五面旗。

3）玄武地龙。原为最后一次喷发的玄武岩岩浆凝固而形成的岩梁，后受一条走向70°的小断裂带的切割及流水的冲刷，岩梁就成了一道走向20°，长80～90m，宽5～8m，好像爬行于花溪谷中的走龙状陇岗。

4）将军石。为小珠峰岩层崩落形成的4～5m高和周长在7～10m，甚至10m多的大石块，在冰川、流水的冲刷和风化作用下，这些大石块就成为耸立于夷平面之上陡崖旁的一块块威武的将军石。

5）V形峡谷。普渡河大断裂带是张裂性的大断裂带，后来随着降水向沟槽的汇聚，冲刷、搬运走了破碎疏松的沉积物，河谷逐渐形成；又由于北部金沙江河谷的地势相对较低，普渡河河谷有了相对较大的比降，这就使河水流速更快，下蚀力更大，进一步塑造了V形峡谷。

6.1.2 湖泊溪流

轿子山湖泊的形成源于第四纪时期的冰川作用，第四纪时期这些凹陷部分积累的冰川较厚，地面受到的下挖刨蚀力也较大，湖盆地形也就逐渐形成。后来，随着气温升高、冰雪融水，以及大气降水，汇于凹陷处，也就形成了山顶夷平面上的湖泊。现有的大小冰蚀湖群有二十几个，主要分布在轿子山海拔 3 800～4 100m 的地段，面积大小不一，较著名的有大海、木梆海、精怪塘、双胞海等。

此类风景资源是轿子山最具有灵性和神奇色彩的主体景观，也是轿子山区别于云南省其他高原名山的重要特征。

1）天池：位于轿顶主峰西北的缓坡上，海拔 4 070m，湖面似三角形，湖水清澈透明，四周山青水秀，景色迷人。尤其在阴雨天，可以欣赏到“雾锁山头山锁雾，天连水尾水连天”的胜景；冬季湖面封冻，四周白雪环抱，一派北国风光。关于天池还有天池神雹、天池神话等的传说。

2）木梆海：位于天池南面，海拔 4 023m，比天池稍小，四周有玄武岩冰蚀低丘环绕，天气晴朗时可见山丘倒影，附近环境幽静，景色优美。冬季湖面冰冻，可以进行冰上运动。

3）精怪塘：位于花溪上源，塘水深绿，塘边水草较多，远看似乎是高原沼泽草甸。相传塘中有一女妖精藏身于深水中，如遇见年轻小伙子走到塘边，若她相中，便把小伙子拉入水中与其做终身伴侣，故称精怪塘。

轿子山自然保护区内主要溪流为花溪，发源于轿顶附近的木梆海，其下游称为乌蒙河，源头到大高桥的一段溪流，长约 4km，从东北向西南流淌，呈树枝状或羽状，有众多小支流汇入其中。整个流域处于风景区内相对低洼的大黑箐至大高桥处，森林植被完好，四周隆起，集水条件好，为一集水盆地。因此，花溪水源充足，一年四季流水不断，多年平均径流为 2m³/s。河床平均比降为 32‰，最大可达 89‰。河谷呈 V 形，因地壳上升导致河流下切，多陡坎、断裂，形成叠瓦状的断层山坡和多级跌水、急流、瀑布等。

6.1.3 雪山冰瀑

轿子山自然保护区精怪潭至大高桥共有瀑布 6 个，跌水 25 处。轿子山上的陡崖较多，溪流流过陡崖处，也就形成了瀑布，较有代表性的有密天瀑、鹃花四瀑、双叠瀑、叠水岩瀑布、姐妹瀑布、峡谷瀑布等。

轿子山山顶主峰区海拔在 4 000m 以上，为典型高寒山区，属于寒温带气候，最高气温 13.6℃，最低气温-18℃，年均温 2～6℃。由于轿子山冬季气温均在 0℃以下，积雪年年出现，最早于 10 月中旬开始出现，最晚在 6 月初还有短时积雪出现。其中 11 月末至次年的 3 月初为长期积雪期，在这 3 个月内，整个轿子山白雪茫茫、无边无际、山峰白雪皑皑、晶莹闪亮，形成雪压苍松、冰封大地、银装素裹的冰雪世界，这是轿子山冬季自然景色的一大奇观，美妙绝伦。在轿子山分布许多千姿百态的高山瀑布，落差几十米至上百米，夏天，这些瀑布银帘飞泻，云雾缭绕。寒冬季节，瀑布从上至下被“凝住”，形成冰挂，宛如巨大的汉白玉雕塑，形态万千。其冰蚀湖、冰瀑被称为研究现代冰川运动的活化石。

6.1.4 原始森林

轿子山自然保护区分布海拔范围最宽的是温性针叶林（温凉性针叶林和寒温性针叶林），分布海拔范围2 700～3 900m，海拔跨度达到1 200m，而且分布面积较大。这是轿子山自然保护区山地垂直带上最主要的植被类型。寒温灌丛和寒温草甸分布的海拔范围也超过1 000m，分布的面积很大，同样是轿子山自然保护区山地垂直带上最主要的植被类型。

同时，轿子山保存有滇中最大的原始冷杉林，多为经过冰期幸存下来的古老孑遗植物，也是滇中地区森林生态系统保存比较完整的地方。轿子山原始森林枝叶苍黑如盖、遮天蔽日，林中弥漫湿气、雾气和树脂的芳香，置身林间，脚下踩着深厚柔软的苔鲜落叶，鼻子嗅着芬芳潮湿的空气，耳朵听着松涛与鸟语，身上拂着野林山风，眼中看着葱郁林木，使人有种超凡脱俗的感觉，是游人“森林浴”的好去处。

此外，轿子山还广泛分布有牧场草地，这些草地是植被破坏和开垦后出现的次生植被类型，多由蔷薇科、菊科和乔科植物组成，既是天然的牧场草地，又是天然的草坪花园，具有较高的观赏游玩价值。轿子山的高山草甸，6月开始复苏，呈现一片嫩绿景观；7—8月是高山草甸的花期，五颜六色；9月是禾本科和莎草科植物的花期，洁白淡雅；10—11月一片枯黄；12月至次年5月被冰雪覆盖。因此，高山草甸最美丽动人的季节是7—8月。应将轿子山的高山草甸景观作为每年7—8月份吸引游客的主要风景资源之一。

6.1.5 杜鹃花海

轿子山地区有32种杜鹃，在大黑箐一带保存有近万亩完好的红毛杜鹃花纯林。各类杜鹃花在2—7月相继开放，每到花季，满山遍野，绚丽灿烂、姹紫嫣红，成了花的海洋。杜鹃花海是轿子山最具吸引力的景观之一，轿子山自然保护区拥有杜鹃花属植物达20余种，为滇中地区杜鹃花种类数量之冠。从观赏的角度，轿子山的杜鹃花有高山杜鹃灌丛、大树杜鹃林两类。杜鹃灌丛和杜鹃林的观赏价值在于它的花期，轿子山杜鹃灌丛和杜鹃林的花期连绵4个月，每年4—7月是轿子山杜鹃花海的盛花季节，具有花期花量大、繁花似锦的特点，构成美丽斑斓的高山花卉世界。

6.1.6 代表性资源敏感性评价

旅游资源敏感性是指在不损失或不降低旅游资源质量的情况下，旅游资源因子对外界压力或变化的适应能力。本书遵循生态因子选取的可计量性、主导性、代表性和超前性等原则，采用定性和定量相结合的方法，选取地貌、坡度、植被、水域和土壤等作为资源敏感性评价的生态因子，使用生态敏感性评价模型对轿子山自然旅游资源进行了资源生态敏感性评价，将其划分为极敏感、敏感、一般敏感3个等级和整体评价、不同利用类型评价两部分，见表 6-2。

表 6-2　轿子山代表性资源敏感度评价一览表

资源类型	整体评价	不同利用类型评价					
		采集	放牧	薪炭砍伐	游览	狩猎	采矿
高山地貌	敏感	一般敏感	敏感	敏感	敏感	敏感	极敏感
悬崖峭壁	一般敏感	敏感	一般敏感	一般敏感	敏感	敏感	极敏感
溪流瀑布	敏感	敏感	敏感	一般敏感	敏感	一般敏感	极敏感
冰蚀湖群	敏感	一般敏感	敏感	敏感	一般敏感	敏感	极敏感
高山植被	敏感	敏感	敏感	敏感	极敏感	敏感	极敏感
高山草甸	敏感	敏感	一般敏感	敏感	敏感	一般敏感	极敏感
特色植物	一般敏感	一般敏感	敏感	极敏感	一般敏感	一般敏感	极敏感
珍稀动物	极敏感	一般敏感	极敏感	极敏感	敏感	敏感	极敏感
南国冰雪	一般敏感	敏感	一般敏感	敏感	一般敏感	敏感	极敏感

资源敏感度包含以下两方面内容。

1）资源自身的形态、规模等属性是否容易受外界影响而导致破坏。

2）资源被破坏后是否容易恢复到原有状态。

轿子山资源敏感度分为以下几个等级。

1）极敏感。极其脆弱，一定范围内的接近即可导致资源属性的破坏，或在造成破坏后资源极难恢复。

2）敏感。较小程度的进入或贴近即可导致该资源属性的破坏，或在造成破坏后资源难以恢复。

3）一般敏感。一般的进入或贴近基本不会导致该资源属性的破坏，或在造成破坏后资源较易恢复。

6.2　人文旅游资源

6.2.1　人文历史

1. 彝族古籍

轿子山自然保护区现珍藏的彝族相关古籍有《指路经》《凤氏家谱》《六祖史》《光辉的驱邪安福经》《彝族风情古歌选》等。

在彝族典籍《指路经》中，轿子山被称为“木阿落白”。“木阿落白”是彝语地名的汉语音译，“木”为天、“阿”为高、“落白”为雪山，即今轿子山。“木阿落白”是彝族的发祥地之一，是彝族人灵魂回归的地方，因此，“木阿落白”的诵经音韵，为轿子山涂上了宗教文化色彩。

2. 彝族法戛王传说

在轿子山自然保护区，法戛及有关法戛王的传奇性故事有着广泛而深远的影响。法戛，全称“法戛咪”，为彝语音译，地域名，汉语对译为“岩子头上的地方”，所指的地理范围为今禄劝雪山乡下石城村所在的部分区域，地处轿子山北麓。由于法戛王过人的胆识和才智，加之悲壮的反抗经历，法戛王禄天佑不但被后人视为一个勇猛刚强、谋略过人的彝族英雄，而且被传奇成一个能日行千里、呼风唤雨、撒豆成兵、隔山打虎的神话人物。禄劝民族歌舞团曾以禄天佑的民间传说为主要创作依据，编导、排演了大型彝族民间故事剧《法戛王》，在社会上引起了强烈反响。

3. 东封成岳

山高而称岳，是因为“王者之所以巡狩所至也”，这显然有着统治区域分野的意味。历史上，轿子山地处武定府和东川府交界处，并一度由东川所辖，而东川又处于滇蜀两省接壤之处。故南诏政权在发展壮大和扩张势力的过程中，禄劝、东川一带地区就成为南诏政权势力由楚雄经禄劝向四川方向扩张的重要地区，而轿子山又正好处于这一地区的核心位置。因此，轿子山特殊的地缘环境和自然条件，使南诏政治集团将其视为统治势力边缘范围的重要标志和可攻可守的军事要隘，这是轿子山东封成岳的深层原因。

4. 学者名人

1）张仕敬（1687—1760），字严庵，一字觉夫，彝族，云南省禄劝县转龙镇桂泉人，清康熙庚子（1720 年）科武举人。雍正五年（1727 年）冬，因屡著战功，官授都司佥书后，非其所乐，张氏谢绝官禄，“杜门索诵，不关人事，好宋儒周邵程张书，探讨至忘寝食，晚精于易，恍然有得”。

张仕敬酷爱轿子山，最早登临轿子山，并对其倾心歌咏，以武功成名并功成身退，晚年隐居于轿子山下，以山名为其号，时人呼之为张雪山。其著述结集亦以号为名，曰《雪山集》，开禄劝境内文人创作结集成书之先河。现存的诗词作品有古体诗《乌蒙山》和近体诗《咏雪山》《心体诗》《六十初度》诸篇。诗文集今已散佚，但从现存各种志书的存录文献中仍可窥其创作成就之豹斑。

2）檀萃（1725—1806），字岂田，号默斋，晚年亦号白石、废翁，安徽省望江县新坝乡人，清乾隆二十六年（1761 年）进士，选任贵州青溪县知县，乾隆四十三年（1778 年）任禄劝县知县。檀萃“性嗜学爱民，教士谆谆不倦”。乾隆四十六年（1781 年）后“权知元谋”，乾隆四十九年（1784 年）因派运滇铜往京途中翻船，遂至罢官流放，遍历滇中。

檀萃学识渊博，素有江南才子的美誉。其历滇数十年，著述等身，其中，《农部琐录》是云南地方史上极重要的著述之一，为后人研究明末清初的云南彝族社会形态、政治状况、经济环境、文化氛围提供了翔实的资料。以考证轿子山的历史及描绘其神秘景观的《蒙岳记》为《农部琐录·水》的开篇之作，足见其对轿子山生态影响力和地位的重视。

6.2.2 民族风情

轿子山所处的区域为彝族、苗族的聚居区，此外该区域还居住着傈僳族、傣族、壮族、哈尼族、回族等少数民族。彝族是禄劝县的世居民族，禄劝县是彝族较早繁衍生息的地区之一，因而轿子雪山风景区具有多彩的民族文化背景。

1. 火把节

彝族关于火把节的传说，实际上是以游牧为主转为以农耕为主之后，新的文化形态对原有文化形态的扬弃。彝族地区素有“火之故乡”的美誉，彝族人民能歌善舞，秉承先人千百年传承下来的音乐舞蹈传统和口头艺术，在火把节习俗形成的歌调、传说乃至史诗表演等也当属“人类口头及非物质文化遗产”中的一宗重要传承。农历六月二十四日举行火把节，是彝族传统节日，又称星回节，素有“星回于天而除夕”之说，相当于彝历的新年。火把节的主要活动在夜晚，人们或点燃火把照天祈年、除秽求吉，或烧起篝火，兴行盛大的歌舞娱乐活动。火把节期间，还要举行传统的摔跤、斗牛、赛马等活动。斗牛的彝语为“牛顶”，彝区斗牛是牛跟牛斗。在火把节期间，将方圆几百里较有名的公黄牛赶到斗牛场来决出高低，场面壮观，已成为火把节不可缺少的一项民族活动。火把节的赛马方法是在草坪上修一个圆圆的大跑圈，让参赛的骑手骑上各自的马匹，预备在起跑线上，等待着发出的哨令，同时策马直追，最后以第一个到达终点者为胜。

2. 罗婺神鼓

“罗婺神鼓”源于禄劝县彝族、苗族传统的“依得”盆鼓舞，是彝族人民传统文化习俗——百年“祭祖大典”中的祭祀舞蹈和重大喜庆活动的礼仪舞蹈。运用一面大中心鼓和五面护生鼓，来演绎彝族“六祖分支”的历史进程。用众多小盆鼓反映广大人民群众在与大自然做斗争的过程中不断成长，创造历史、创造生活财富的信心和勇气。鼓舞塑造了积极向上、昂扬进取的民族精神面貌。“罗婺神鼓”通过红、黑、白三色和特色鲜明的彝族图腾“老虎”等民族图案来诠释。“罗婺神鼓”有着深厚的民族文化内涵，一是祭祀和朝拜，因而鼓点庄重肃穆；二是歌颂吉祥，祈求风调雨顺、五谷丰登，所以鼓声热烈欢快。“罗婺神鼓”将宗教礼仪和娱乐活动融为一体，它的创作和流传是彝族历史文化的一部分，紧紧维系着彝族人民的精神家园。

3. 跌脚舞

跌脚舞是彝族人民的特色自娱性集体舞蹈，彝语为“估走”（汉文史志称为“踏歌”），隶属彝族古老的舞种之一，以脚的动作为主要动律，分为一至八脚的集体舞和模拟动物舞两大类。从表演看，跌脚舞属载歌载舞型的民俗舞蹈。通常，舞蹈在彝族月琴的伴奏下，所有女子均用清脆的假声为之伴和。曲调一般采用彝族传统民歌，此类乐舞具有节奏明快、跳跃、旋律优美、动听等特点，常使人感到喜气洋洋，是禄劝县和武定县讨亲嫁娶、逢年过节等喜庆场合必不可少的主要娱乐活动。在民族村寨，不管谁家操办喜事，本村及邻近村寨的人，到了晚上就会不请自来，汇聚到一起，放歌起舞，为之助兴。

4. 八简舞

八简舞即8个民族的简化舞蹈。为配合云南推广八简舞，转龙镇率先在全县举行八简舞比赛，以提高群众的民族歌舞水平。

5. 口弦

口弦是中国乐器中体积较小的一种，也是中国历史最悠久的少数民族乐器，又称响篾、篾簧、口簧，是一种深受少数民族同胞喜爱的小巧乐器。彝族人的口弦历史悠久，传说是一个勤劳善良的母亲为了怀念和纪念自己不幸早逝的两个女儿，从高山之巅取来最坚强的竹子，自己制作了两片薄薄的竹弦，象征她的两个女儿永远依偎在自己的身边。彝族口弦，彝语为“红火”，是一种彝族特有的民间乐器，彝族口弦与其他民族的口弦，无论是制作工序、形成、弹奏、颜色还是外观都不尽相同，凉山彝族的口弦独具一格，与众不同。旧时，相互爱慕的彝族青年男女对弹口弦传情，以口弦相赠为定情信物。彝族口弦有93调之多，有表现爱情的，有表现生产生活的，还有舞曲。

6. 月琴

月琴是从阮演变而来的乐器。自晋代起就在民间流行，约从唐代起就有月琴之名，取其形圆似月、声如琴。月琴在彝族、哈尼族和苗族等少数民族人民的音乐生活中占有重要地位，又称“弦子”，是云南少数民族男子的必备之物。在彝族地区，月琴是民间歌舞的主要伴奏乐器，它还为20世纪50年代诞生的彝剧伴奏。月琴有圆形和椭圆形两种。琴头大都被雕成一个龙头并饰以龙须。琴的正面板上雕龙刻凤，有的还在琴面正中镶上一面小圆镜。月琴不仅是打歌时不可缺少的伴奏乐器，又是小伙们抒发情感的工具。小伙们常用优美的琴声去吸引自己心爱的姑娘。彝族人有名俗语，“响篾是姑娘的心声，弦子是小伙的伙伴。”

7. 周日赶集

赶集主要指在曾经商品经济不发达的时代或地区遗留下的一种贸易组织形式，又称市集。云南省许多少数民族都有赶集日，每逢赶集日，禄劝县翠华乡、九龙沟、乌蒙山、雪山乡及寻甸县的倘甸镇、凤仪乡，东川区的法者乡等邻近乡镇的上万名群众云集转龙镇赶集，集市上的商品也是琳琅满目、丰富多样，以农副土产和日用品为主。赶集已成为这一地区重要的民间交易活动。赶集期间还会穿插进行具有民族风味和地方气息的民间艺术表演。

8. 民族服饰

彝族、回族等的服饰都是极具特色的民族服饰，既体现了当地的民族特色，也可作为旅游商品进行出售。

彝族服饰款式繁多，一般男女上衣右开襟，紧身，袖口、领口、襟边都绣有彩色花边。身披羊毛织成的斗篷“擦尔瓦”，颜色多为黑色或羊毛本色。下装男女有所不同，男子又有 3 种不同大小的裤脚，最大的可宽达 2m，最小的仅能包住脚颈。女子下装为“其长曳地”的百褶裙，是由几种不颜色的布料连接起来的，缝合处粘贴花边，绚丽多彩，十分漂亮。

回族服饰的主要标志在头部。男子们都喜爱戴用白色的圆帽。回族妇女常戴盖头。服装方面，回族老汉爱穿白色衬衫，外套黑坎肩（又称“马夹”）；回族老年妇女冬季戴黑色或褐色头巾，夏季则戴白纱巾，并有扎裤腿的习惯；青年妇女冬季戴红、绿或蓝色头巾，夏季戴红、绿、黄等色的薄纱巾。山区回族妇女爱穿绣花鞋，并有扎耳孔戴耳环的习惯。

傣族人在生活习俗、宗教信仰等方面融合了中原和印度及中南半岛诸国文化。傣族男子多穿圆领大襟或对襟小衫，下着长裤，白布或蓝布包头。妇女穿长筒裙和短衫，梳各种发式。傣族人民崇拜孔雀和大象，常将孔雀和大象的图案编织在衣物上。

哈尼族男子上穿对襟衣、下着长裤，用黑布或白布包头。妇女服饰主要为棉布的衣裙和长、短裤。哈尼族无论男女老幼都喜欢穿青色衣服，有的地方甚至每洗一次衣服都要用蓝靛将衣服再染一次。男子头饰、服装装饰均简单，头缠包头、身穿布衣，最多银币做扣，以为装饰。妇女则不同，发式有单辫、双辫、垂辫、盘辫之区分，装饰物有年龄、婚嫁、生育、节庆的不同。

傈僳族男女服饰都是麻布长衫或短衫，裤长及膝，膝下套“吊筒”。有的以青布包头，有的喜蓄发辫于脑后。一些富裕家庭的男子，左耳戴一串大红珊瑚，以示在社会上享有荣誉和尊严。

6.2.3 传说和神话

轿子山自然保护区的自然景观都富含优美的传说和动人的神话，独特地貌形成的山林、山峰，湖泊、泉瀑、怪石、峭壁、幽洞等奇特景观都拥有许多动人的民间传说，这些是旅游时最好的精神享受，也是使游客神往的最好向导。轿子山几乎是一景一个故事，一物一个神话，一水一个传说，因而轿子山也是一个神话传说之山。

6.3 旅游资源管理方针

轿子山自然保护区内优质而多样的自然景观和人文景观资源是当地经济发展的重要引擎，更是实现生物多样性保护、实现可持续发展的基石。因此，作为保护区资源的管理者和守护者，必须按照相关法律法规，对区内开展的旅游活动进行依法管理，决不能片面地追求旅游的效益而忽视对保护区生态环境的管理，一定要避免大规模的旅游活动带来的生态灾难。保护区管理者在这方面一定要给予足够的重视，制定适度可行的旅游管理资源开发项目。

1）在保护区内开展旅游活动，必须严格遵守《中华人民共和国自然保护区条例》的规定，旅游活动范围严格控制在实验区内。制定保护区旅游管理条例，控制旅游点的设置规模，规定审批单位及其权限，明确管理单位及其职责。

2）对于在实验区内已开展的旅游活动，轿子山自然保护区管理局要充分发挥管理者的作用，必须加强监督管理。对进入景区旅游的人数进行严格控制，对游客在保护区内的行为进行监控，加强景区内防火和生态环境保护的监管工作。

3）对新建旅游项目，必须进行自然保护区生态旅游项目专项资源开发设计，对旅游路线、范围、环境容量、游客流量等做科学测算，确保专项旅游资源保护项目服从保护区生态环境保护要求。专项旅游资源保护项目必须经过相关的自然保护区主管部门批准，没有经过主管部门批准和不符合旅游资源保护项目的旅游活动，将被严格禁止。

4）认真贯彻执行有关环境质量标准、污染排放标准等环境标准的规定，把环保工作列为保护区旅游目标管理的重要内容之一，强化环境质量责任制。并委托保护区所涉及的县环境保护机构，对保护区特别是旅游区内的生态环境进行监测，以便及时改进保护措施。

6.4 轿子山旅游资源开发利用

轿子山自然保护区地处人文、社会、经济高度发达的滇中地区，历史悠久，文化底蕴丰富，民族众多，早在四五千年前，就有人类在这里繁衍生息。轿子山因其特殊的地理位置和神奇迷人的自然景观而蜚声中外，其资源价值在国际、国内具有独特性和稀有性，综合价值较高。保护区环境独特、自然资源丰富，因此，在保护好轿子山自然生态环境的大前提下，要积极探索保护与利用相结合之路，提高保护区自养能力，为促进当地经济尤其是保护区周边社区的社会、经济发展做出贡献。

6.4.1 开发原则

1. 保护优先

轿子山风景名胜区管理建设的根本目标，是在资源充分有效被保护的前提下的合理利用。风景名胜区和自然保护区都突出强调“保护第一”的原则。自然保护区以自然资源为主体，限制人为活动，相对而言保护措施更为严厉；风景区一方面强调保护独特的自然风光和优秀的人文景观，另一方面展示风景区所在地区独特的自然风光及人文景观，是在保护的基础上对资源进行展示，资源主体不仅有自然资源还应有人文资源。由于轿子山自然保护区范围内已经开展旅游活动，但为了避免旅游活动给自然保护区带来新的影响，应该在对现有景区实施有效监测的基础上进行客观的评估后有计划、分年度实施其他区域的旅游开发，尤其应该对现有索道下方的急尖长苞冷杉林进行监测。

2. 社区受益

保护区自然资源保护的有效性与社区经济的发展有着极其密切的联系，只有在保护区与社区的经济得到壮大、社区居民受益并得到共同发展时，才能使保护区实现人类与自然的和谐共处。当地社区受益的内容广泛，包括社区参与、机会公平，解决社区就业、提供经济补偿、改善社区基础设施、帮助社区提高教育文化水平等。

在不影响环境质量的条件下，建立符合自然保护区保护要求的市场准入机制，重点引入具有一定实力的住宿、休闲、餐饮等企业进驻建设与经营，提高档次与服务水平。在何家村等周围村落社区进行社区旅游开发，以旅游促进产业转型。

3. 创新开发

轿子山自然保护区管理局是自然保护区的主要保护者、管理者、指导者、监督者和协调者，要加强宏观调控和服务管理，完善市场机制，以市场机制为基础进行资源配置，提高社区居民、投资商的积极性和参与效益，创造良好、公平的发展环境。

要以国际标准实施精品发展战略，将轿子山风景名胜区发展成为中国一流的风景名胜区。在轿子山自然保护区旅游起步较晚并且发展缓慢的不利形势之下，景区旅游的发展应当通过“出奇制胜”以面对当前竞争日趋激烈的旅游市场，在进行旅游资源开发时，要打破原有思路，改变惯性思维，开发出对旅游市场有强烈吸引力的旅游产品和项目；同时也应避免违背保护区性质的“全面开发”“高强度开发”等开发形式。

6.4.2 区位条件

轿子山风景名胜区距昆明市区 167km，轿子山旅游专线建设完成后，仅需两个半小时的车程，是距离昆明市最近的雪山，与红土地、石林、阳宗海和抚仙湖等风景旅游资源一起形成昆明市的旅游产业圈。

轿子山的景观资源以雪山、高山生态环境、高山植被等为主，与云南省内其他同类型的景区（如梅里雪山、玉龙雪山、哈巴雪山等）相比，轿子山的区位优势明显，是距昆明市最近的雪山，轿子山所属的乌蒙山脉拥有昆明地区的最高峰，被誉为“滇中第一山”。

轿子山风景区与周围的红土地、武定狮子山、元谋土林、石林、九乡和抚仙湖等都处在昆明城郊旅游圈上，共同支撑了昆明市旅游产业的发展。同时轿子山风景区向北可融入川滇、向东可融入川黔大旅游圈，有利于实现区域旅游经济一体化的发展。

昆明市北部也有着丰富的旅游资源，转龙旅游小镇、红土地、金沙百里长湖和柯渡红色旅游等，随着昆明市至轿子山风景区基础设施建设的日益完善，将会形成昆明—禄劝—轿子雪山—东川—昆明的旅游大环线。

依托轿子山风景区周边旅游集镇及旅游景点的发展，与轿子山的旅游业发展相互促进，使其旅游业及其相关产业的发展所带来的经济效益、社会效益和环境效益极大地提高。

6.4.3 环境容量

环境容量是指在一定的条件下，一定空间和时间范围内所能容纳的游客数量，确定环境容量是阐述旅游者数量与环境之间适度的量的关系。合理的旅游环境容量是自然保护区生态旅游管理的科学依据之一。因此，环境容量的确定是否科学合理是自然保护区生态旅游资源开发的关键问题，关系到自然保护区生态旅游的可持续发展。控制环境容量是确保旅游区的资源和环境不受破坏或降低破坏程度的重要措施之一。自然保护区的生态平衡主要取决于人类对其环境和资源影响的方式和强度，以及大自然对这种影响的消化能力。当游客数量超载，旅游污染靠自然力本身不能恢复时，就会造成环境质量下降，生态平衡失调。因此，要解决生态旅游与自然保护之间的矛盾，必须正确评价和严格控制保护区的环境容量。

环境容量的测算一般有面积法、游道法、卡口法3种。本书只涉及面积法、游道法两种，具体计算公式参考《自然保护区生态旅游规划技术规程》（GB/T 20416—2006）。根据生态旅游功能分区，采用面积法和游道法测算各主要景区景点的环境容量。

其中，轿子山杜鹃花海生态旅游片区是典型的完全游道型景区，故采用完全游道测算法进行测算。景区游道全长23km，景区全天开放时间为10h，游完整个景区需5h，该景区景点较多、分布集中，游客占用合理游道长度为30m。其他两个生态旅游功能片区面积基本参数按照《自然保护区生态旅游规划技术规程》的相关规定，可参考植物观赏区的容量指标确定（每一游客适宜面积 $300m^2$），根据轿子山各旅游片区的情况，可游览面积按各旅游片区的10%计算。

环境容量测算结果见表6-3。

表 6-3 轿子山自然保护区环境容量测算结果

景区景点	测算方法	可游览面积或游道长度	合理面积或游道长度	周转率（日/次）	容量/（人次/日）
轿顶与天池观光体验旅游区	游道法	23km	30m	2	1 533
神仙坝生态体验旅游区	面积法	320hm^2	300m^2	1	1 027
晓光河水库休闲度假区	面积法	500hm^2	400m^2	1	1 240
合计	—	—	—	—	3 800

经过调查与分析，轿子山自然保护区生态旅游最大日环境容量为 3 800 人次，如果超过这个容量，就会对自然保护区的自然资源造成破坏，给生态系统带来不良影响，就会给自然保护区的管理形成负担，游客在游览过程中就会对生态旅游的兴致大大减少，失去了生态旅游的真正意义，达不到预期的目的。纵观轿子山自然保护区生态旅游这几年的开展情况，在旅游期间，由于受节假日、气候及季节等的影响，适游期约为 200 天[旺季（12 月、1—3 月、5 月）、平季（4 月、6 月、11 月）、淡季（7—10 月）]，轿子山自然保护区范围内的生态旅游年游客容量为 76 万人。这说明轿子山自然保护区范围内的生态旅游还有很大的旅游潜力可以挖掘。

6.4.4 客源市场

轿子山自然保护区旅游发展相对滞后，主要客源市场尚未发育成型。在充分分析客源市场现状和资源吸引力指向的基础上，根据旅游发展规律并适度超前，从生态旅游市场开发空间布局及发展目标出发，按照各圈层客源市场对轿子山旅游业发展的重要程度和促进程度，对目标市场进行筛选、确定。将轿子山自然保护区的海内外客源市场划分为一级目标市场、二级目标市场、机会目标市场 3 个层次，详见表 6-4。

表 6-4 轿子山自然保护区生态旅游目标市场定位

市场类型	国内市场（主导）	海外市场（辅助）
一级目标市场	以昆明等城市为核心的区域市场	东南亚、南亚、华侨
二级目标市场	以红河州、昭通等为核心的省内市场和以攀枝花市为核心的省外市场	北美地区、大洋洲地区
机会目标市场	省内其他市场和省外市场	西欧地区、其他国家
吸引力指向	观光、休闲、度假、会议	科考、探险、特色商品、民俗风情

1. 国内客源市场

（1）一级目标市场

一级目标市场是指与轿子山自然保护区相邻近的区域客源市场，包括昆明市、玉溪市、楚雄州、曲靖市。其核心层是昆明市，延伸层是楚雄州、曲靖市、玉溪市。该目标市场有充足的客源，且与轿子山自然保护区的空间距离最近，交通最便捷，进行市场营销的成本最低，是轿子山自然保护区近期内应重点发展和巩固的客源市场。

（2）二级目标市场

以红河州、昭通市、文山州等省内中程客源市场，以及四川省南部以攀枝花市等地为主的省外中程客源市场为核心的客源市场，是轿子山自然保护区的二级目标市场。该市场区域与保护区所在旅游区具有距离适中的相邻空间优势；同时，各区域的旅游资源与自然保护区存在一定差异，具有资源互补的潜在优势，能够通过各类型生态旅游产品的开发与市场营销吸引潜在客源。延伸层是四川、贵州、重庆、云南、湖南等地特种旅游人群。目前，该目标市场在自然保护区的客源总量中已占有一定的比例。

（3）机会目标市场

轿子山自然保护区的机会目标市场以贵州、重庆、云南、湖南、长江三角洲、珠江三角洲为代表的邻近区域和沿海及发达地区客源市场构成。沿海客源市场居民可支配收入较多，出游率较高，购买能力强，是国内旅游最主要的客源市场；而轿子山自然保护区的低纬度高山冰雪景观对热带、亚热带地区的游客有较强吸引力。但目前轿子山自然保护区旅游开发程度较低、影响力有限。只能将该层次客源市场作为机会目标市场，主要依托省、市两级旅游目的地的开发来吸引该目标市场。

2. *海外客源市场*

（1）一级目标市场

以新加坡、马来西亚、泰国为代表的东南亚地区是轿子山自然保护区海外客源市场的一级目标市场。这些地区的旅游市场历来是云南省乃至全国最重要的海外客源市场，加之轿子山的北国冰雪景观和立体气候对低纬度地区的游客具有较强的吸引力，因此要重点拓展该市场，扩大轿子山旅游区在国际上的知名度，进一步打开国际市场。

（2）二级目标市场

北美地区、大洋洲地区是轿子山自然保护区海外客源市场中的二级目标市场，这些地区的旅游者对生态景观、地质地貌科考、民族文化有较浓厚的兴趣。但因轿子山自然保护区的知名度不高，市场影响半径有限，加之轿子山自然保护区旅游资源开发尚处于初级阶段，设施设备不够完善，因此近期轿子山的旅游产品对这两个客源地区并没有突出的吸引力，只能将其作为二级目标市场来对待。

（3）机会目标市场

以英国、法国、德国为代表的西欧地区、南亚地区及世界其他国家构成轿子山自然保护区的机会目标市场。

6.4.5 形象定位

主题形象是旅游开发的生命，是体现竞争优势最有力的工具，旅游作为一项大众化、审美化的经济、文化参与活动，区域旅游主题形象便成了关系其旅游业繁荣的关键心理指标。昆明市旅游正处在二次创业的起步阶段，“春城”名片已不能完全代表昆明的魅力，并在一定程度上对昆明的复合型旅游资源形成了遮蔽。目前，“春城”形象经过多年的传播已经深入人心，很难再度深入。站在昆明旅游第二次创业的新起点上，本书将以轿子雪山高端户外旅游资源整合滇中旅游资源，向针对性市场推出昆明全新的旅游形象。

轿子山自然保护区生态旅游组织以自然生态观光和文化体验为主要内容。自然观光游憩活动突出“雪山、山岳、冰川、森林”主题，而文化体验游憩活动突出轿子山文化主题。在同以往相关轿子山旅游开发充分衔接的基础上，基于对轿子山自然保护区本底旅游资源与景观特色分析、游客的旅游目的与需求分析，从体现保护区的环境教育功能及生态旅游功能的角度出发，本书将轿子山总体旅游形象定位为春城户外旅游第一营，云南自然科普第一山，即强调其生态旅游形象。

6.4.6 旅游产品开发设计

轿子山旅游产品开发应以轿子山自然山水和彝族文化观光产品为背景，大力发展山地自然风光旅游项目，开发冰雪旅游、观光旅游、文化旅游，形成轿子山冰雪、杜鹃风情和彝族文化为主导品牌的多元旅游产品体系。

1. 观光旅游产品

以轿子山主峰和天池景区为主的草甸景观、水域风光、雄峰异石、冷杉林和杜鹃花景观，以及不同景致的天象资源。该景区已有较为完善的游道和设施，新的旅游资源开发项目是在原有的基础上改进的，如新山丫口到下坪子的路面等级及部分游道、休息亭、滑雪场的改善或扩进。

1）轿子山秋冬游。游览轿子山自然保护区冰雪飘逸、冰瀑倒挂的自然风光。让游客身临其境地感受低纬度雪山景观，步入冰雪世界的奇特景致，忘却尘世间的烦恼与忧虑，让游客的心灵与山水相通，获得一份回归自然的惬意。

2）轿子山春夏游。春天观赏轿子山自然保护区内滇中地区品种繁多的杜鹃花、草甸花；夏天观赏古木森森的原始冷杉林，感受轿子山自然保护区内冰碛湖的明净与清澈。

2. 休闲度假旅游产品

游人可选择保护区内修建的休息小屋、凉亭、游客接待中心和管理接待服务区设置的休闲娱乐室和休闲廊亭等，利用保护区自然清新的环境休闲度假。

1）转龙镇休闲度假（保护区外围）。

2）小龙潭、晓光河水库休闲度假。

3）四方井高山度假。

4）红土地镇休闲度假（保护区外围）。

3. 民族节庆及文化旅游产品系列

节庆设计要力求反映地方文化特色，形成地方节庆传统（主要在保护区外围），扩大轿子山知名度，逐步培养稳定的旅游消费群。挖掘民族节庆活动和文化活动，组织民族表演队，开展彝族、苗族迎宾礼乐，民族艺术表演，民间特技表演等活动。在开展活动中应注重游客的参与性，让游客充分体验民族风情。

1）轿子雪山冰雪节。
2）轿子雪山高山杜鹃节。
3）火把节。
4）西松节。
5）清明登高赏花节。
6）转龙镇中山楼、彭家大院、蒋家大院、文庙、观音阁等。
7）柯渡镇红军长征柯渡博物馆和“六甲之战”纪念馆。
8）东川铜文化博物馆。

4. 专项旅游产品系列

轿子山自然保护区是距离昆明市最近的自然保护区，是省内各大专院校和中小学校开展科普教育和教学实习的理想基地，在科学研究、科普和宣传教育及提高公众生态保护意识等方面具有多重意义。以保护区中实验区轿子山顶为主的科普专项旅游，向城镇家庭、游人开展地质、生物等自然知识的科普活动；在大厂原始林景区开展珍稀植物科普知识教育；原始林是“天然氧吧”，在森林中含有植物精气——芬多精，具有杀菌作用，还可以治疗多种慢性病。因此，在原始林区内开发森林游步道，提供户外运动徒步康体游、避暑游和疗养保健游等的专项旅游产品。

1）地质科普游。
2）户外运动徒步探险游。
3）冰雪运动游。
4）山地特色摄影游。
5）自驾车游。
6）马背观光游。
7）会议接待游。

5. 乡村旅游产品系列

1）小龙潭农庄逍遥游。坐牛车、赏田园风光，下农田、干农活、住农家，尽情享受农家欢乐。

2）乡村野趣游。在自然保护区周边的乡野田间搭建温馨小木屋，在清新的凉风中品乡村野味。

6.4.7 旅游线路资源开发

依据轿子山自然保护区的地形条件、资源分布和客源市场情况，将旅游线路总结为“一带、二环、三核心”，即“一条自然景观游览带、二个游览环线、三个核心游览区”。形成以轿子山自然景观旅游开发为主轴，以户外休闲旅游、山野情趣旅游、生态科普旅游、民族文化游和原始丛林体验旅游开发并驾齐驱的黄金旅游区格局。

1. “一带”

“一带”指一条自然景观游览带。以轿子山主峰景区为整个自然保护区的景观游览带核心，月亮岩、一线天、傲骨林、天池、花溪、神仙坝、岔箐瀑布、双塘子、妖精塘所构成的自然游览景观带。

2. “二环”

“二环”指围绕轿子山开展的两个游览环线。

1）环线一。游览观赏下坪子至大黑箐冷杉杜鹃林区、乌龟石、一线天、古寺、傲骨林、天池、木梆海、小珠峰、轿顶、冰瀑群、下坪子。此环线可饱览轿子雪山的五绝：云海、佛光、日出、冰雪世界及杜鹃花海，轿子山美景尽收眼底。

2）环线二。从西北线登轿子山，从乌蒙山到雪山乡，在雪沼谷，爬苦命坡、舒姑槽子、望海岭经马鬃岭返回雪山乡。此环线路段可领略滇中大峡谷的气势，千山万壑、群山如海，在望海岭，如海的群山奔来眼底，让你不禁生出“江山如此多娇”的感慨；亦可欣赏晶莹剔透的冰瀑、冰挂，趟着齐腰深的雪，仿佛在深雪里游泳。

3. “三核心”

“三核心”指轿子山三个核心游览区域，也是保护区内风景游览对象最集中、规模最大、游客最集中的区域。为尽量减少人为活动对保护区带来的负面影响，在保护区的功能区划的基础上，结合旅游发育状况和保护区内外基础设施与旅游设施的配套情况及轿子山自然保护区生态旅游的发展方向，本次总体资源开发只在以下三个区域开展小范围的生态旅游活动。

（1）轿顶与天池观光体验旅游区

本区位于轿子山自然保护区西南部，区内主要有雄奇主峰、杜鹃花海、高山草甸、神奇佛光和悬崖裂缝——一线天等。

本区适宜开展游览观光、登山体验、滑雪比赛、休闲娱乐和科普教育等旅游项目。还可以结合当地群众逢年过节参拜轿子山的民族习俗，在保护优先的前提下，又兼顾当地民族风俗的基础上资源开发“轿子山远眺景区”，并严格限制开发范围、区域及人为活动范围。

（2）神仙坝生态体验旅游区

本区主要有第四纪冰川、高山湖泊和观看“滇中第一高峰”马鬃岭的最佳点——拱王山主峰等景点。

本区主要开展科学考察和科普教育的专业专项旅游、水域风光游览、高山草甸旅游观光、地质地貌观光等旅游项目。冰川遗迹及悬崖地貌是轿子山自然保护区极具特色的地质景观之一，在该区域有一片冰碛湖，景色优美，沿途可以欣赏保护区内原始的森林植被、高山杜鹃、仰视“大佛”和远眺轿子山最高峰雪岭。

（3）晓光河水库休闲度假区

本区位于新发村到小龙潭之间，距小龙潭3km。库区水面开阔，环境优美，可以作为大厂原始森林穿越区的终点站，游人在经过了艰苦的高山穿越之后，可以在这里进行休憩和调整或住下度假，然后到3km之外的小龙潭，开始进入晓光河水库休闲度假区。本区除大厂原始森林穿越游客外，还可吸引当地游客来此休闲度假，可以在晓光河水库上游的深山峡谷进行徒步生态旅游。

本区是轿子山自然保护区范围内另一个旅游资源富集、景观价值较高的区域，且景观效果具有一定的特色。目前旅游开发还处于较低水平，游客要通过骑马才能进入，交通条件、接待条件较差，有待进一步开发。

6.5 旅游资源保护措施

6.5.1 开展旅游资源保护宣传教育

轿子山自然保护区以其独特的地理位置，丰富的生物多样性、优美的自然景观而闻名省内外，是开展国民科普教育的理想基地，资源开发面向社会公众。开展保护区自然资源、环境保护的宣传教育，提高社会公众的保护意识，这也是做好保护区自然资源保护管理工作的重要途径。

1. 对周边社区的宣传教育

社区参与是实现保护区持续发展的重要手段。通过对社区居民的教育，逐步提高其综合素质，为保护区及周边社区经济、社会、环境协调发展打下基础。更重要的是通过教育可以有效地提高社区居民生态意识和环境保护意识，主动参与到自然保护的行动中。

1）采取编制教材、集中办班或个别走访相结合的形式，对他们进行自然保护知识宣传，提高居民的保护意识，促进他们自觉参与保护行动。

2）开展区内及周边学校学生的保护自然环境教育，充分发挥保护区教育基地的作用。中小学生易接受教育，有效的教育又能影响学生的家庭，因此，教育必须从青少年抓起。

3）在保护区主要出入口、公路沿线、周边保护带居民点设置永久性和半永久性的醒目的标志、标牌、公益宣传牌。

2. 对外界的宣传教育

1）激发公众的自然保护意识。向公众介绍保护区的保护功能、保护成效，保护区自然地理特点、生物资源、自然风光、保护的珍稀濒危动植物及社区建设情况等，使人们充分了解和认识自然保护区对维护人与自然和谐关系协调发展的重要意义。

2）提高当地各级政府及其官员的自然保护意识。通过组织到保护区参观考察及会议等形式，介绍自然资源管理的一些基本常识，说明生物多样性的重要性，以增强他们对自然保护区的作用、功能、管理、保护及其发展的认识。

3）进行保护区政策、法律、法规宣传。通过宣传，让公众特别是周边群众了解保护政策、法规，自觉遵守有关保护法规，改变群众“靠山吃山”的传统旧习，促使他们逐渐明白“吃山，先得养山”的道理。

4）采用各种传媒进行宣传教育。利用广播、电视、报刊、录像、出版物、互联网等大众传媒，结合墙报、标语、宣传小册子、警示牌等广告宣传手法，进行经常性的、形式多样的、生动活泼的宣传教育。

5）制作宣传材料：制作保护区画册、保护区宣传小册子、宣传传单、科普教材、光盘和宣传标示牌。

3. 对参观者的宣传教育

1）加强护林消防宣传，特别是加强参观者与生产活动进山人员的护林消防宣传教育。

2）做好入区人员咨询服务，对参观者开展自然环境和自然资源保护咨询服务，提高其保护意识。

3）结合科普活动对中小学生进行自然保护教育。通过举办夏令营活动，在保护区周边各中、小学举办“自然保护知识”讲座，使学生了解自然保护区，热爱大自然，自觉保护自然资源和生态环境。

4）结合科研工作和科普活动，建设完善科研所设施设备、更新标本，采用现代化高科技手段展示保护区优美的自然风光、丰富的动植物资源、优越的自然环境，把保护区科研所建成集科研、科普、宣传、教育、观赏和展示于一体的综合性科研所。

6.5.2 完善旅游资源保护资金投入

1. 优化专项资金支出结构

要优化旅游资源保护专项资金支出结构，解决投入比例不当的问题，集中支持一批高敏感性、重要性的旅游资源，支持发展“生态游”“休闲度假游”“康体健身游”“研学游”等特色旅游，重点打造旅游精品。从旅游预算编制环节入手，在全面清理的基础上，对性质相近、用途类似、使用分散的旅游资源管理资金进行归并，通过存量调整、增量集中等方式，将相关旅游资源管理专项资金进行整合。

2. 创新专项资金使用方式

旅游资源保护仅依靠专项资金投入的增长是不够的，必须创新专项资金使用方式，放大其杠杆作用。对于发展前景看好或产品有市场，但同时又面临资金瓶颈的旅游资源，可以通过建立合理有效的分配机制和财务监督机制，实施专项资金参股，收益二次投入的方案，促进轿子山快速发展，并确保参股的专项资金安全、高效运作。对于轿子山资源管理项目涉及的防洪排涝、水土保持、生活环境等涉及公共利益的职能，旅游资源管理专项资金可联合社会资金建立互助基金，采取 PPP 模式（Public-Private-Partneship，公共私营合作制），建立规范化运行机制，对分离出的公益性职能，采取“项目招标、市场运作、群众签单、财政买单、钱为事用”的运作方式，调动旅游资源管理资金利用的灵活性。

3. 拓宽旅游资源保护融资渠道

单纯依靠专项资金投入保障旅游资源保护，不仅难度大，而且缺乏发展后劲，必须充分整合资源、畅通融资渠道，以优化旅游产业发展的金融环境。要适当放宽旅游业投资准入条件。鼓励各类企业、社会团体采取合资、租赁、托管等方式，参与旅游资源开发建设。要进一步完善贷款贴息专项资金补贴方案，用好市级产业扶持基金，吸引国内外金融机构在我市设立分支机构和后台服务机构，引导城市金融机构加强旅游业金融产品开发，完善旅游资源金融服务体系，不断提升我市旅游投融资水平。

4. 健全决策和问责机制

轿子山在申请专项资金时，要提出资金使用应达到的预期目标，制订评价指标及标准值，并按要求编入单位年度预算，建立健全旅游资源保护财政绩效问责机制。昆明市旅游局配合财政部门实施绩效跟踪管理，及时纠正项目实施过程中效益与绩效目标的偏差，提高预算执行效力。将财政部门绩效目标评审意见作为当年预算安排、年度预算调整的重要依据；向社会公开旅游发展专项资金使用绩效，接受各界监督，探索建立以财政部门监管为主体、社会监督为补充、法律监督为保障的旅游资源保护专项资金绩效问责机制，形成全方位、多层次的监督体系。

5. 加强旅游资源管理专项资金的监督管理

各级财政主管部门应会同同级旅游主管部门加强专项资金监督检查工作，建立对旅游资源保护专项资金使用情况的监督检查制度，保证专项资金及时、足额到位，专款专用。对资金使用过程中存在的问题，及时予以纠正；对资金到位不及时、不足额的单位，应责成相关部门及时纠正，加强旅游资源保护专项资金管理，适应新时期旅游资源保护发展需要，充分发挥专项资金的导向作用，提高专项资金使用效益。

6.5.3 建立旅游资源保护社区共管机制

保护区的有效保护管理与周边社区息息相关。国际上一般的做法是，将在保护区内部居住了两代人（约 40 年）的家庭视为“原住民”家庭，他们与保护区的自然文化环境已经融为一体，可视为保护区的一个组成部分，可以在保护区管理框架内继续居住，并对他们的人居环境加以保护。而对于其他居民，则采取各种方式予以搬迁。通过旅游业适度发展带来的机会促进当地经济结构的调整，创造新的就业机会，带动社区经济的发展，同时改变社区完全依赖传统农业、畜牧业等单一经济结构，利用旅游发展增加经济收入渠道，从而提高居民生活水平。

1. 核心区居民点保护管理资源开发

保护区成立之前，在保护区核心区内就居住着红土地镇大厂自然村上下两个村小组，农户有 58 户，270 人。这些居民的生产生活活动和保护区的管理目标存在一定冲突。尤其应该预防和处置这些居民由于耕作而引进外来物种的可能性、饲养家畜带来的疫病传播、病虫害及生产用火带来的诸多问题，为了有效协调居民生产生活与保护管理的矛盾，特制定以下措施。

1）禁止新开垦耕地，已有耕地分期分批实施退耕还林。由于居民点所在区域山高坡陡，耕作带来的收益很低，因此应该结合国家及地区退耕还林政策，争取对核心区范围内的所有土地实施退耕还林。同时可以结合国家天然林保护工程二期及公益林建设，对该区域的林农实施生态补偿。

2）就业角色转换。为了解决核心区居民的长久生计，可以将具备一定条件的居民优先考虑发展为护林员或林场职工，以减少或消除核心区居民对保护区自然资源的生存依赖。

3）结合扶贫搬迁进行生态移民。在尊重和征得居民同意的前提下，结合当地生态移民政策，争取当地政府移民资金，积极推进生态移民进程。目前，东川区政府实施的高寒偏远山区扶贫项目，已经将大厂村居民点纳入搬迁计划，资源开发期内有望有计划、分步骤的实施核心区生态移民。

4）生计替代。可结合保护区的生态旅游，吸纳当地群众参与旅游开发、管理，增加其收入。

5）在退耕还林、生计替代、生态移民未实施到位之前，应引导居民种植乡土农作物、养殖当地优良家畜家禽；定期、定点检疫从外购进的农作物种子、苗木、家畜家禽；

禁止家畜家禽放养，加强动植物病虫害的防治工作；禁止焚烧农作物秸秆，倡导秸秆粉碎还田、秸秆入圈沤肥。

2. 优化种植品种

1）引进良种、提高粮食产量和牧场产草量。减少土地开垦、保护植被。同时，牲畜圈养、厩养，禁止牲畜进入保护区林内，保护森林植物。

2）保护区周边适宜种植高山草药。法落海、雪上一枝蒿、草乌被称为轿子山的“三宝”。利用林木庇荫，可在保护区周边的社区土地内（林下）种植法落海、雪上一枝蒿、草乌等中草药。林下立体种植，既不破坏林木资源，又能为社区居民带来经济收入，从而减少对保护区自然资源的依赖。

3. 改变能源利用方式

1）推荐使用太阳能热水器。在保护区实验区边缘，海拔低于 2 600m（海拔过高，易冻坏太阳能装置）的村庄，示范使用太阳能热水器，以减少木材等生物能源的消耗，每户 1 套，共 2 500 套。

2）改建节柴灶。对保护区周边仍然使用火塘（三脚架）取暖、做饭的农户，提供资金和技术修建节柴灶。

3）营造薪炭林。在保护区实验区边缘，与社区接壤且有宜林地的社区村落，营造人工薪炭林，逐渐减少和阻止保护区天然林木的消耗。

4. 建立社区资源共管组织

建立社区资源共管组织，与保护区所在地的 6 个乡镇林业工作站及保护区周边 36 个村民委员会建立共管组织，双方共管保护区资源和护林防火工作。

通过对社区的扶持共管，实现保护区与社区经济共同发展，达到保护区自然资源的可持续利用，提高保护区和社区自身经济实力，逐步实现“以保护区发展带动社区发展，以社区发展推动保护区事业进步”。探索保护区人与自然和谐共处、协调发展的模式，最终实现自然保护区和社区的可持续发展。

6.5.4 强化旅游资源保护科研监测

保护区自身的管理能力和管理效率的提高是有效管理的关键，应从以下几个方面完善保护区的有效管理过程。

1. 资源调查和监测

资源调查是自然保护区选设和管理的基础，主要包含三方面内容：自然资源本底调查、社会资源调查、保护区威胁因素调查。保护区建立之初，应成立资源调查专家委员会，按照自然科学考察的要求，为拟新建或晋级保护区制定具体的考察程序，建立评审专家库，组成随机评审小组，以弥补现有的固定专家终审会“一锤定音”的不足。在资源调查中列入威胁因素调查，包括自然保护区与区内和周边社区居民的资源利用冲突、保护区周边居民与野生动物的冲突、保护区内珍贵资源引发的开发矛盾、保护区内基本支撑资源的可持续性。保护区科考过程应有一定比例的保护区工作人员参加，科考专家培训这些队员，使自然保护区形成稳定的调查队伍，以利于基础资料的收集整理及后续的评估和监测工作。

保护区的资源监测包括支撑资源和重点资源的监测。支撑资源是指维系保护区其他资源生存的资源，如湿地的水资源、森林的优势乔木资源和土壤资源等，这部分资源的监测不应仅局限在保护区的范围内，应扩大到流域或地区的范围之内，应进行长期的监测。重点资源包括轿子山的主要保护动植物资源、优质珍稀地质资源、生态旅游资源和社区人力资源，这部分资源的动态和开发状况是监测的重点内容。

2. 环境影响评估

轿子山的环境影响评估应该围绕主要保护对象的保护效果展开，重点应该放在轿子山内开展的各项保护工作和开发工作对保护区自然资源、社会资源和社区居民利益的影响上。具体内容应包括轿子山内人为活动对动物的行为、分布、数量、繁殖、迁徙和各项生理生化指标等方面的影响，人为活动对植物扩散、分布型、演替等生活史特征的影响；外来种的确定及其对乡土物种的影响评估；保护区内各工程项目对社区居民的生活影响；保护区内大型动物对社区居民的影响评估，等等。另外，一些可能对保护区旅游资源有直接或间接影响的保护区外工程项目的立项也必须纳入评估过程。

旅游资源影响评估需要应用生态学的原理和方法及社会调查。因此，应建立自然保护区旅游资源影响评估委员会，具体负责召集相关领域的专家针对不同类型的自然保护区制定不同的环境评估项目和程序，组织并对保护区内的科技人员进行相应的培训，以进行评估基础资料的收集和分析工作。

3. 加强科学研究

蕴含丰富资源的自然保护区一直就是开展科学研究的优良平台。现阶段，我国保护区内的科学研究主要是依靠专业科研机构和大专院校来开展。保护区内的科研人员少，他们更多的是从事野外向导、常规数据收集和后勤辅助等工作。因此，轿子山应加强自主承担科研项目的能力，但要达到这样的一个目标，首要的工作是科研人才的引进和培养，而开展高校和保护区之间的合作也是一个不错的选择。保护区要积极争取科研经费，一些国际组织的小额研究基金比较适合，如 WWF（世界自然基金会）、IFAW（国际爱护动物基金会）、WCS（国际野生生物保护学会）、CI（国际消费者联盟组织）、美国国家地理杂志等愿意为自然保护区提供小额短期科研基金。

第7章　社会经济状况和社区发展

7.1　行政区域

轿子山片区涉及东川区的2个乡（镇），6个村委会，13个自然村，其中，红土地镇大厂自然村和上岔河自然村均位于自然保护区内；涉及禄劝县的3个乡（镇），8个村委会，58个自然村，其中，乌蒙乡的何家村自然村也位于自然保护区内。普渡河片区涉及禄劝县2个村委会，6个自然村。涉及区域详情见表7-1。

表7-1　云南轿子山自然保护区涉及的区域

片区	区县	乡镇	村委会	自然村
轿子山片区	东川区	舍块乡	蚂蟥箐、炭房、银水箐、新乐	7
		红土地镇	九龙、茅坝子	6
	禄劝县	乌蒙乡	大麦地、乌蒙	16
		雪山乡	舒姑、拖木泥	22
		转龙镇	大水井、恩祖、老槽子、中槽子	20
普渡河片区	禄劝县	乌蒙乡	舍姑	1
		中屏乡	北屏	5

7.2　人口概况

由于轿子山自然保护区多为高寒山区，区内仅有3个自然村，农户和人口数量都较少。根据2006年数据，居住和土地均在保护区内的乡村农户有75户，339人。其中，红土地镇大厂自然村上下两个村小组，农户有58户，270人；红土地镇上岔河自然村（燕子洞村小组），农户有13户，人口51人；乌蒙乡何家村，农户有4户，人口18人（表7-2）。根据轿子山自然保护区的总体规划，国家级自然保护区建设后，保护区内居民只许迁出、不准迁入，同时动员生存环境恶劣且资源保护代价高的大厂自然村小组居民迁出保护区。因此，近年来保护区内的人口逐渐减少。

表 7-2　云南轿子山自然保护区内人口

村庄	农户/户	人数/人
红土地镇银水箐大厂自然村上下两个村	58	270
红土地镇上炭房村委会上炭房村小组（燕子洞）	13	51
乌蒙乡大麦地村委会何家村小组	4	18
总计	75	339

7.3　经济发展概况

轿子山自然保护区位于昆明市北部，禄劝县和东川区交界处，滇东高原北部，金沙江及其一级支流普渡河和小江之间的拱王山中上部。

东川区是昆明市所辖区县之一，禄劝县位于云南省的中北部，该县为昆明市乃至云南省的“北大门”。

1. 昆明市东川区

根据 2014 年国民经济和社会发展统计公报的数据，数据显示东川区经济社会继续保持平稳较快发展的良好态势，全区地区生产总值实现 81.2 亿元，同比增长 11.5%；规模以上固定资产投资完成 84.2 亿元，同比增长 22.2%；规模以上工业增加值 31.4 亿元，同比增长 17.1%；财政总收入完成 13.98 亿元。财政总收入中，公共财政预算收入完成 7.1 亿元，同比增长 2.0%。社会消费品零售总额 17.4 亿元，同比增长 14.1%；城镇常住居民人均可支配收入 2.36 万元，同比增长 9.4%；农村常住居民人均可支配收入 5 765.17 元，同比增长 13.1%；全年存款余额 109.29 亿元，同比增长 11.20%；贷款余额 61.55 亿元，同比增长 9.7%。

2014 年，东川农业以稳定提高粮食生产能力、加速产业转型升级为着力点，为保持全区经济社会持续健康发展提供有力支撑。全年农作物种植面积 36.84 万亩，其中，完成粮食作物播种面积 24.95 万亩，蔬菜及其他经济作物完成 11.89 万亩。全年粮食作物总产量 7.03 万吨。2014 年，全区农林牧渔业总产值完成 12.27 亿元。其中，农业总产值完成 4.91 亿元，渔业总产值 2 350 万元。农村经济总收入完成 13.65 亿元，同比增长 11%；农民人均纯收入 6 015 元，同比增长 14%。全区确定为省、市级重点龙头企业的达 20

家，东川区农业产业化组织达 27 个，农业产业化龙头企业总产值 3.57 亿元，同比增长 13.7%；销售收入 3.06 亿元，增长 13.1%。各企业现价总产值呈稳步增长趋势。全年旅游总人数达 57 万人次，实现旅游总收入 1.7 亿元，同比增长 12.3%。

2014 年，东川区工业受环保、安全、矿权等因素影响，实现工业总产值 155.21 亿元（规模以上 145.57 亿元，规模以下 9.64 亿元）；受房地产市场波动影响，东川区建筑业发展疲软。至 2014 年年末，东川区有建筑企业 18 家，建筑业总产值实现 42.55 亿元。在此基础上，东川区大力推动工业园区建设，2014 年，园区规模以上企业新增 3 家，达 22 家，园区完成主营业务收入 135.16 亿元。规模以上工业增加值完成 19.92 亿元，同时增长 31.9%。规模以上工业主营业务收入完成 112.45 亿元，规模以上工业利税总额完成 3.48 亿元；地方财政一般预算收入完成 0.69 亿元；工业固定资产投资完成 12.92 亿元；基础设施投资 2.37 亿元；完成土地收储 1 336.47 亩；土地利用率达 92.40%，亿元以上工业项目开工 2 个，竣工 1 个。

从产业结构可以看出，东川区是一个工业大区，过去的东川区以采矿为主。现阶段，东川区还面临着产业结构不合理，工业结构单一，产业链延伸度不够，产品附加值不高以及资源集约利用水平低下等问题。经济发展较为粗放的这一模式导致了东川区资源保有量逐渐减少，生态环境压力加大，同时生态环境恶化。农业粗放型的发展方式严重制约了农村的发展，这在一定程度上导致了农村贫困问题。最终，城乡差距的不断拉大恶化了东川区的经济发展态势。

2. 昆明市禄劝县彝族苗族自治县

2014 年全年，禄劝县实现地区生产总值（GDP）63.64 亿元，同比增长 9%。其中，第一产业实现增加值 20 亿元，同比增长 9.5%；第二产业实现增加值 20.87 亿元，同比增长 13.5%；第三产业实现增加值 22.78 亿元，同比增长 4.6%。三大产业结构比为 31.4∶32.8∶35.8。全年非公有制经济增加值占 GDP 比例为 45.6%。全县工业总产值 38.45 亿元，同比增长 6.8%；规模以上固定资产投资完成 101.38 亿元，同比增长 24%；农林牧渔业总产值（当年价）36.81 亿元，同比增长 8.9%；社会消费品零售总额为 23.72 亿元，同比增长 13.16%。全县地方财政总收入 8.47 亿元，完成预算 9.76 亿元的 86.7%，同比下降 0.3%，减收 239 万元。其中，地方公共财政预算收入 6.06 亿元，完成预算 6.88 亿元的 88.1%，同比增长 1.3%，增收 771 万元。全县地方财政总支出 25.12 亿元，同比下降 9.9%，减支 2.76 亿元。其中，地方公共财政预算支出 21.95 亿元，同比下降 3.5%，减支 8 012 万元。完成国税收入 2.68 亿元（含营业税改征增值税 913 万元），同比增长 11.28%，增收 2 721.65 万元。地税系统累计组织各项税费收入 6.3 亿元，同比下降 3.35%，减收 2 184 万元。全县完成邮政业务收入 630.69 万元。全县金融机构存款余额 82.25 亿元，其中，个人存款余额 46.42 亿元。2014 年全县共接待旅游人数 12.76 万人次，旅游综合收入 3 413.51 万元，同比分别增长 26.7%和 20.3%。城镇居民人均可支配收入 2.37 万元，同比增长 9.2%；人均消费支出 1.38 万元，同比增长 6.6%。全年公路通车里程达 3 285.979km。

2014 年全年禄劝县全县工业总产值（现价）为 384 461 万元，同比增长 6.8%。其中，规模以上工业总产值 24 亿元，同比增长 4%；规模以下工业总产值 14.45 亿元，同比增长 11.7%。规模以上企业增加值 7.4 亿元，同比增长 17%。规模以上固定资产投资完成 101.38 亿元，同比增长 24%。其中，工业投资完成 77.03 亿元，同比增长 83.8%；房地产业完成 2.42 亿元，同比下降 75.9%。工业园区主营业务收入完成 20.02 亿元，同比增长 43.5%；基础设施投资 3.08 亿元，同比增长 41.45%。完成招商引资 2.06 亿元，同比增长 12.6%。引进国电电力云南新能源开发有限公司禄劝卓干山风电项目、华润燃气公司燃气及管道建设、昆明益生药业有限责任公司中药饮片加工等一批亿元以上项目。

从三大产业结构可以看出，禄劝县仍是一个农业大县，属于昆明市欠发达地区，人均耕地 1.23 亩。其中，烤烟产业是禄劝县的重要经济支柱产业。另外，粮食产业是禄劝县稳步解决温饱的重要产业。禄劝县的发展阶段特征即农业发展基础设施薄弱，农业产业化程度低，农业企业“散、弱、小”，产品品种多，企业规模小，这一产业发展状态在短期内难以改变。畜牧业也是禄劝县的一项经济支柱，撒坝猪、乌骨鸡、黑山羊是禄劝县畜牧业的主打品牌，畜牧业产值达 17.06 亿元。工业发展形势严峻，但磷化工和水能资源开发有效提升了第二产业的质量和地位，矿电结合的模式在禄劝县初显成效。但是禄劝县在经济发展中的结构性矛盾短期内无法解决，高度依赖投资拉动的状态将持续存在，财政收支矛盾依然突出。

我们需要提及的是地处保护区的东川区与禄劝县均属国家级贫困县。

7.4 社区发展现状

7.4.1 基本情况

长期以来，社区群众为保护区的建设、发展做出了重大的贡献和牺牲。由于大多数社区村落地处偏远山区、交通不便、村财政收入少，群众生活较为困难。

自然保护区内社区在旅游开发前以发展农业为主。根据调查，周边社区收入结构为农业占 63.1%、林业占 9.7%、副业占 20.1%、其他占 11.0%。主要收入来源于种植业和家畜养殖业，粮食作物主要是玉米、洋芋、小麦等高山作物，对自然保护区的资源依赖较重。保护区建设开始后，当地群众赖以生存的森林等自然资源被无偿划拨，没有了可替代以及脱贫致富的生计，这使得传统的依靠资源开发的贫困地区陷入生态保护与生存发展的两难境地。在旅游开发后，旅游业收入成为社区收入的一大部分。但是景区引入企业开发管理以后，旅游企业对于景区的开发挤占了居民原有的旅游服务收益空间。

东川区矿产资源丰富，不仅种类多而且分布广，遍及全区14个乡（镇），矿业经济是东川区的支柱产业，具有比较优势的矿种主要有铜、磷、铁、黄金、铅、锌、河沙、汉白玉、墨玉和石灰石。铜矿累计探明储量312.91万吨金属量，品质优良，具有较高的经济价值和开采价值，但近年来由于资源逐渐匮乏，采矿业逐渐衰落。东川区特色农业有“三子”：“河谷打坝子”，即海拔1 600m以下的河谷区，适合小江西瓜、洋葱、特色冬早瓜果蔬菜等热区经济作物种植和农产品的开发；“半山系带子”，即海拔 1 600m～2 200m的中山区，适合小麦、玉米等优质粮食和商品禽类养殖产业的开发；“山顶戴帽子”，即海拔2 200m以上的高山区，适合雪上一枝蒿、法落海、雪胆等高山药材种植业及黑山羊等特色养殖业的开发。东川区的反季蔬菜、酿酒葡萄等地方特色产品畅销省内外，东川区盛产马铃薯，“川大洋芋”备受赞誉，马铃薯的深加工业现正蓬勃发展；火腿产业的开发也正在运作中，系列农业生态食品、绿色食品的保鲜及深加工市场前景广阔，东川区农业正逐步迈入产业化经营的良性发展轨道。东川区利用辖区内丰富的旅游资源大力发展旅游，旅游发展以体验式旅游为主，2014年6月以来，乌蒙巅峰高山旅游体验区、金沙江高峡平湖水上体验旅游区、东吉氟泉康体理疗度假区、太阳谷民族生态旅游区、乌龙休闲农业体验旅游区、拱王山山地体验旅游区、铜文化遗产体验旅游区、金沙江旅游体验景观带、小江泥石流体验景观带等“七区两带”的开发已陆续启动，东川区旅游业蓬勃发展。东川区经济发展方式正在不断转变。

禄劝县是一个农业大县，地域面积占昆明市的20.12%，生产总值仅占全市的1.6%。粮食生产是禄劝县稳步解决温饱的重要产业，烤烟是禄劝县的重要经济支柱。禄劝县烤烟产量高，曾连续10年被昆明市评为烤烟生产收购先进县，2014年禄劝县烤烟种植6 864.4公顷，产量13 601.6吨。畜牧业也是禄劝县的一项经济支柱，2014年，畜牧业产值166 435万元。撒坝猪、乌骨鸡、黑山羊是禄劝县畜牧业的主打产品。虽然禄劝县有较好的资源优势，但加工转化能力弱，尚未形成产业优势和经济优势；城镇化水平和市场化程度低，地产商品外销率低。大部分乡村受自然地理、基础设施等因素制约，市场体系建设滞后，地产商品（特别是农产品）销售难，资源优势难以转化为经济优势，农民收入增长缓慢，增收难度大。近年大力发展精细磷化工、电石乙炔、钛产业及水电开发，大大提高了第二产业的质量和地位。“电矿结合”在禄劝县取得了较大成功。

保护区周边社区全部位于高寒山区，由于交通不便、信息闭塞、生产方式落后、人口科技文化素质较低、受自然保护区的制约等因素的影响，经济发展缓慢且困难，因此保护区周边社区大多为贫困社区。

7.4.2 就业状况

由于保护区村民人均耕地面积较少，所以没有专门以农业维持生计的村民。村民的收入主要来源于第一产业和第三产业。其中，第一产业以种植业和养殖业为主，但是由于受到保护区的限制，垦荒形式被禁止，所以产业规模并不大。第三产业主要是参与旅游活动，为旅游者提供一些服务，以及成为护林员或林场职工。

7.4.3 教育、医疗卫生

轿子山自然保护区周边乡镇目前有中小学 48 所，中小学教师 713 人，在校中小学生 10 179 人。保护区周边受教育程度较高，保护区周边社区人口多为汉族，学生辍学现象较少。保护区内的大厂自然村小学生就读于俊发第一小学，中学生就读于红土地中学。该村距离小学 8km，距离中学 26km。2010 年该村义务教育在校学生 37 人，其中小学生 30 人，中学生 7 人。上岔河村小学生就读于付家村小学，中学生就读于红土地中学。该村距离小学 3km，距离中学 24km。2010 年该村义务教育在校学生 27 人，其中小学生 15 人，中学生 12 人。由于近年来保护区内人口不断外迁，生源逐年减少。

轿子山自然保护区周边乡镇有 44 个医疗机构，医务人员 102 人，医疗床位 173 个。社区公共医疗卫生条件相对较好，社区卫生保障体系较为健全，大部分自然村设有医务室，大都实行了农村医疗保险制度。但由于经济较落后，均不同程度地存在缺乏医护人员、药品、资金、设备和技术等问题。到 2010 年年底，保护区内的大厂自然村参加农村合作医疗 149 人，参合率 66.8%，村民的医疗主要依靠村卫生所和镇（乡）卫生院，距离镇卫生院 26km；上岔河村村民的医疗主要依靠村卫生所，距离村委会卫生所 2km，距离镇卫生院 24km。保护区内畜牧兽医保护体系缺乏，牲畜发病率高。

7.4.4 交通

东川区政府所在地——铜都镇距昆明市 135km，禄劝县政府所在地屏山镇距昆明市 72km。东川区境内有一条国家级干线公路——龙东格公路，省级公路全长 282km，其他公路多为四级公路，地方公路 53 条，总长 565.4km。全区所有乡镇均通公路，县、乡、村道路共有 1 062.47km。东川区至曲靖和昆明有两条铁路支线。2013 年，东川区开始大力建设高速公路，功山至东川段项目（功东高速公路）已于 2015 年 8 月 31 日开工建设，公路全长 50.414km，现正在开展项目征地拆迁、修建施工便道等工作，项目计划于 2018 年建成通车，功东高速公路的建成将终结东川区内没有高速公路的历史。东川区至倘甸二级公路也已进入施工阶段。水运也是东川区较重要的交通方式，金沙江流经东川水域 69km，有渡口 9 道，机动船 8 艘，非机动船 2 艘。2014 年，水上客运 22.6 万人次，周转量 45.2 万人千米。

禄劝县境内通车里程 925km，有省管公路 188km，专用公路 45km，县乡公路 336km，乡至村委会公路 356km，全县的乡镇、村委会均已通公路。2014 年禄倘公路一期禄劝段正式开工建设，禄劝段项目全长 13.25km，道路建成后禄劝县将结束不通高速公路的历史。

轿子山自然保护区范围内现有道路主要有：

1）禄劝新山丫口—下坪子公路，里程为 17km，有约 7km 位于保护区的实验区内，约 10km 位于保护区边缘，为水泥路面。

2）东川区舍块乡保护区范围内有巡护道路，里程约为 14km。

整个轿子山保护区周边社区的交通通达度较差，辖区内自然村多数未通公路。另外，昆明市至轿子山旅游专线公路于 2009 年 12 月开工，已于 2012 年 12 月竣工并开通。线路起点为昆明普吉，途经沙朗—厂口—散旦—款庄—柯渡—倘甸—转龙—轿子山下的四方井（终点），旅游专线全长约 155.53km，专线建好后，由于道路的等级和线路改善，行车时间可从 5 个多小时缩短为 2 个半小时，很大程度上解决了旅游交通难的问题。

7.4.5　通信

随着信息产业的迅猛发展，通信条件不断改善，通信工具为农村居民生产和生活带来了很大的方便。截至 2009 年年底，保护区内的大厂村委会已实现通电、通电视、通电话，有 50 户通电，拥有电视机的农户有 18 户（分别占农户总数的 100%和 36%）；安装固定电话或拥有移动电话的农户有 32 户，其中拥有移动电话农户有 22 户（分别占农户总数的 64%和 44%）。上岔河自然村已通电，有 15 户拥有电视机的农户可以收看到卫星电视，安装固定电话或拥有移动电话的农户有 7 户（占农户总数的 17.95%），拥有移动电话农户有 3 户（占农户总数的 7.69%）。基础设施初步建成。移动、联通、程控电话网络基本覆盖了整个保护区，除少部分地区信号较差外，其余大部分地区的信号可满足保护区管理及巡护工作的需要。

7.5　保护区土地资源和利用

7.5.1　土地和资源权属

1. 土地权属状况

轿子山自然保护区总面积 16 456.0hm^2。其中，国有土地面积 5 390.3hm^2，占保护区总面积的 32.76%；集体土地面积 11 065.7hm^2，占保护区总面积的 67.24%。

（1）轿子山片区

轿子山片区总面积 16 193.0hm^2。其中，国有土地面积为 5 390.3hm^2，集体土地面积为 10 802.7hm^2，分别占轿子山片区总面积的 33.29%和 66.71%。

（2）普渡河片区

普渡河片区总面积 263.0hm^2，均为集体土地。其中，禄劝县中屏乡集体土地面积 188.0hm^2，乌蒙乡集体土地面积 75.0hm^2，分别占普渡河片区总面积的 71.48%和 28.52%。

2. 土地权属争议

土地权属争议是指因土地所有权和土地使用权的归属问题而发生的争议。

轿子山自然保护区所涉及的东川区和禄劝县林权制度改革目前已全部结束，经调查，保护区范围内的土地权属清楚，没有土地权属纠纷。

7.5.2 保护区土地管理协议签署情况

1. 轿子山片区

昆明市东川区轿子山自然保护区管理所、云南轿子山国家级自然保护区管理站与保护区范围内涉及的村委会签署了轿子山自然保护区管护协议书，涉及的村委会分别为东川区红土地镇银水箐村委会、炭房村委会，禄劝县雪山乡拖木泥村委会、舒姑村委会，禄劝县转龙镇老槽子村委会、中槽子村委会、恩祖村委会、大水井村委会，禄劝县乌蒙乡大麦地村委会、乌蒙村委会、舒姑村委会。轿子山自然保护区管护协议书明确规定：涉及村委会的保护区范围内的集体土地划归自然保护区管理局管理；土地权属不变，仍属所涉及村委会集体所有；划归的土地主要由保护区管理，群众协助管理。

2. 普渡河片区

普渡河片区涉及禄劝县乌蒙乡舒姑村委会和中屏乡北屏村委会。云南轿子山国家级自然保护区管理机构也同这两个村委会签署了相关土地使用和管护协议。

7.5.3 土地利用现状和结构

1. 土地现状

保护区总面积 16 456.0hm^2，各地类面积和所占保护区总面积的比例分别为有林地面积 3 797.8hm^2，占总面积的 23.079%；灌木林地面积 7 630.4hm^2，占总面积的 46.368%；未成林地面积 42.0hm^2，占总面积的 0.255%；宜林与无林地面积 4 534.8hm^2，占总面积的 27.557%；耕地面积 394.2hm^2，占总面积的 2.395%；居民地及交通用地面积 1.2hm^2，占总面积的 0.007%；其他土地面积 55.6hm^2，占总面积的 0.338%。

2. 保护区土地利用结构

（1）保护区林地结构

保护区林地总面积为 16 005.0hm^2，占总面积的 97.26%。在林地中，各地类面积和所占林地总面积的比例分别为有林地面积 3 797.8hm^2，占保护区林地总面积的 23.73%；灌木林地面积 7 630.4hm^2，占保护区林地总面积的 47.68%；未成林地面积 42.0hm^2，占保护区林地总面积的 0.26%；宜林与无林地面积 4 534.8hm^2，占保护区林地总面积的 28.33%。

（2）保护区非林地结构

保护区非林地总面积为 451.0hm^2，占保护区总面积的 2.74%。在非林地中，各地类面积和所占非林地总面积的比例分别为耕地面积 394.2hm^2，占保护区非林地总面积的 87.40%；居民地及交通用地面积 1.2hm^2，占保护区非林地总面积的 0.27%；其他土地面积 55.6hm^2，占保护区非林地总面积的 12.33%。

7.6　社区发展

保护区与其附近社区居民具有长期的相互依存关系，能否得到当地居民的支持直接关系到保护区管理的成败。自 20 世纪 70 年代起，许多研究者和国际组织就致力于研究如何协调保护区与其附近社区居民之间的关系，并相继提出了一系列协调机制，如生物圈保护区概念、综合保护和发展项目、社区共管等。其共同之处在于将保护和发展同时纳入保护区的功能中，在管理上强调社区参与和公平，尊重当地居民的认识和意见。社区发展活动本身必须与保护区的有效管理和生物多样性的有效保护联系起来，社区发展活动的成效必须对保护区的有效管理和生物多样性的有效保护产生直接的贡献，并且具有可持续性。

7.6.1　保护区和社区关系

1. 保护区与社区的统一性

我国保护区大多数位于偏远的农村或山区，偏僻的地理位置、陈旧的社区居民观念以及较少的外界联系，在一定程度上制约了社区经济和文化的发展。保护区的建立，提高了当地社区的知名度，扩大了社区的影响。一方面，作为社会的窗口，保护区有利于当地社区与外界的沟通和了解，可以引进先进的资源利用和管理技术，推动社区改革传统的生产经营方式，促进当地社区旅游业的发展，并可以在一定程度上改善社区的发展环境；另一方面，自然保护区建设需要当地社区的支持和帮助。社区居民了解当地社会、文化、环境和资源状况，可以为保护区提供当地的社会结构、文化习俗、气候、土壤和水文情况、资源种类和分布特征及生态和经济价值等信息，这些信息在保护区的建设规划、资源调查、环境监测和评价、资源保护和利用中都有非常重要的作用。

此外，当地居民参加保护区的建设和管理，还可以节省工资、住房、交通和建设其他生活服务设施所需的费用，并可使部分居民从依赖和利用资源来维持生活转向从事资源管理工作，从而缓解当地社区对资源保护的压力。

2. 保护区建设与社区发展之间的主要矛盾

保护区与社区之间存在着保护与发展，即资源保护和利用的矛盾。我国一直比较重视对保护区的强制性保护，这种资源管理方式在一定程度上制约了当地社区对资源的利用，使当地居民失去了管理和使用资源的权利，从而失去或减少了发展的机会。由于我国保护区大多位于经济落后的偏僻山区，当地社区传统的生产生活方式对自然资源的依赖性很强，建立保护区后，当地社区传统的生产生活方式受到限制，而新的替代方式又没有形成，造成大量违法利用资源的事件，对生态环境和物种资源保护构成威胁，成为保护区与社区面临的主要矛盾。保护区的建立使社区居民对资源的利用受到极大的限制，而且生态补偿机制不健全，加剧了保护区与社区之间的矛盾。

3. *资源保护与利用的矛盾*

我国对保护区资源的管理一般实行限制性保护，对区内生物多样性的保护建立在严格限制传统经济增长发展模式的基础上，势必在一定程度上制约当地社区对资源的利用。

利益分配不均匀也是保护区与社区之间重要的矛盾。由于经费不足，许多保护区都走上了开发的道路，通过各种创收途径增加经费来源。

社区自身压力的增大也加剧了二者之间的矛盾。近年来，随着社区人口的增加，对资源的需求也增大。人口及其需要是资源开发和经济增长的基本动力，在一定范围内对经济发展起促进作用，但超过资源承载能力和经济负担能力，就会转变为压力、负担，甚至是一种破坏力量。在人口增长而又无法获得更多收入的情况下，掠夺自然资源是增加个人收入的首选手段。资源耗尽的最终结果是环境质量退化，使经济、人口、资源、环境之间的关系进入双轨恶性循环。

7.6.2 社区发展存在的问题

轿子山自然保护区周边社区发展还存在着一些问题：

1）经济结构单一、增长方式粗放、资源环境代价过高。轿子山自然保护区周边社区经济发展以农业和畜牧业为主，以及少数的旅游业。农业和畜牧业多为粗放经营。

2）社区居民环保意识差、环境破坏较为严重。保护区内居民放牧没有限度。轿子山周边社区居民主要养殖黄牛和山羊，最简单也是最节约成本的养殖方式，是将牲畜放养在保护区内。牛羊啃食草皮非常严重，往往将草连根拔起。高寒区域的植被生长和恢复都极其困难。居民在放牧时，不会考虑植被的承载能力，往往等牲畜吃光一片区域后换另外一片区域进行放牧，高寒山区地表逐渐裸露，长此以往，将造成自然环境的持续恶化；另外一种放牧方式是散养，即居民将牲畜赶入植被茂密处后，任其自由行走啃食，一个月甚至几个月后再去牵回的方式。这样的方式，不但造成植被更大面积的破坏，而且容易发生牲畜攻击游客的事件，形成安全隐患。社区居民采取粗放型的农业生产方式，为确保高寒区域农作物的生长，使用大量保温薄膜。薄膜在利用完后被撕毁，而不是回收。经过风化，薄膜形成破碎的小块。这些碎片会飘落到保护区各个区域，极难清理。野生动物误食后，会因无法消化而死亡。在抵御病虫害方面，社区居民采用喷洒大量农药的方式，农药的渗透破坏了土壤的结构，污染了地下水体，影响了动植物的生存环境。社区居民随意砍伐和采摘，砍伐树木更是对自然最直接的破坏行为。

3）社区居民与旅游企业矛盾严重。2010 年，轿子山旅游开发区成立，因旅游企业开发轿子山而挤占了社区居民的生产空间，占用了社区居民的资源，对社区居民出行产生影响、对当地社区居民吸纳的数量极其有限，限制了当地居民进入景区的自由，挤占了居民原有的旅游服务收益空间，这些问题使得矛盾日益严重。

4）社区规划滞后，环境保护机制相对落后，社区规划不够科学，缺乏长期性、整体性，显得零乱，不适应时代的发展。在加快经济及社会发展时，存在重发展轻环保意识，导致环保工作落后，增大修复环境回归自然的成本和难度。

7.6.3　社区发展建议

1. 保护区周边社区发展模式应遵循的原则

为了保证社区发展，应采取适当、积极、合理的发展模式，发展模式的选择应遵守以下原则。

首先，保护区周边社区的发展模式不得与保护区事业发展的总体目标背道而驰。发展模式的选择首先要体现自然生态环境保护优先原则，在此前提下尽量兼顾保护区与当地社区经济发展的共同和谐发展的目标。除此之外，要明令禁止采用任何对保护区自然生物资源和天然景观造成破坏的社区发展模式，并且发展模式的应用范围应该严格限制在核心区和缓冲区以外，并能确保控制在一定强度范围内实行。

其次，考虑社区发展模式时要充分考虑到当地居民的文化科学素质及思想精神观念问题，特别是必须得尊重当地少数民族的民风、民俗。只有在充分、全面地考虑到这些因素后，提出的发展模式才有可能让群众容易理解和接受，为其实施的可行性提供一定的保障。

再次，社区发展模式的选择除了要考虑当地居民精神文化方面之外，当地的自然气候条件、地理环境因素也是需要慎重考虑的方面。一个地区各方面的生产发展除了人为因素的影响外，大自然的变幻莫测带来的影响则是不可估量的，特别是当地气候因素的制约，因此，社区发展模式必须要参考当地特有的自然环境条件。

最后，社区发展模式还要符合当地政府制定的有关经济发展总体规划的精神要求。只有确定其内容与地方产业的政策保持一致性，才有可能得到当地政府的认同，并且在资金上和政策上得到持续有力的支持，以保证其顺利实施。

总之，对自然保护区周边社区这一特殊对象来说，只有在保护好自然生物资源的基本要求上发展当地社区经济，才能实现国家总体区域协调发展战略和保护生物多样性的目标。在这一基础原则的指导下，应积极努力地探寻一条共同满足保护区和其周边社区发展双重需求的经济适宜发展途径，这样不仅能保护好保护区的生态效益，同时又能确保社区居民从其他途径获得经济利益，从而达到双赢的目的。从长远的发展来看，只有自然保护区周边社区在不影响保护区建立目标的前提下，尽可能实现与所处地域环境相适应的经济增长速度，这样才有可能使保护区在不受外界影响的前提下提高自身内部的管理质量和优化管理目标，为保护区事业的健康发展与可持续性提供保障。

2. 建议

1）大力开展社区共管。社区共管模式实质上就是一种以社区居民参与性为主的发展模式。在新的发展理论指导下，成功的发展不再应该以抽象的经济增长为总体指标，而应以人的发展为中心，如满足人们基本的生活需求，减少社会不平等的现象，同时还要提高人的生产能力和创新能力，以促使社区的发展能达到自身认定发展目标。“社会共管”模式在中国的保护区管理实践方面，也取得了一定的成就。例如，高黎贡山自然保护区通过对当地群众开展环境宣传教育活动和示范村活动，充分提高了村民环境保护意识，村民自发组织成立了大蒿坪自然村项目共管委员会，直接参与保护区和社区森林资源的管理。因此，社区共管的发展模式应该是轿子山自然保护区周边社区发展的主要管理模式。

2）保护区当地政府应加大对周边社区基础设施的建设力度。基础设施建设是经济社会发展的重要保障之一，因此当地政府应把各项基础设施建设放在首位，不断改善周边社区与外界的交通道路状况，加大对社区文化教育事业、公共医疗卫生事业的投资力度。

3）产业结构升级。在保护区这一特殊范围内，升级产业结构的主要目标是努力促成保护区与周边社区在经济上的双赢格局，利用资源优势策略发展一系列在不违背自然资源保护原则基础上的产业结构。轿子山自然保护区周边社区应该将农业、畜牧业及发展生态旅游结合起来。保护区优美、丰富的自然景观资源，是开展生态旅游的理想场所。保护区生态旅游的发展，必将带动周边社区的交通、餐饮、住宿、购物等旅游相关服务行业的发展，可望成为周边社区经济新的增长点；保护区管理局应在发展生态旅游的同时，大力扶持、引导村民积极参与旅游服务项目的开发，推出具有地方民俗、民风特色的旅游项目，发展旅游业，增加就业机会，壮大地方经济。产业结构的调整与优化，需要相应资金的支持。国家发放小额贷款，提供资金支持。当地政府可以制定一些优惠政策，积极进行招商引资，鼓励企业家到当地社区进行投资。此外，政府相关部门还可加强宣传，在社区中确立金融信贷诚信观念，引导社区居民依靠诚信获得金融机构提供的生产资金。

4）发挥政府部门职能，为社区发展普及文化知识及提供科学技术培训。首先，政府部门应该培养和引进专业人才，为社区居民开办技能培训班，增加居民的谋生技能。其次，加强农业科技服务体系的建设力度。积极鼓励基层农业技术人员下乡推广农业发展新技术，为农户进行新型技术的讲解。除了对社区居民提供科学技术培训外，更重要的是要对其提供思想观念上的培训教育，解决当地社区居民的思维意识问题。

第 8 章 自然保护区管理

8.1 基础设施

轿子山自然保护区地处的禄劝县和东川区均属于国家级贫困县，在财政状况十分困难的情况下投资建设了一些必需的基础设施（表 8-1～表 8-4）。现已建成办公用房 511m²，宿舍 300m²，配备了复印机 1 台、卫星电视接收机 6 台（套）、电话 2 部、电台 2 台、对讲机 9 台等必要的办公设备；设置了少量的界碑、界桩；修建了防火道路 3.7km、巡护步道 18km、防火隔离带 20km、瞭望台 1 座；购置了森林防火车、摩托等巡护工具。

表 8-1 轿子山自然保护区现有建筑用房现状统计表

现有建筑用房/m²	
合计	811
办公用房	511
宿舍	300
科研保护	
附属	
其他	

表 8-2 轿子山自然保护区现有交通现状统计表

现有交通	
干线公路/km	17
支线公路/km	
巡护步道/km	18
汽车/辆	1
摩托车/辆	
其他	

表 8-3 轿子山自然保护区现有通信现状统计表

现有通信	
通信线路/km	
电话/台	2
电台/台	2
对讲机/台	9
其他	

表 8-4 轿子山自然保护区主要管护设备现状统计表

主要管护设备	
森林防火设备	
1. 防火隔离带/km	20
2. 防火公路/km	3.7
3. 瞭望台/座	1
气象监测设备	
水文监测设备	
生态监测设备	
病虫害防治设备	
办公设备/套	5
1. 复印机/台	1
2. 卫星电视接收机/套	6

注：主要管护设备应尽量标注设备名称、数量；汽车应注明公务用车、管护用车、生活用车数量。

8.1.1 道路交通设施

公路是保护区交通运输的主要方式，目前公路网络已基本形成，主要由县乡公路和村公路构成。尽管已实现了乡乡通公路，但仍有少许村庄的道路不通畅，现有交通设施也不齐全，不能满足现状需求。目前昆明—轿子山的客运专线正在建设中，建设标准为二级公路。轿子山自然保护区目前的对外交通主要依靠南向由昆明经转龙至四方井的公路，弯道多、路面窄以及路况差的特征严重制约了保护区与外部的交通联系。保护区内目前的内部交通有索道、步行游道和马道三部分。

8.1.2 给水

轿子山自然保护区目前的给水基本上依靠采用景区内的河水溪流等。

8.1.3　排水

轿子山自然保护区目前没有合理的排水设施，基本未经过处理就进行污水和雨水的排放，不利于轿子山生态环境的保护。

8.1.4　电力电信

轿子山自然保护区目前几个服务节点的电力系统较为完善，供电来源于周边乡镇的电力系统，其负荷量基本能满足居民和游客的供电需求。但区内电力线路与电信线路交叉布置，有碍景观视觉效果，建议中远期进行地下埋设处理。

在市场经济的推动下，各种电信业务、通信工程基础设施已经覆盖两片区内各乡镇，基本满足电信通信需求。两片区全年邮政电信业务总量 591.40 万元，固定电话用户达到 4 884 户，普及率为 13%，已通电话的行政村达 100%，移动电话数量 77 287 部，普及率为 67%，宽带用户数达到 1 376 户。

8.1.5　基础设施不足之处

自然保护区现有基础设施落后、设备购置和设施建设年代已久，不能适应自然保护区保护、发展的客观需要。且自然保护区山高坡陡，林内腐殖层厚，一旦发生火灾后果将不堪设想。因此，迫切需要改善区内交通和通信条件，做好管理局、站、点建设，添置必要的防火设备、交通工具及科研设施等。

8.2　机构设置

8.2.1　机构名称

2012 年 12 月，中共昆明市委机构编制委员会批准成立轿子山国家级自然保护区管理局。机构规格为昆明市林业局管理的正县级全额拨款事业单位，与昆明倘甸产业园区管理委员会、昆明轿子山旅游开发区管理委员会合署办公。2013 年 5 月，轿子山国家级自然保护区管理局正式挂牌成立，办公地点在禄劝县转龙镇。

结合轿子山自然保护区机构现状，根据自然保护区实际保护管理需求，为了能够对自然保护区进行系统全面的管理，轿子山国家级自然保护区管理局下设 3 个处（综合处、社区宣教处、资源保护管理处）、1 个自然保护区科研所和 3 个保护管理站（转龙管理站、法者管理站、雪山管理站）（图 8-1）。

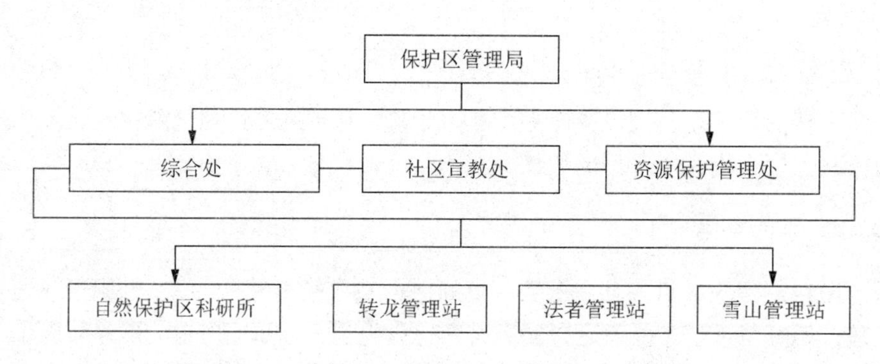

图 8-1　云南轿子山国家级自然保护区组织机构框架图

8.2.2　组织机构的职能

1．轿子山国家级自然保护区管理局

轿子山国家级自然保护区管理局是自然保护区的行政首脑和决策机关，负责贯彻执行国家有关方针政策、法律法规；根据上级要求和自然保护区自身实际，制定内部规章制度和工作守则；配合有关立法部门，制定自然保护区管理办法；按照自然保护区总体规划和管理计划的规定，组织开展人事劳资、计划财务、党务、纪检、资产管理、物种保护、宣传教育、科研监测、社区共管等各项工作；指导、督促下属单位开展工作；代表自然保护区联络、协调与各方面的关系；组织开展对外交流与合作等。

2．综合处

综合处行使办公室，计划财务、人事等综合职能，负责上下级文书往来、人员接待和文秘工作；负责人事、劳动工资、职工培训和职工福利工作；负责车辆物资管理；负责干部职工的考核和奖惩、计划生育工作；监督自然保护区有关政策、各项规章制度的实施和执行情况；负责资产管理和项目评估等项目工作；定期制作财务报表；制定年度建设计划和资金使用计划；检查监督计划执行情况，及时报送上级主管部门；自觉接受审计部门和上级主管部门的检查监督。

3．社区宣教处

宣教方面，负责对外宣传国家有关自然保护的法律、法规和方针、政策；对外宣传各级政府和自然保护区管理局有关自然保护区管理的办法和规定；协助县能源部门在自然保护区周边建设沼气池；协助县扶贫开发办在自然保护区周边开展项目扶持工作；协调自然保护区与周边社区共管的关系。

4．资源保护管理处

资源保护管理处负责制定有关自然保护的各项管理制度；编制年度巡护计划，组织开展巡护、救护等工作；收集、整理巡护、救护记录，建立有关档案；负责设立并管理区碑、警示牌、指示牌、界桩等有关保护标志；对各保护管理站、保护管理点进行业务指导和监督管理；建立自然资源档案，掌握资源变化动态；负责自然保护区防火、病虫害防治及自然生态系统和珍稀濒危动植物的恢复发展等工作。

5. 自然保护区科研所

自然保护区科研所主要承担有关科研工作，包括编制科研计划，申请科研课题，组织或配合开展科研工作；开展森林病虫害防治工作；开展科研交流与合作等；为科学研究、野化放归、产品开发利用、生态旅游等提供种源和技术支持；环境监测、定位观测、森林病虫害预测预报工作；确定科研课题、编制研究报告、筹集科研资金；管理实验室、标本室、图书资料室、档案室；组织配合有关国内外专家对自然保护区的科研、考察活动；对民众进行科学普及宣传教育，为自然保护区的有效保护提供科学依据。

6. 保护管理站

保护管理站负责辖区内野生动植物资源保护，并随时与管理局、其他保护管理站、保护管理点保持联络，协调保护工作。

7. 保护管理点

保护管理点在所属保护管理站的领导下，对管辖片区开展自然保护、护林防火、入区人员及车辆检查等管护工作。

8.2.3 人员编制

根据自然保护区管理水平和管辖面积，本着强化管理，提高效率的原则，轿子山自然保护区经规划测算需要人员编制 51 人，其中，管理人员 7 人（局长 1 名，副局长 2 名，处长 1 名，科员 3 名），专业技术人员 18 人（所长/站长 6 名，科员 12 名），直接管护人员 26 人（巡护员 26 名）。

8.3 自然保护区现存状态和问题

截至 2016 年 5 月，全国已建各种类型自然保护区 3 381 处，其中，国家级自然保护区 446 处。在这些自然保护区中，绝大部分的管理措施得力，在组织机构、人员编制、自然保护区的保护和管理、科学研究等方面，都取得了一定的成绩。但是，也有个别自然保护区，在资源保护上还没有完全到位。

8.3.1 认知程度不高

有些政府和部门的领导干部存在短期行为，缺乏对可持续发展的认识和决心，不能将保护与发展结合起来，存在建立自然保护区会对地方经济发展产生影响的误区，不能充分发挥对自然保护区建设和管理的积极性。

8.3.2 宣传力度不够

自然保护区建设是一项新兴事业，公众对自然保护区建设的价值和重要性还普遍缺乏认识。加上相关政府和部门对自然保护区保护和合理利用的宣传、教育工作又滞后于经济发展和资源保护形势的要求；相关法律法规还尚未在公众形成良好的舆论氛围和约束力，导致滥砍滥伐林木和乱捕滥猎野生动物及森林火灾等现象时有发生，自然资源遭受破坏，保护生物多样性不突出，不能确保各类自然生态系统安全和稳定，生态环境质量得不到改善。

8.3.3 资金投入不足

目前，我国绝大部分自然保护区的管理机构属于事业单位性质，但由于经费没有保障，大多数自然保护区被迫走上自养之路，实际上实行的是差额事业单位或事业单位企业化运行，管理与经营混于一体。这是目前我国自然保护区机构的主要运行模式，它导致了一系列问题的出现：弱化了保护管理职能；失去了监督和执法的合理性；加重了对自然资源的压力；倾向独家经营；排斥合作伙伴；加剧了与社区之间的矛盾。这种运行模式虽然在一定程度上分担了政府的财政困难，然而却导致了自然保护区机构主要职能的偏离。在促进经济发展的过程中，自然保护区机构首先应该扮演的重要角色是“裁判”，其责任是确保区内一切经营活动所产生的影响被控制在环境可承受的和国家政策所允许的范围内。因而，自然保护区机构的行政性质应当被强调，尤其是在向市场经济转型时期，需要加强对非法利用自然保护区资源牟利行为的打击力度，而自然保护区机构作为事业单位或企业单位是难以胜任的。

8.3.4 管理体制滞后

《中华人民共和国自然保护区条例》第二十一条规定，“国家级自然保护区，由其所在地的省、自治区、直辖市人民政府有关自然保护区行政主管部门或者国务院有关自然保护区行政主管部门管理。”而现实的情况并非如此，较为普遍的管理体制是业务由上级主管部门管理，行政由县级以上地方政府管理，实行业务与行政分离的管理体制。这种管理体制存在着职责不清、权利不明的弊病，特别是现在一些保护区对地方经济的带动作用不大，还要在不宽裕的财政中“掏腰包”养自然保护区社区居民，所以自然保护区就成了“包袱”，自然保护区工作也就得不到重视和支持。况且，自然保护区的业务管理体系尚处于初级阶段，管理素质参差不齐，几十年的自然保护区发展史告诉我们，自然保护区的工作是以资源保护、科学研究、环境教育等业务工作为主的，行政管理只是为了完成自然保护区历史使命的管理措施之一，但自然保护区现在尚无一套完整的、规范的管理体系，导致年初无计划，年终无总结，上级对下级无指令，下级对上级也不用汇报，工作做好做差都一样，全凭自觉性。

8.3.5 技术力量薄弱

目前，多数自然保护区的管理机构不够健全，管理人员不足，业务素质不高，管护手段和基础设施普遍薄弱，缺乏现代管理技术和手段。由于自然保护区经济来源不稳、地域偏僻、工作生活条件差、社会地位不高，从事自然保护区工作的领导面临的工作难度大而缺乏信心，科技人员因科研经费紧缺而无法开展工作，基层的工作人员工作条件差、待遇低，缺乏工作积极性，导致很多人离开自然保护区。新的“血液”又无法输入，管理队伍整体素质提升较慢。

8.3.6 经营乱象突出

自然保护区兼具资源属性，尤其在我国这样一个自然保护区内涵较广泛的发展中国家，加之我国自然保护区运营资金缺口很大，因此在我国现行的自然保护区管理评价指标体系里，将自然保护区经营好、具有自养能力也是管理指标之一。目前，已有超过 80%的自然保护区走上以自养补不足之路。其中，超过 40%的自然保护区参与林业、农业、矿业等开发，超过 50%的保护区自行开展旅游经营，23%的自然保护区违规开放核心区接待游客，44%已经开展旅游的自然保护区还没有建立旅游管理规章。这类自养经营活动不仅缺少规划，而且自然保护区本身既是裁判员，又是运动员，有时还充当教练员，因此自然保护区对自然资源“监守自盗”的现象非常普遍。在已开展旅游的自然保护区中，有 44%存在垃圾公害，12%出现水污染，22%的自然保护区由于开展生态旅游造成保护目标的劣化。

8.3.7 职能管理冲突

我国的自然保护区是在国家政策支持下建立的，缺少当地社区群众的参与，缺乏与当地经济发展的联系，成为自然保护区管理体制上的先天不足，表现在：自然保护区机构面对大量的社区问题因为没有得到授权而无力加以解决；社区群众的利益没有正常渠道得到反映；缺少有效的组织机构站在自然保护与当地经济发展的结合点上行使协调职能；缺乏有效的机制以发挥缓冲区和过渡区合理利用资源的功能；自然保护区、社区、当地政府、主管部门、经营部门之间的相互排斥与冲突多于合作与协调，等等。这些体制上的缺陷把自然保护区管理工作限制在狭义封闭的范畴内，极大地阻碍着自然保护区功能的全面发挥。

而全面发挥自然保护区的功能仅靠自然保护区机构的力量是难以做到的。事实上生物圈保护区概念提出的多项功能是指自然保护区的区域功能，区域功能大大超出自然保护区机构的职能，需要参与式和伙伴合作式的管理才能实现。认识到这一点，便于我们从整个地区可持续发展的角度理解和发挥自然保护区的作用。全面发挥自然保护区的区域功能需要协调好三方面关系，即自然与自然之间、人与自然之间和人与人（不同利益群组，如自然保护区与当地社区等）之间的关系。但目前自然保护区管理机构的职能仅集中在处理前两种关系上，在处理人与人的关系方面是我国自然保护区面临的最大难题。

8.4 自然保护区有效保护

《中华人民共和国自然保护区条例》是国务院于 1994 年 10 月 9 日颁布、同年 12 月 1 日起实施的一项关于加强自然保护区的建设和管理，保护中国的自然环境和自然资源的法令，对自然保护区的建设、保护和管理拉开了序幕。

自然保护区可分为核心区、缓冲区和实验区。自然保护区内保存完好的天然状态的生态系统及珍稀、濒危动植物的集中分布地，应当划为核心区，禁止任何人和单位进入。核心区外围可以划定一定面积的缓冲区，只准进入从事科学实验、教学实习、参观考察、旅游及驯化、繁殖珍稀濒危野生动植物等活动。在自然保护区内的单位、居民和经批准进入自然保护区的人员，必须遵守自然保护区的各项管理制度，接受自然保护区管理机构的管理。禁止在自然保护区内进行砍伐、放牧、狩猎、捕捞、采药、烧荒、开矿、采石、捞沙等活动；但法律、行政法规另有规定的除外。盗伐、滥伐国家级自然保护区内的森林或者其他林木，构成犯罪的从重处罚。为了使自然保护区得到有效的保护，一些必要的保护设施也应配备齐全。

1. 保护管理站

保护管理站数量及其管理范围应该确保工作人员能够迅速控制进出自然保护区的主要交通路口，到达自然保护区内主要人为活动区域。保护管理站的设置应根据自然保护区的类型、主要保护对象的分布、保护管理任务、自然地理条件、交通条件、人为活动特别是居民点的分布状况确定。保护管理站应当建立在居民点、人为活动频繁地区及人员和车（船）经常进出自然保护区的道路路口或其他要塞处。配备办公、消防、野外调查、日常巡护、执法、通信、交通及必要的生活设施设备，在进出自然保护区的重要路口和要塞处可设立保护管理点、哨卡和检查站等，保护管理站的设置应考虑生活污水和垃圾无害化处理。

2. 界碑界桩

自然保护区应在人为活动频繁地区及主要道路相交处、转向点设置界碑界桩，充分发挥指示、警告、宣传的作用。自然保护区应设置完善的边界范围及核心区、缓冲区、实验区范围的界桩、界碑。具体制作按照《自然保护区管护基础设施建设技术规范》执行。自然保护区及不同功能区的四周边界上必须树立界桩，标明“核心区界”“缓冲区界”“保护区界”。水域应通过在地图、海图、航道图等标注，自然保护区应在人为活动频繁地区及主要道路相交处、转向点设置界碑界桩，充分发挥指示、警告、宣传的作用，自然保护区应设置完善的边界范围及核心区、缓冲区、实验区范围的界桩、界碑。具体制作按照《自然保护区管护基础设施建设技术规范》执行。自然保护区内不同功能区的四周边界上必须树立界桩，标明“核心区界”“缓冲区界”“保护区界”。水域应在地图、海图、航道图等标注。

3. 交通设施

自然保护区应建设路网、码头等必要的交通设施，能够满足自然保护区巡护、防火、监测和日常管理的需要。不得以管护为名铺设旅游道路，破坏生态环境。路网包括干道、便道和巡护步道。干道用于连接自然保护区和国家或地方交通干线，路面等级应满足晴雨通车要求。便道用于连接轿子山国家级自然保护区管理局、保护管理站、瞭望塔台、监测点和居民点等，应达到通车或人员便利通行要求。自然保护区还可根据巡护需要，依自然地势设置自然道路或人工修筑阶梯式道路作为巡护步道。海洋和内陆水域自然保护区，可根据需要设立码头。

4. 巡护执法设备

自然保护区应配备必要的巡护、执法、取证设备，主要包括交通工具、通信工具、执法装备等。巡护和执法设备应能够满足巡护、执法和应急反应的需要。

5. 防火设施设备

自然保护区可根据实际情况，设置瞭望塔、防火道和防火隔离带，配备灭火设备，以满足预防和及时扑灭火灾的需要。在自然保护区内制高点及易发生火灾地区，应设置瞭望塔，瞭望半径应覆盖高火险地区，数量能够满足防火需要。瞭望塔内应配备瞭望、监控、报警和通信设备。自然保护区内森林或草原植被较多、人为活动频繁、火险等级较高的区域，宜设置防火隔离带，阻止火灾蔓延。

6. 野生生物保护设施

因野生动植物及其栖息地保护的需要，自然保护区可以建设生态廊道、动物通道、人工洞穴、巢箱、人工鱼礁等设施，配备动物救护、病虫害检疫防治等设备。

8.5 自然保护区有效管理

自然保护区的建设与管理实行“依法保护、科学管理、合理利用”的方针，贯彻执行国家和省有关自然保护区管理的法律、法规、规章和方针、政策；制定并负责实施自然保护区的各项管理制度，采取切实可行的措施保护自然保护区内的自然环境和资源；组织开展珍稀动植物的观察、监测和研究，探索自然资源的保护与适度合理利用途径。

1. 管理基本理念

关于自然保护区管理还有3个基本理念：生态完整性、纪念完整性和可持续发展，这3个方面都必须实现。

1）生态完整性是一个根植于生态系统的理念，其完全的思想不言自明，这种完全由“完整”这个词表述出来。然而对这个理念却难以下精确的定义，人们对如何度量它无法达成一致。一个生态系统并非完全独立，而是与毗邻的生态系统相联系的；所有这些生态系统都存在于一个平衡之中，随时对外界各种纷繁的干扰做出调整。

2）纪念完整性表达了一种相似于全部的理念。它适用于自然遗产和文化遗产地，在那里关键的资源既未受损又未被威胁，将历史的发生和发展有效地呈现给观众，使遗产价值受到尊重。

3）可持续发展要求所有的发展都应以某种方式或在某个限度之内进行，只有这样才能为后代人保留下具有完整性的资源。

2. 加强管理局的机构职能建设

在各个自然保护区中，自然保护区管理局是核心领导部门。从实际管理需要出发，适当增加管理局的人员编制，并招聘具有相关背景和专业技术的人员充实各个岗位，管理局的人员配置向项目管理、信息管理、旅游管理、资源与环境等方向倾斜。

3. 提高管理人员的综合素质

作为管理者必须增强与时俱进的学习意识，把学习摆在重要地位，学习是提高管理者知识水平、理论素养的途径。我们在工作中获得的是经验，而理论学习赋予我们的是进一步实践的有力武器。只有不断地学习和更新知识，不断地提高自身素质，才能适应工作的需要。通过制定管理人员培训手册和培训计划，采取学历教育与短期培训相结合的方式提升管理人员总体业务素质和管理水平；聘请专家至当地开展自然保护区保护与管理的培训，也可以选送人才外出参加相关培训班；有计划地选送管理人员到国内外院校进修学习。从实践中学习，从书本上学习，从自己和他人的经验教训中学习，把学习当作一种责任、一种素质、一种觉悟、一种修养，当作提高自身管理能力的现实需要和时代要求。同时，学习的根本目的在于运用，要做到学以致用，把学到的理论知识充分运用到工作中，提高分析和解决问题的能力，增强工作的预见性和创造性。通过不断学习，不断实践积累，从而不断地提高自身的管理能力。

4. 重视社区参与机制

进行自然保护的宣传教育，需要乡（镇）人民政府的参与和支持，重视社区能力建设。自然保护区是当代人为子孙后代保留的物种资源库，是后代人委托我们管理的资源，因此保护是自然保护区最主要的工作。开发和利用在自然保护区中不应过分强调。但我们在自然保护区的管理工作中，必须关注自然保护区社区收益。社区居民依赖自然保护区资源为生。我们无权剥夺其利用资源的权利。为子孙后代所做的牺牲不应由他们独自承担，而应该由全社会共同承担，国家有义务为自然保护区社区居民的权益负责。同时，社区居民生活的改善有助于缓解人口压力给野生动物资源保护与管理带来的种种困扰。基于居民收入调查显示，高收入的社区居民对野生动物造成的危害有更强的承受能力和更宽容的态度，同时其对保护野生动物的意愿投入也更多，对保护措施和政策也更支持。

5. 完善管理法规

完善管理法规，加大执法力度，建立与自然保护区管理考核相联系的奖惩机制，应修改 1994 年颁布的《中华人民共和国自然保护区条例》，填补法规漏洞。根据近 10 年来对自然保护区管理产生负面影响的案例，修改和补充的内容应包括以下 5 个方面：①从根本上解决土地、林地等权属问题，确保自然保护区（尤其是核心区）内的一切资源（包括土地）由自然保护区机构统一管理。根据我国《中华人民共和国土地管理法》第五十八条的规定："有下列情形之一的，由有关人民政府土地行政主管部门报经原批准用地的人民政府或者有批准权的人民政府批准，可以收回国有土地使用权。"，《中华人民共和国自然保护区条例》应据此明确自然保护区可以采用适当补偿的方式依法收回土地使用权。②明确自然保护区范围内的开发和建设必须服从自然保护区的发展规划。自然保护区范围一经确定，只能依据规划按核心区、缓冲区和实验区分区利用，核心区范围不能因为经济建设的原因更改。③明确建立生态补偿制度。对因建立自然保护区而给周边社区经济发展带来的限制，应由同级别的财政给予相应的补偿。④加大法律惩处力度。对在自然保护区范围内进行违规经营开发和偷猎野生动物造成较大破坏者，除经济惩处之外，应参照《中华人民共和国刑法》第 338 条、341 条追究刑事责任。⑤应补充有关特许经营的规定。

6. 在小范围试点的基础上改革管理体制

为全面改善自然保护区的管理，必须在条件成熟时改革自然保护区的管理体制。我国只有四川卧龙 3 个自然保护区由国家林业局垂直领导并具有自然保护区内的行政管辖权限。随着我国财力的增强，对于国家层次上公益性明显的国家级自然保护区，应在小范围内试点的基础上改革管理体制，即在有条件的国家级自然保护区逐步实施国家与地方的双重领导，在规划、投入等方面以国家主管部门为主，为过渡到垂直管理做准备。

7. 推进开放式、参与式、适应式的管理

推进开放式、参与式、适应式的管理应做到以下几点：

1）把促进当地可持续发展列为自然保护区管理的重要目标之一，并在有关法规政策中明确规定下来，以从目标上修正目前的管理政策，使自然保护区的建设管理与可持续发展的总目标更加密切地结合起来。

2）在每个自然保护区建立联合管理委员会，其组成应包括当地社区、当地政府、自然保护区、与自然保护区资源利用有关的企业、科研单位和非政府组织的代表。联合管理委员会的主要职能是协调保护与发展之间的事务，工作重点是在缓冲区和过渡区。同时在自然保护区管理机构设置社区科，把社区发展纳入自然保护区的管理议程。

3）在自然保护区探索和建立把当地群众和地区的经济利益与生物多样性保护结合起来的机制，对成功的机制给予优惠政策，并加以推广。目的是把保护变为社区群众在经济活动中的主动持久的行为。

8.6 建立自然保护区的作用和意义

1. 为人类提供生态系统的天然“本底”

各种自然地保留下来的、具有代表性的、被划为自然保护区加以保护的天然生态系统或景观地段，是极为珍贵的自然界的原始“本底”。它们可以用来衡量人类活动对自然界影响的优劣，同时也对探讨某些地域自然生态系统的内在发展规律，为人类建立合理的、高效的人工生态系统提供启迪。

2. 各种生态系统和生物物种的天然储存库

自然保护区正是为人类保存了这些物种及其赖以生存的环境，特别是对一些濒危和珍稀的物种的继续生存和繁衍具有极为重要的意义。从此意义上说，自然保护区保存的物种资源和生态系统资源是人类未来的财富和资源。

3. 理想的科学教育研究基地和教学实习场所

自然保护区保持着完整的生态系统、丰富的物种、生物群落及其生存环境，这为进行生态学、生物学、环境科学及资源科学等学科的教学和研究工作提供了良好的基础，成为设立在大自然中的天然实验室。

4. 活的博物馆和讲坛

除少数绝对保护地域外，一般自然保护区都可以接纳一定数量的青少年、学生到自然保护区来参观游览。通过自然保护区的自然景观、展览馆及各种视听材料，以及精心设计的导游路线等，可使参观者极大提高环境意识和科学文化素质。

5. 为旅游提供一定的场地

由于自然保护区通常都保存了完整的生态系统，具有优美的自然景观、珍贵的动植物或地质剖面、火山遗迹等，对旅游者具有很大的吸引力，特别是以保护自然风景为主要目的的自然保护区，更是游客向往之地。在不破坏自然保护区的条件下，划出一定范围，有限制地开展旅游事业，可使游客在旅游过程中不仅享受到自然界的美，而且也受到一定的环境教育。这种把教育寓于其中的旅游事业已经在许多国家收到了可观的经济效益和社会效益。

6. 在改善环境、维持生态平衡等方面发挥作用

在一些河流的源头、上游建立的自然保护区，在重要的公路、铁路的两侧建立的防风林或防沙林，是自然保护区的一种特殊类型。它们可以直接起到保护环境，维持生态平衡的作用。在一些生态系统比较脆弱的地区建立自然保护区，对于该地区的生态环境保护更具有重要的意义。

8.7 科学研究

科研工作是自然保护区各项工作的基础，开展科学研究工作是自然保护区管理机构的主要职责。我国自然保护区科研力量薄弱、科研人员缺乏、科研设备简陋。因此，自然保护区的科研工作，要有其特定的工作内容和特殊的工作方法、思路。

1. 科研监测的任务和目标

任务：开展科学研究，是认识自然、积极保护自然资源与环境，正确利用自然的条件，合理开发利用自然资源的基础。

目标：目标是在摸清本底资源，了解物种分布范围及数量的基础上，编制出相应的分布图，并建立自然资源档案；建立生态系统监测体系，开展生物资源持续利用技术研究。

2. 开展科研的原则

开展科研的原则有以下几点：

1）充分利用自然保护区有利的自然环境和资源优势，有计划、有步骤、有重点地开展科学研究和资源监测活动，为保护和合理利用资源提供科学依据。

2）自然保护区的科研应紧紧围绕保护与发展的需求开展，其最终目的应为提高管理水平、科学保护及资源的可持续利用服务。

3）科研建设的重点应放在改善科研条件，提高科技队伍素质建设方面，同时购置必要的科研设备，以优越的政策吸引专业人才和鼓励开展科研活动。

4）科研课题应以常规科研为主，进行经常性的自然资源调查及本地资料的积累和补充等内容，随着科研设施的改善、科技队伍的扩大及素质提高，逐步扩大到开展生态监测和专项课题的研究上来。

3. 基础研究

基础研究可以分为本底调查和专项研究。

（1）本底调查

本底调查就是对生物、非生物、社会进行调查，掌握“家底”，分为自然条件、自然资源和社会状况 3 部分。

1）自然条件调查，包括自然地理，如地质、地貌、土壤、气象、水文等；生物物种，如动物、植物的种类、数量、分布等；动植物区系，如区系成分、组成特点等；植被类型，如植被型、群系、群丛的数量、分布等；动物种群，如种群结构、分布、迁徙等；生态系统，如生态系统类型、数量、分布等。

2）自然资源调查，包括再生资源和非再生资源。再生资源指目前有经济价值的生物资源，如林木蓄积、有经济用途或特种用途的动物、植物真菌的种类、数量、分布等。非再生资源指矿产和自然景观资源，如土地、金属和非金属矿产、自然景观及人文景观的数量、分布等。

3）社会状况调查，包括社区乡村人口、生产资料、生产方式、生活资料、生活习惯、经济收入、收入结构、交通、通信、能源等。

（2）专项研究

专项研究是指为解决基础领域某一专项问题而进行的研究，分为生物学、种群恢复、生态学 3 个部分。

1）生物学研究，包括珍稀濒危物种生物学特性；濒危原因、保护技术、保护措施等。

2）种群恢复研究，包括主要保护对象生存和繁衍所需最小面积；濒危物种生存和繁衍所需最小种群数量；人工扩大种群个体数量，人工辅助种群恢复。

3）生态学研究，包括生态系统结构、功能、效益等。

4. 应用研究

应用研究可以分为以下两方面：

1）开发利用。对自然资源开发利用进行的研究，目的是在一定条件下获取经济效益，包括经济价值高或有特种用途的动物、植物真菌的利用方式、利用强度、人工培育；矿产资源合理开发；景观资源合理利用等。

2）有效管理。为使自然保护和经济发展相协调，实现可持续发展而进行的具有实用性和可操作性的管理范畴的研究，主要内容有：①评价研究，对资源开发利用给环境带来的影响进行评价，建立评价体系、方法、标准，防止出现以牺牲环境来获取一时繁荣的情况；②监测研究，对生物和非生物资源进行定期调查、监测，及时提供资源结构、数量、利用程度、污染程度动态变化信息，为制定保护政策和措施、利用形式和强度、近期和长远发展战略提供依据，做到合理利用，实现可持续发展；③管理模式研究，研究自然保护和经济发展双达标的可持续发展模式，自然保护区分类管理模式，自然保护区与社区共同发展和管理模式，自然保护区自治管理模式等；④政策法规研究，研究自然保护和开发利用方面的政策、法规、制度，执法体系，规划设计标准等。

5. 科学普及

建立科普基地，如夏令营、自然博物馆等；创作集知识性、趣味性、可视性、参与性于一体的丰富多彩的科普作品。采用灵活多样的普及形式，展现自然丰富的内涵，传播科学知识，提高公众文化素质，培养热爱自然、保护自然的意识。

6. 轿子山国家级自然保护区科研成果

2010 年，李朝阳、刘凯等对轿子山自然保护区植被类型及其分布特点进行研究。采取线路调查和典型取样及卫星影像数据分析，得出轿子山自然保护区共有 7 个植被型、11 个植被亚型、17 个群系组和 28 个群系的结论。其中，寒温灌丛是轿子山自然保护区面积最大的植被类型，占保护区面积的 29.37%。在水平分布上，轿子山片区以保护区最高主峰和山脊为界。东、西两部分植被类型差别较大；温性针叶林、寒温灌丛和寒温草甸是保护区山地垂直带上最主要的植被类型。轿子山自然保护区具有大面积连片存在的多种原生植被类型，且地理分布极为特殊，因而具有重要的保护和研究价值。

2009 年，王海雁对轿子山自然保护区杜鹃属植物资源的生态旅游开发进行了研究。轿子山自然保护区有腋花杜鹃、红棕杜鹃、乳黄杜鹃、马缨花等杜鹃植物 28 种。基于保护区杜鹃植物资源的种类、分布等特点及当地具有的浓郁民族风情，对杜鹃植物资源生态旅游开发的重要性、开发途径、措施等进行了论述。

2010 年，李朝阳、杜凡等对轿子山自然保护区杜鹃群落植物多样性进行了研究。以样地调查法，用物种丰富度指数、Shannon-Wiener 多样性指数、Simpson 优势度指数、

Pielou 均匀度指数对轿子山自然保护区杜鹃群落植物多样性进行研究。结果表明：保护区内的杜鹃群落类型多样，主要有 2 个群系组，包括 7 个主要群系；群落中杜鹃属植物占有明显优势，但天然更新情况较差；红棕杜鹃灌丛物种多样性指数最高，洁净红棕杜鹃＋斑鞘玉山竹林最低。总体上，轿子山自然保护区杜鹃群落具有较高的物种多样性和均匀度，较低的优势度，是发育较为成熟的群落。

2010 年，张志军、唐芳林等进行了轿子山自然保护区森林生态系统服务功能价值评估的研究。森林作为陆地生态系统的主体，在全球生态系统中发挥着举足轻重的作用，其服务功能价值越来越受到人们的重视。张志军、唐芳林以轿子山自然保护区的森林生态系统为研究对象，从物质量与价值量的角度，采用影子工程法、机会成本法、市场价值法等研究方法，对其生态系统服务功能的直接价值和间接价值进行了评估。结果表明，轿子山自然保护区森林生态系统服务功能价值达 3.67×10^8 元/年，其单位面积的经济价值为 22 274.65 元/（hm^2·年），其中直接价值为 895.17×10^4 元/年，仅占到服务功能总价值的 2.44%，而间接价值高达 3.58×10^8 元/年，两者之比 1∶39.99，间接价值中大小顺序依次为土壤保持＞涵养水源＞维持生物多样性＞净化空气＞固碳释氧＞科研文化。轿子山自然保护区面积仅占到东川区和禄劝县总面积的 3.09%，但贡献的生态服务价值相当于两区县 2008 年 GDP 之和的 6.60%，从人均来看，当地每人每年可获得其生态服务价值达 470.69 元。研究结果表明，轿子山自然保护区对维持当地可持续发展具有举足轻重的作用。

2009 年，任宾宾、王平做了轿子山自然保护区土壤空间结构特征分析。在综合分析各成土因素及其相互作用的基础上，划分了保护区的土壤类型，借助 ARC/INFO 软件，编绘了 1∶5 万土壤分布图，应用山地生态学和景观生态学有关原理和方法，定性、定量地分析了土壤的发育和空间结构特征。研究结果表明：①保护区发育有黄棕壤等 7 个土类，暗黄棕壤等 9 个亚类；②土壤发育主要表现为土壤类型之间的垂直演替和在同一土类的分布地域内，不同发育阶段的土壤同时并存；③土壤的空间分异格局表现为垂直带分异和地域性组合 2 个序列。山地地形是引起土壤发育及土壤类型产生空间分异的根本原因；④从数量结构来看，优势土壤类型为棕壤，林线以下至海拔 3 300m 范围内的亚高山草甸和暗棕壤的破碎化程度高，交错分布特征突出。

2009 年，王平、任宾宾等对轿子山自然保护区土壤理化性质垂直变异特征与环境因子关系进行了研究。据轿子山自然保护区的地形特点，设置东、西两条垂直样带，选取 18 项指标，分别代表土壤理化性质、地形和植被因子，利用主成分分析、聚类分析和典型相关分析等多元统计手段，对该保护区土壤理化性质与环境因子之间的关系进行分析。结果表明：地形对土壤理化性质影响较大，海拔是影响土壤有机质、全氮、碱解氮含量、pH、土体厚度的主要因素；坡度和坡向对土壤质地影响较大；植被类型对土壤理化性质影响不显著。土壤理化性质垂直变异水平在 3 个海拔段差异较大：海拔 3 700m 以上，有机质、全氮等含量最高，pH 最小，但土体最薄，砾石含量高；海拔 3 000～3 700m，有机质、全氮等含量较高，pH 较低，土体厚度最大，砾石含量最少；海拔 3 000m 以下，土壤退化明显，有机质、全氮等含量最低，pH 最高，土体较厚，砾石和砂粒含量较高。

2005 年，袁国安、余昌元在轿子山自然保护区植被类型及其保护价值评价研究中，依据《云南植被》编目系统，将轿子山自然保护区的植被划分为 7 个植被型，9 个植被亚型，16 个群系，20 个群落，并对各植被类型的保护价值进行了数量化评价，在此基础上对保护价值较高的急尖长苞冷杉林、野八角-乳状石栎林、杜鹃矮林、杜鹃灌丛和元江栲林、高山柏灌丛 6 个主要植被类型进行了评价。

2006 年，陈玉桥在其《云南轿子山自然保护区土壤类型及分布规律初探》中，通过 2004 年对轿子山自然保护区的地质地貌、气候、土壤进行的专题考察，阐述了保护区的土壤类型有红壤、黄棕壤、棕壤、暗棕壤、棕色针叶林土及亚高山草甸土，对各类型土壤理化性质等特征及分布规律也进行了详述。

2009 年，马长乐和李靖在滇东轿子山自然保护区杜鹃花资源开发探讨的研究中，调查发现云南省轿子山保护区共有杜鹃花属植物 26 种和 2 变种。根据保护区内杜鹃花资源的分布、观赏特点，对其作为生态旅游景观资源的开发价值进行了分析，提出了当地保育和开发利用杜鹃花资源、发展生态旅游的建议。

第9章　自然保护区评价

9.1　保护区历史沿革

1. 轿子山片区

轿子山自然保护区是1994年经云南省人民政府云政复〔1994〕38号文件批准建立的省级自然保护区。云南省人民政府1994年3月31日公布的“轿子山等五个自然省级保护区名单”明确规定：轿子山自然保护区“初步区划面积 16 704.0hm^2，其中东川市（现为东川区）辖区的面积为9 579.0hm^2，占57.35%；昆明市（实际为禄劝县）辖区的面积为7 125.0hm^2，占保护区面积的42.65%。该保护区由昆明市和东川市人民政府按行政区划分别组织实施管理、保护、建设等方面的工作”。

2004年3月，昆明市林业局委托云南省林业调查规划院等单位对轿子山保护区进行专题考察并编制总体规划。2005年，云南省人民政府以云政复〔2005〕4号文对《云南轿子山省级自然保护区总体规划（2004～2013年）》给予批复。批复的云南轿子山省级自然保护区总面积为16 193.0hm^2，其中，核心区面积6 552.6hm^2，缓冲区面积3 529.5hm^2，实验区面积6 110.9hm^2（总面积与〔1994〕38号文批复的总面积相差511.0hm^2）。

2. 普渡河片区

普渡河保护点是1984年经云南省人民政府云政函〔1984〕36号文件批准建立的省级自然保护点，批复面积 11.0hm^2，属林业事业单位，由所在地（禄劝县）林业局直接领导。

轿子山自然保护区与普渡河保护点虽然批准建立时间不同，但同属省级自然保护单位。由于上述两个保护单位均隶属于昆明市林业局领导，且相距不远，位于同一山系、同一坡面；更重要的是，普渡河保护点是昆明地区唯一有攀枝花苏铁分布的区域，攀枝花苏铁是国家Ⅰ级保护植物，被誉为“活化石”，保护价值十分高。因此，为了提升攀枝花苏铁的保护力度，在轿子山申请晋升国家级自然保护区时，根据专家的建议，将普渡河保护点纳入云南轿子山国家级自然保护区范围。

1984 年普渡河保护点批准建立的面积仅为 $11.0hm^2$，而且没有明确的界线。直至 2004 年，禄劝县才委托云南省林业调查规划院进行勘界——实际上是把 $11.0hm^2$ 的面积落实到具体位置上。

普渡河河谷内不仅分布着国家 I 级保护植物攀枝花苏铁（*Cycas pazhihuaensis*），还分布有丁茜（*Trailliaedoxa gracilis*）、平当树（*Paradombeya sinensis*）等多种国家 II 级保护植物及云南省省级保护植物网膜籽等重要物种，保护价值十分显著。但是，1984 年建立普渡河保护点时，由于未进行科考，对保护区物种的分布情况不太了解，因此只划了 $11.0hm^2$ 的保护点。轿子山申请晋升国家级自然保护区时的科考结果显示，$11.0hm^2$ 的地块无论从保护物种的分布角度考虑，还是从生境角度考虑，都是远远不够的。为了有效地保护普渡河地带以攀枝花苏铁为代表的保护物种，轿子山申请晋升国家级自然保护区时，在确定把普渡河保护点纳入同一规划范围的前提下，适当扩大了普渡河保护点的范围和面积。范围以普渡河为界，由原来的一片区（东片区）扩大成两片区（东片区和西片区），面积由原来的 $11.0hm^2$ 扩大到 $263.0hm^2$。其中，东片区位于禄劝县中屏乡辖区内，面积 $75.0hm^2$；西片区位于禄劝县乌蒙乡辖区内，面积 $188.0hm^2$。

9.2　保护区功能区划适宜性评价

1. 核心区面积适宜性评价

功能区划结果显示，轿子山自然保护区核心区面积 $6\,587.1hm^2$，占保护区总面积的 40.03%。

核心区是保护区内自然生态系统保存最为完整的区域，是急尖长苞冷杉、高山柏林、黄背栎林、杜鹃灌丛等为代表的植被类型及林麝、攀枝花苏铁等珍稀濒危动植物的集中分布区，分布着保护区内 96%以上的保护动物种类，是保护区生物多样性及主要保护对象分布最为密集的区域。核心区地势险峻，群落结构基本保持了原始状态，生态系统连续性与完整性较好，面积达 $6\,587.1hm^2$，足以有效维持生态系统的结构和功能。

由于历史原因，在轿子山自然保护区山顶百余年前就存在着一条东川区与禄劝县人、物交流的交通便道，在地形复杂，交通不便的落后地区，这条便道给两县区的交流提供了极大的方便。另外，轿子山历来就是保护区周边民俗祭拜的神山，附近居民每年都有登轿子山祭拜的习俗，加之滇中地区经济比较发达，交通便利，其他地方的游客、居民也会慕名而至，祭拜之余顺便领略轿子山的自然风光，因此人的活动较为频繁。保护区建立以后，为了规范轿子山保护区的保护管理、控制火灾等事故的发生，并在充分尊重当地民俗习惯的基础上，保护区管理机构将这条便道修建成为防火通道，保护区的核心区在这个区域被隔断，分成了两个部分。并严格限制了游客及来人活动的区域。核心区虽然在该部分未连接成片，但并不影响物种之间的基因交流。

2. 缓冲区面积适宜性评价

轿子山自然保护区缓冲区面积 4 114.5hm^2，占保护区总面积的 25.00%。

缓冲区内分布有长苞冷杉林、高山柏林、黄背栎林、杜鹃灌丛等植被类型，并分布着国家 I 级保护植物须弥红豆杉（由于须弥红豆杉的分布靠近保护区的边缘，数量较少，且紧邻居民点，人为活动较多，因此，功能区划时未将分布有须弥红豆杉的区域划入核心区）。保护区内 86%以上的保护动物种类在缓冲区有活动痕迹，但分布的密集程度远低于核心区；缓冲区的多种植被均与核心区内植被连片分布，保护区核心区与缓冲区在许多区域的景观与群落结构都具有同质性。功能区划在局部区域扩大了缓冲区的面积，大大加强了对保护区核心区的缓冲作用。

3. 实验区面积适宜性评价

轿子山自然保护区实验区面积 5 754.4hm^2，占保护区总面积的 34.97%。

实验区分布有少量的攀枝花苏铁、平当树等国家级保护植物，区内的植被类型次生性质较为明显，是多种国家级保护鸟类适宜的生境，受人为活动的影响，哺乳类在该区的分布较少。实验区区划时，在确保保护区主要保护对象得到有效保护的前提下，充分考虑了保护区和当地经济的发展需求，为保护区范围内开展自然资源经营利用预留空间，以期满足保护区生态经济的可持续发展。

9.3 自然生态质量评价

1. 典型性

保护区所在拱王山，东部有著名的小江深大断裂带，西部有普渡河大断裂带，系典型的地垒式断块隆升侵蚀高山，发育有 7 个垂直气候带、7 个土壤垂直带，是云贵高原上垂直带谱最典型、最完整的山地，是我国东部地区残留有典型第四纪冰川遗迹的少数山地之一。

保护区拥有滇中地区最为完整的植被和生境的垂直带谱和最丰富的植被类型，包括 7 个植被型、11 个植被亚型、17 个群系组和 28 个群系。区内的杜鹃灌丛和圆柏灌丛面积大而连片，保存完好，是轿子山自然保护区极具特色的原生植被类型之一；温性针叶林这一森林类型保存完好，面积连片，而且在植被地理分布上十分独特；高山柏一般形成垫状灌丛，很少形成森林，而在轿子山自然保护区内高山柏却形成了乔木状，高度达到 10m 以上，发育成比较特殊的高山柏林；而且在保护区外围还有更大面积的高山柏林连片分布，如此大面积连片的高山柏林，在我国是不多见的；高山松林是我国分布纬度最低的植被类型，而且也是分布海拔最低的植被类型，这对研究高山松林的形成演变等诸多问题具有重要的意义；另外，轿子山自然保护区的长苞冷杉林不仅是我国长苞冷杉林中分布纬度最低、经度最东的，而且也是分布海拔最低的植被类型；我国的长苞冷杉林主要分布在滇西北地区，分布的海拔一般超过 3 300m，而轿子山自然保护区的急尖长苞冷杉林在海拔 2 700m 就大量出现，这是云南省植被地理分布中极为特殊的现象；轿子山的寒温山地硬叶常绿栎林，乔木层主要由黄背栎构成，形成大面积的黄背栎林，面积连片，而且保存完好，不但在滇中地区罕见，在云南乃至西南地区也是十分少见和典型的。

2. 脆弱性

轿子山自然保护区系深切割高山、高中山峡谷区，山高谷深，地势起伏大，陡坡、陡崖众多，重力梯度效应显著，石灰岩山体所占面积较大，山脊山顶（高海拔地区）地区冰缘作用强烈，季节冻土和石质冻土地貌发育，土壤和风化壳的冻融侵蚀和风力侵蚀现象明显。陡坡、陡崖地段，植被覆盖少，自然成土环境条件极不稳定，自然成土过程十分缓慢，母质及土体较薄，土壤物理、化学性质较差，抗侵蚀和涵养水源的能力弱，局部地段沙化、砾质化、石漠化现象突出，自然环境较为脆弱。湿季雨量大且集中，水蚀严重，在植被覆盖差的地方容易造成水土流失，尤其是山体脆弱地带，容易造成泥石流、塌方等地质灾害，为我国地质灾害隐患较严重的地区之一。

由于自然环境的严酷性，温度较低，植物的生长期太短；加上山高坡陡，土壤瘠薄，降水丰富，风大，土层极不稳定，植被的发生、发展和演替非常缓慢，表现出轿子山自然保护区生态系统不成熟、稳定性较脆弱的一面。高山植被是一种较为脆弱的类型，如黄背栎林、高山柏林等，一旦被破坏很难再恢复。与之相适应的分布于其中的众多野生动植物也会因其生境的脆弱性和不稳定性而深受影响，特别是那些处于分布边缘的物种，如血雉等，往往都面临着适应性差，需要特化生境，繁殖力较低等窘境，本来就具有其自身的脆弱性和特殊性，对生境的变化和外界的干扰非常敏感。一旦环境发生变化，将导致一些物种消失。

3. 多样性

保护区自然地理条件独具一格，生境类型复杂多样，为野生动植物的栖息创造了得天独厚的条件，使得其生物多样性极其丰富，生物区系复杂，多样性显著。

中生代以来地质、地貌的演化深刻地影响了该区域的现代自然地理特征，保护区地貌格局受构造控制明显，地貌类型及其空间结构复杂多样。保护区高差很大，气候垂直分异十分显著，从普渡河及小江河谷到主峰雪岭，依次发育有南亚热带、中亚热带、北亚热带、暖温带、中温带、寒温带、寒带等垂直气候带，发育有土纲 6 个、亚纲 9 个、土类 10 个、亚类 11 个。同一气候带内，阴坡与阳坡，迎风坡与背风坡，山顶、山脊、山腰与河谷、箐沟的小气候存在显著差异，为生物多样性的发育演化奠定了优越而多样的生境条件，并形成了迥然不同的自然景观，和与之相适应的完整的植被和生境的垂直带谱构成了一系列复杂多样的生态系统类型。目前，保护区共记录到了维管植物 154 科 507 属 1 611 种，陆生脊椎动物 293 种。其生物多样性较为丰富，是一个巨大的天然物种基因库，对云南乃至我国的生物多样性保护具有重要的意义。

4. 稀有性

保护区所在的拱王山，主峰雪岭海拔 4 344.1m，是我国青藏高原以东地区海拔最高的山地，也是北半球该纬度带较高的山地之一，经历了第四纪末次冰期（大理冰期），是我国东部地区少数残留有第四纪冰川遗迹的山地之一，海拔 3 600m 以上高山地区冰缘作用强烈，现代冻土地貌分布普遍。

保护区的两个片区分别从 1984 年和 1994 年就建立起省级自然保护区加以管护，这里便成了众多珍稀、濒危野生动植物的“避难所”。保护区分布有国家级重点保护野生植物 9 种，其中，国家 I 级重点保护植物 2 种，II 级重点保护野生植物 7 种；分布有国家重点保护野生动物 30 种，其中，国家 I 级重点保护野生动物 1 种，II 级重点保护野生动物 29 种。

另外，由于江河（金沙江、普渡河、小江）及保护区高山和深谷的隔离作用，该区与周围地区形成了相对的隔离，物种失去了与其他地理居群之间的交流，并且各类独特的小生境较多，致使一些物种发生了不同程度的分化，形成特殊的地理居群或特有种。其中植物有 63 个东亚特有属，6 个中国特有属、852 个中国特有种、1 个云南新记录属、6 个云南新记录种和 12 个轿子山自然保护区特有种；兽类有横断山区特有种 7 种，云、贵、川地区特有种 2 种，云贵高原特有种 1 种；鸟类除 15 种国家重点保护物种外，还有被列入《濒危野生动植物种国际贸易公约》（CITES）附录 II（2000）的种类 12 种；《中国濒危动物红皮书：鸟类》（1998）收录的有 5 种，列为稀有种的有雕鸮 1 种；列入《国家保护的有益的或者有重要经济、科学研究价值的陆生野生动物名录》90 种。两栖类有保护区特有种 1 种，爬行类有云南特有种 1 种。可见保护区内珍稀、濒危和特有物种丰富，且物种的濒危程度极高。此外，保护区还有高山柏林等我国特有的植被类型。

5. 自然性

自然性是保护区的重要属性之一，是指植被和立地条件受人为活动影响的程度，或笼统而言是生态系统保存的原始状态。保护区地处滇中地区，滇中地区由于开发历史悠久，各地的原生植被大都遭到破坏，而轿子山较早地成立了自然保护区加以严格管护，目前还保存了大面积的多种原生植被类型。保护区总面积 16 456.0hm^2，其中天然植被面积 16 018.0hm^2，占保护区总面积的 97.34%。保护区景观破碎度小，完整性保持较好。保护区内的杜鹃灌丛、圆柏灌丛、寒温草甸、温性针叶林、苔藓矮林、寒温山地硬叶常绿栎林等植被类型面积大而连片，保存完好，并保存有我国面积最大的高山柏林。苔藓矮林以杜鹃属植物为绝对优势，群落中杜鹃的种类多达 20 余种，在春季形成壮观的杜鹃花景观，不仅具有重要的研究价值，更是滇中地区独特和重要的植物资源和景观资源。保护区的寒温草甸是滇中地区所能见到的最为壮观的草甸类型。

9.4 可保护属性评价

1. 面积适宜性

保护区总面积为 16 456.0hm^2，其中，轿子山片区面积 16 193.0hm^2，普渡河保护点面积 263.0hm^2。保护区核心区总面积 6 587.1hm^2，保存了最完好的原始状态的以急尖长苞冷杉林为代表的植被类型及攀枝花苏铁、林麝等多种国家级保护动植物的集中分布生境。根据保护区生态特点和主要保护对象的分布和活动特点，保护区面积足以有效维持主要保护对象生态安全所需面积，因此，保护区的面积是适宜的。

2. 科学价值

保护区丰富的生物多样性，一直以来都是国内外各科研院所和大专院校理想的科研基地。20 世纪 80 年代以来，中国科学院昆明植物研究所、西南林业大学、云南师范大学等单位的专家、学者曾多次对该保护区进行过专题考察，基本摸清了保护区的自然资源状况，为开展轿子山科学研究和保护奠定了坚实基础。

保护区多样、完整和保存完好的植被系统，是我国重要的植被资源，是研究滇中地区植被形成、演变和联系规律的重要地区，保护区内分布着多种罕见而又特殊的植被类型。从植物区系地理及植物种类特点来看，轿子山作为一个自然、完整、特殊的植物区系地理单元，其区系成分丰富，来源复杂，特有性和过渡性显著，是不少属种的分布南界或北界，因而是一个重要的区系结构，在云南乃至中国植物区系区划研究中具有重要意义。保护区野生动植物种十分丰富，并拥有相当数量的珍稀濒危和特有物种，丰富的物种多样性和区系特点及间断分布的种类一方面在分类学研究中具有重要的意义，另一方面也为了解物种的形成和演变及环境的变化提供了丰富的研究材料。保护区内分布的众多植被类型和垂直变化，也为开展不同栖息地野生动物多样性的比较研究工作提供了一个很好的场所。该保护区还是一个巨大的天然动植物物种基因库，因此是一个值得加以重点保护和研究的关键区域。

保护区经历了第四纪末次冰期（大理冰期），冰斗、刃脊、角峰、U 形谷、冰蚀湖、羊背石、冰川漂砾、冰碛物和冰水沉积物等古冰川遗迹典型，是研究中国东部第四纪古冰川发育的良好场所，它与台湾山地末次冰期的冰川遗迹等一并为研究东亚地区的季风演化等提供了物质基础。

3. 社会价值

（1）具有重要的水源涵养、空气净化等生态服务功能

保护区森林覆盖率为69.4%，是我国重要的河流——长江上游（金沙江）的直接汇水区域，其植被状况及其保护的好坏对金沙江流域乃至滇中地区的水源涵养、空气净化、固碳释氧、水土保持、维持生物多样性等方面都有着极其重要的影响。特别是保护好该地区的生态平衡对维护长江中下游的生态安全和金沙江、长江水电开发均具有极为重要的意义；目前，溪洛渡、向家坝水利枢纽工程已开工建设，轿子山作为距离坝区上游最近的、最庞大的山体，能否为坝区提供优质、稳定的水源关系重大。同时，轿子山是我国青藏高原以东地区海拔最高的山地，也是北半球该纬度带上极高的山地之一，是阻隔南下寒流的天然屏障，是形成昆明“四季如春”气候的条件之一。

（2）旅游资源丰富，综合价值高

保护区地处人文社会经济高度发达的滇中地区，历史悠久，文化底蕴丰富，民族众多，早在四五千年前，就有人类在这里繁衍生息。轿子山因其特殊的地理位置和神奇迷人的自然景观而蜚声中外，其资源价值在国际、国内具有独特性和稀有性，综合价值较高。保护区环境独特、自然资源丰富，因此，在保护好轿子山自然生态环境的大前提下，要积极探索保护与利用相结合之路，提高保护区自养能力，为促进当地经济尤其是保护区周边社区的社会经济发展做出贡献。此外，轿子山自然保护区是距离云南省省会昆明市最近的自然保护区，距昆明市仅168km，交通便利，是省内各大专院校和中小学校开展科普教育和教学实习的理想基地。建立国家级保护区，可提升保护和管理水平，加大保护管理力度。保护好轿子山的自然资源和生态生境，就相当于在我国的一个中心城市边上建立了一个庞大的物种基因库，在科学研究、科普和宣传教育及提高公众生态保护意识等方面具有多重意义。

9.5 有效管理评价

1. 管理体系

轿子山自然保护区管理局在行政上受昆明市人民政府领导，业务上受云南省林业厅指导，保护区管理局行政级别为副处级，实行管理局局长负责制。管理局设局长和副局长，根据法律、法规和相关政策，对保护区行使林业行政管理职能，对保护区实行统一

管理。保护区实行管理局一级保护和管理站二级保护的管理体系。保护区管理局设在昆明市，负责协调保护区各项保护与管理工作。

2. 物种和生境管理评价

保护区内，物种和生境管理的评价如下。

（1）基本保住了管辖区域的天然森林，但区域性生境呈现退化趋势

由于大面积天然林的存在，形成了良好的森林生态环境，从而使保护区内的动、植物种类繁多，生物多样性得到了较好的保存。但由于保护区山高坡陡，雨量大，容易发生滑坡、坍塌等地质灾害，森林植被一旦遭到破坏，则很难恢复；另外，由于保护区周边社区居民数量众多，给保护区周边的植被带来了持续不断的影响，因此虽然自然保护区内的资源基本完整，但整个轿子山区域生态环境退化，这是不可回避的现实。

（2）珍稀保护野生动植物仍受到一定的威胁

随着社会不断进步和经济的不断发展，尽管狩猎、滥砍滥伐的现象基本得到杜绝，但当地居民长期依赖畜牧业，户户有牛羊，野生放养是主要的养殖方法，随着近年来社区居民的牲畜养殖数量不断增加，虽然保护区管理部门进行了严格管理，但难免会存在误入保护区放牧的现象；另外，保护区成立之前在中槽子曾经分布有大面积的须弥红豆杉，随着红豆杉的功效被夸大和扭曲，该区域的须弥红豆杉几乎遭受灭顶之灾。目前，保护区仅在悬崖绝壁上残留少量植株，因此，管理部门应加大宣传教育力度。近年来，轿子山大力发展旅游业，旅游建设活动及游客活动对保护区也造成了一定影响，直接影响是砍伐林木、修建设施等活动；间接影响主要是游客的不文明行为，这也给保护区的珍稀保护野生动植物带来了不良影响。

3. 保护执法和管理权限

（1）保护管理取得明显成效

保护区管理机构建立以来，在上级主管部门高度重视和大力支持下，在科研教学部门的通力配合与鼎力协助下，经过保护区全体职工的艰苦奋斗与不懈努力，在资源保护、本底调查、科学研究、开发利用等方面都做了一定的工作，建立起一套比较完善的保护管理制度和实施计划，各项事业得到了发展，改善了自然保护区管理能力和基础设施条件，初步具备了一定数量的管理和科技人员队伍，使保护区的重要保护对象得到有效保护，建设和保护管理工作取得了明显成效。

（2）执法巡护力度需要继续加强

巡护工作是保护区资源保护最有效的方法，通过日常巡护可以有效地实施自然资源的动态监测，及时发现和制止各种破坏资源的违法活动，预防和处理各种对资源可能产生破坏的现象，为保护区的科学化管理提供依据。轿子山自然保护区目前各站、点划定巡护责任区，护林人员在自己的责任区域内进行巡山护林，在巡山时，做好巡山记录。

规划期内建议保护区管理局定期或不定期地到各站、点的责任区内进行监督检查，发现问题，及时处理，护林员凭当月的巡山记录和执勤表领取工资。通过以上的管理，保护区滥砍滥伐、挖矿、开荒种植等习惯，在保护区内已基本消除。但仍然存在过度放牧、偷采盗伐的现象，因此规划期内需要加强监管力度。

（3）森林防火依然存在隐患

保护区的森林防火任务十分繁重，为了做好森林防火工作，着重加强对森林火灾的防范工作，并采取各种措施预防森林火灾的发生。保护区每到护林防火季节及农村过节时期，保护管理人员都深入各护林防火点、哨卡严防火灾，深入农户宣传护林防火，这也确保了从轿子山自然保护区成立以来未发生过大的火灾的良好记录。但不可否认的是由于资金投入不够，目前保护区的防火力量还较为薄弱。因此，建议规划期内做好以下工作：①在保护科内增设防火办，成立专业和半专业消防队，与保护科实行一套人马二块牌子的管理；选择工作积极性较强、年龄较小的同志成立半专业消防队；②在各保护站设立森林防火检查站，检查站的人员每天巡山护林，严格执行有关森林防火的法规、规定，禁止火源入区，禁止任何人进入保护区野外用火，禁止保护区内的群众在插花林地炼山，在各旅游景点设置防火警示牌，区内严禁吸烟，并对进入保护区人员进行登记，严禁带火种进山；③建设保护区防火线、防火林带和瞭望台。

4. 宣传教育

依托保护区的自然人文资源、管护场所，采取“请进来、走出去”的方法，保护区开展了丰富多彩的科普教育活动，产生了良好的社会影响。保护区建立以来，管理机构比较重视宣教工作，积极协调林业、环保、新闻、文化等部门多次进行“爱护生态、保护资源”“保护轿子山自然环境，把青山留给子孙后代”等一系列宣传活动，周边社区的环境有所提高，破坏森林和偷猎等事件呈下降趋势。保护区还经常到辖区周边的中小学进行宣传，讲解鉴别珍稀动物知识，增强中小学生保护自然意识。

通过不断的宣传教育，提高了保护区内外社区群众对保护自然生态环境的认识水平，保护区内外社区各族群众基层干部的生态环境保护意识不断加强，促进了地方政府对自然保护事业认识的提高，违法现象日渐减少。

5. 科研监测

保护区目前尚不具备独立开展科研、监测的能力，但是，保护区在力所能及的条件下配合科研单位、大专院校开展科研，做出了一些有益的工作，如轿子山高山药材研究、高山花卉考察研究、昆明市东川区拱王山冰川遗迹考察研究、红豆杉扦插、云南省主要针叶林种实害虫研究、轿子山科学考察等（表 9-1）。

表 9-1　1991 年以来保护区科研情况统计表

配合单位	项目	起始时间	保护区参与程度	备注
东川区科学技术委员会	轿子山生态环境综合考察与研究	1991～1992	参与	
东川区科学技术委员会、中国科学院昆明植物研究所	轿子山高山药材考察研究	1993	参与	
东川区科学技术委员会、中国科学院昆明植物研究所	轿子山高山花卉考察研究	1993	参与	杨增宏
东川区科学技术委员会、兰州大学人文地理系	昆明市东川区拱王山冰川遗迹考察与研究	1994～1995	参与	李吉均
东川区林业科学研究所	红豆杉扦插	1995～1996	参与	胡颖
东川区森林病虫害防治检疫站、西南林业大学	云南省主要针叶林种实害虫研究	1998～2001	参与	潘涌志等
云南省林业调查规划院等单位	轿子山科学考察、总体规划	2003～2004	参与	张良实等

保护区虽然开展了一些科研监测活动，但由于保护区科研经费缺乏，科研人员素质不高等原因，科研监测成效不理想，较少取得实际成果，因而以后的科研工作要加强科研人才培养和科研投入。

6. 自养能力

保护区建立以来，主要精力花在保护区资源保护工作上，也进行了一些自然资源开发利用，如开展了部分畜牧业养殖、果树栽培、药材种植等，但成效太低，基本达不到保护区自给自足条件的，保护区仅靠财政拨款维持，自养能力极低。

为促进保护区保护工作的顺利开展和保护事业的健康发展，今后在努力争取上级部门对保护区项目建设投资的同时，应尽快落实完善生态公益林补偿机制，应积极、合理、有效地开展保护区和社区经济发展项目，以增强保护区自身的经济实力和发展后劲。

9.6　效益评价

1. 生态效益

轿子山自然保护区地处大凉山南延支脉，滇东高原北部，金沙江及其一级支流普渡河和小江之间的拱王山中上部。轿子山是保护区的主体，为滇中名山，山势险峻，地形崎岖，地貌类型及其空间结构复杂多样。受亚热带纬度、高原与高山峡谷地形和季风环流的综合影响，保护区低纬高原季风气候、山地气候和干热河谷气候十分显著。从保护区最低海拔 1 200m 的普渡河河谷上升到海拔 4 344.1m 的最高峰雪岭，相对高差达 3 144.1m，使得保护区发育了滇东高原最为完整的气候、土壤、植被和自然带的垂直带谱和最丰富的植被类型，是滇东高原植被的典型缩影，也是滇中地区原生植被保存最为完好的区域。轿子山自然保护区生态系统的组成成分与结构极为复杂、类型多样，物种相对丰富度高，珍稀濒危和特有物种所占比例大，具有重要的研究价值和保护价值。另外，保护区地处金沙江流域，保护好该地区的生态平衡对维护长江中下游的生态安全和金沙江、长江水电开发均具有极为重要的意义。同时，鉴于保护区的区位优势和资源优势，其在开展资源利用、旅游、教育等多方面亦具有重大意义。

轿子山自然保护区从生态角度来评价：由于其生物资源具有以上特性，其同时所具有的感染力、潜在的保护价值和科研价值是非常大的，整个保护区的生态效益十分明显。

总体规划方案的实施，将有利于保护区生物物种及其遗传的多样性，有利于保护森林生态类型的多样性，有利于保护动植物区系起源的古老性和生物群落地带的特殊性，有利于保护和改善野生生物的生存栖息环境，特别是有利于对攀枝花苏铁、须弥红豆杉、林麝等珍稀濒危动植物进行有效的保护和拯救。整个生态效益将从以下几方面得以进一步体现：

首先，攀枝花苏铁、须弥红豆杉、林麝等珍稀濒危野生动植物物种、各类生物群落、森林植被及其生境将得到有效保护，并促进其迅速恢复和发展，尽最大可能保持生物多样性，使保护区成为野生动植物的“避难所”、自然博物馆、野生生物物种的基因库、重要的科研基地。为人类保护自然、认识自然、改造自然、合理利用自然提供科学依据。

其次，整个保护区范围的森林生态系统将得到进一步完善。系统中各种生物之间，生物与非生物之间的物质循环、能量流动和信息传递，将保持相对稳定的平衡状态。从而，使保护区的各种保护对象得到更有效的保护，并在此基础上，为人类合理利用自然资源提供借鉴和指导。

最后，通过大面积的封山护林等措施，保护区的森林植被将得到迅速恢复和发展，林分结构也更趋复杂。这样，不但将为各种野生动植物提供良好的生存、栖息环境，而且还将充分发挥森林所具有的涵养水源、保持水土、防止水土流失、改良土壤、防风固沙、调节气候、防止污染、美化环境等多种生态效能，从而进一步改善保护区及昆明市的自然环境，为人类的身体健康及改善投资环境等做出重大的贡献。

2. 社会效益

轿子山自然保护区从社会角度来评价：由于保护区环境条件独特，生物物种具有珍稀性、森林生态系统具有典型性和一定的自然原生性，有很高的潜在保护价值和科研价值，因而，保护区的保护对象具有广泛的社会影响、政治影响和国际影响。特别是保护区的攀枝花苏铁、长苞冷杉林、第四季冰川遗迹等吸引着众多的国内外专家、学者前来参观、考察并在科研协作等方面表现出了浓厚的兴趣。其濒危程度及拯救情况，同样时刻牵动着国内外人的心。随着时代的发展、社会的进步及保护区本身各方面条件的完善，这种影响将日益扩大。因此，可以预见，保护区通过总体规划项目的进一步实施，将达到保护管理机构健全、制度完善，保护科研等基础设施设备基本配套，管理科学有效，形成一个集保护、科研、宣传、教育、参观、考察、生态旅游、环境监测、生产示范等于一体的多功能基地，整个保护区的工作生活条件将大大改善。其有利于正常开展对保护区主要保护对象的保护和拯救工作，不断提高保护区和本地区的知名度；有利于普及科学文化知识，陶冶人们的情操，增强人们的保护意识，促进社会的文明和进步；有利于改善投资环境，扩大对外开放，促进国际合作与交流。总之，保护区必将在促进我国自然保护区事业的发展、林业科技进步、社会主义精神文明建设、国际合作与交流、地区社会经济的发展等方面，发挥越来越重要的作用。

另外，打造昆明市的“城市名片”：“南有石林、北有轿子山”是昆明市打造滇中地区新旅游景点的战略设想。轿子山不仅是重要的自然保护区，而且有丰富的旅游资源。“以景诱人、以人传名”，借助众多海内外游客的来访及科研学者考察研究，可以提高轿子山的知名度、让世人重新审视轿子山在昆明市及滇中地区的保护价值和科研价值。保护区周边涉及 2 个县（区）7 个乡（镇）的 19 个行政村，共 6 万余人。保护区规划项目的实施对维护民族团结、促进社会主义新农村建设起着重要作用。

3. 经济效益

轿子山自然保护区是公益性事业单位，其建设资金的效益主要体现在生态效益和社会效益方面。从宏观经济角度出发，保护区的建设可以促进地方和社区居民的经济发展，拉动效益将是明显的。保护区森林生态服务功能的直接经济价值主要表现为林产品价值和生态旅游价值。

（1）直接经济价值

1）木材产品价值。轿子山自然保护区活立木蓄积量达 287 050.0m^3，并以每年 4.57%的平均速度增加，年增长量为 13 122.5m^3，按照出材率 70%，目前市场原木 850 元/m^3的价格计算，每年生产的木材市场价值为 780.79 万元。但由于国家的法律法规，保护区内已禁止进行木材采伐，这部分木材并不计入木材产品效益。目前只有保护区群众零星采伐“四旁树”（村旁、宅旁、路旁和水旁），基本属于自用材，由于数量不大且难以统计，因此这部分木材产品效益忽略不计。

2）生态旅游价值。轿子山自然保护区目前已经在小范围区域开展了生态旅游，2010 年旅游人数约 7.398 万人次，参考国内和云南省内同类自然保护区的旅行费用支出（交通费用、食宿费用和门票及保护区内服务费），每人次约为 500 元，旅行费用支出约为 13 430 万元。消费者剩余：推算约为 689 万元。旅游时间价值：旅游时间价值=旅行总时间花费×单位时间的机会工资成本。计算结果约为 1 861 万元。其他费用：包括拍摄照片、摄像、购置纪念品及土特产品等，人均 100 元，这类费用则为 739.8 万元。旅游价值=旅行费用支出+消费者剩余+旅游时间价值+其他费用，则国内旅游价值约为 16

719.8 万元。根据表 9-2，到规划期末（2020 年）：每年旅游人数达到 87.285 0 万人次，轿子山旅游综合最高收入可达 61 000.21 万元，十分可观。

9-2　轿子山自然保护区客源市场预测表

指标	2010 年基准值	上下限值	2011～2012 年		2013～2015 年		2016～2020 年	
			年均增长率/%	2012 年预测值	年均增长率/%	2015 年预测值	年均增长率/%	2020 年预测值
旅游者总数	7.398 万人	上限	20	12.783 7 万人	40	35.078 万人	20	87.285 万人
		下限	15	11.251 4 万人	20	19.442 万人	10	31.312 万人
旅游业收入	2 215.7 万元	上限	30	4 867.89 万元	50	16 429.13 万元	30	61 000.21 万元
		下限	15	3 369.8 万元	20	5 823 万元	15	11 712.13 万元

注：① 旅游人次和旅游收入主要参考轿子山景区的统计数据，而预测值则考虑到整个保护区旅游的发展情况。
② 由于保护区旅游功能的完善和交通情况的改善可能会促使旅游持续的快速发展，因此 2011～2015 年预测增长率会高于实际测算值。

（2）间接经济价值

1）森林涵养水源价值。不同类型的森林，林冠截留率（降水过程中，部分水分被地表植被接收并直接蒸发，没有进入土壤，这部分水分所占的比例为林冠截留率）相差较大：亚热带西部山地常绿针叶林的林冠截留率为 34.34%，温带山地针叶林的林冠截留率为 23.92%，亚热带山地常绿阔叶林的林冠截留率为 16.21%，温带落叶阔叶林的林冠截留率为 17.85%，灌木林的林冠截留率为 3.92%。经计算，该研究区域内林冠截留量总计为 12 402 478.22m^3，其经济价值为 7 086.78 万元。森林枯枝落叶层在森林涵养水源中也起到重要作用，针叶林枯落物干重为 2.96t/hm^2、阔叶林枯落物干重为 6.79t/hm^2、灌木林枯落物干重为 7.45t/hm^2，吸水倍数分别为 2.2、3.8、3.9，其枯枝落叶层蓄水量为 290 971.71m^3，其经济价值为 166.26 万元。森林土壤非毛管孔隙采用温远光等给出的中国亚热带西部高山常绿针叶林及阔叶林的土壤非毛管孔隙度，按照公式：森林土壤层增加的枯水期总水量=森林土壤非毛管孔隙度×森林土壤厚度（m）×10^4×有林地面积（hm^2）。据此公式计算出森林土壤层增加的枯水期水量为 8 636 699.55m^3，其经济价值为 4 935.01 万元。上述 3 项合计，得出轿子山自然保护区森林生态系统涵养水源量为 21 330 149.49m^3，经济价值为 12 188.05 万元。

2）土壤保持价值。森林具有保护土地资源、减少土地资源损失、防止泥沙滞留和淤积、保育土壤肥力、减少风沙灾害和减少土体崩塌泄流等效用。降雨时非林地输出大量泥沙，这些泥沙带走了土壤中大量的氮、磷、钾和有机质，造成土层变薄，土壤肥力下降，并使河流和水库淤积，对农业生产和水库的利用造成极大危害。而由于森林的作用，一方面，由于林冠的截留作用，使到达地面降水的动能明显减小；另一方面，森林涵养水源的作用使坡面水流强度明显降低，坡面侵蚀明显减轻。

① 森林生态系统减少土壤侵蚀量。根据中国土壤侵蚀的研究成果，无林地的土壤

中等程度的侵蚀深度为 15～35mm/年，侵蚀模数为 150～350t/（hm^2·年）。此研究分别以侵蚀模数的低限 192 t/（hm^2·年），高限 447.7t/（hm^2·年）和平均值 319.8t/（hm^2·年）来估计。根据该侵蚀模数，估算出轿子山自然保护区潜在年均土壤侵蚀总量，最低为 2 194 214.40t，最高为 5 116 405.14t，平均为 3 654 738.36t。经计算，保护区实际土壤侵蚀量为 22 633.35t。根据上面所估算的保护区潜在土壤侵蚀量和实际土壤侵蚀量的对比，可得到每年保护区最低减少土壤损失 2 171 581.05t，最高减少 5 093 770.79t，平均减少 3 632 103.01t。

② 森林生态系统减少土壤侵蚀的损失估算。土壤侵蚀带走的大量土壤物质中含有丰富的土壤有机质、氮、磷、钾等营养成分，研究区土壤堆积密度 1.4g/cm^3，土壤以棕壤为主，有机质平均含量 10.92%，全氮 0.43%，全磷 0.14%，全钾 1.29%。经计算，研究区年保持全氮 15 559.02t，全磷 5 057.70t，全钾 46 833.70t，折成商品尿素 33 827.14t，过磷酸钙 20 643.52t，氯化钾 85 081.98t。按尿素 1 400 元/t，过磷酸钙 550 元/t，氯化钾 1 100 元/t 计算，则其经济价值为 15 230.21 万元；研究区年保持有机质 396 507.61t，依据薪材转变成有机质的比例 2∶1 和薪材机会成本价格 0.054 3 元/kg，土壤有机质的单价为 0.108 6 元/kg，则其经济价值为 4 306.07 万元，年保肥效益总计为 19 536.28 万元。减少土地废弃价值估算：经计算每年可减少土地废弃 432.39hm^2，则其减少土地废弃经济价值为 12.20 万元。减轻泥沙淤积灾害：研究区内年减轻泥沙淤积经济效益为 355.78 万元。合计以上 3 项，轿子山自然保护区生态系统土壤保持价值为 19 904.26 万元。

3）固碳释氧价值。经计算，研究区内二氧化碳固定量为 11 154.13t，折合 3 034.96t 碳，经济价值为 196.85 万元；释放氧气量 8 112.33t，经济价值为 299.91 万元，合计固碳释氧价值为 496.77 万元。

4）净化空气价值。二氧化硫的净化：研究区内年固定二氧化硫量 527.23t，其间接经济价值为 31.63 万元。滞尘：研究区内年滞尘量 73 053.85t，其间接经济价值为 1 241.92 万元。

综合以上计算结果，得到轿子山自然保护区森林吸收二氧化硫和滞尘两种功能的价值总和为 1 273.55 万元。

（3）总经济价值

保护区的总经济价值等于直接实物产品效益、直接服务价值、生态功能的间接价值与非使用类价值四者之和。根据前述评估结果，轿子山自然保护区每年提供的总经济价值为 94 862.84 万元，相当于 2010 年禄劝县地区生产总值的 33.59%。这在经济并不发达的禄劝县来说，是一个非常值得重视的数字。

通过对轿子山自然保护区的经济价值的粗略评估，可以从更深层次认识轿子山自然保护区的保护价值，以便加强对保护区的建设管理。

4. 综合价值评价

综上所述，建设和发展轿子山自然保护区不仅生态效益巨大，社会效益显著，而且还具有较高的经济效益。这是一项功在当代、利在千秋，集保护、拯救、科研于一身，融生态、社会、经济效益为一体的宏伟工程，对于保护和拯救攀枝花苏铁、林麝等主要保护对象及其栖息地，增强保护区自身和社区可持续发展的能力，不断满足社会发展和人类生活的需要，促进和发展我国的自然保护事业，具有极其重要的现实意义和深远影响。

参考文献

蔡昌棠，2008．自然保护区建设与社区发展关系研究——以天宝岩社区龙头村为例[D]．福州：福建农林大学．

陈耀华，谢凝高，2004．中国自然文化遗产的价值体系及其特性[A]．2004 城市规划年会论文集（上）．

陈玉桥，2006．云南轿子山自然保护区土壤类型及分布规律初探[J]．林业调查规划，31（3）：59-62．

陈哲，郭辉军，龙春林，2009．云南轿子雪山自然保护区生态环境及有效管理评价[J]．林业调查规划，34（2）：34-39．

邓学军，2000．江苏省的自然遗迹与保护研究[J]．中国地质，（3）：39-41．

方克定，黄民智，1999．自然遗迹类保护区有关分类问题的探讨[J]．环境科学研究，12（3）：12-15．

冯伟庄，2003．自然保护区资源保护措施初探[J]．河北林果研究，18：271-273．

国家林业局昆明勘察设计院，2012．云南轿子山自然保护区总体规划（2011—2020 年）[R]．

韩念勇，2000．中国自然保护区可持续管理政策研究[J]．自然资源学报，03：201-207．

蒋志刚，马勇，吴毅，等，2015．中国哺乳动物多样性[J]．生物多样性，23（3）：351-364．

昆明市东川区人民政府，2015．东川年鉴[J]．昆明：云南美术出版社．

黎国强，赵建伟，游云，2011．西双版纳自然保护区与周边社区的共管研究[J]．环境科学导刊，30（04）：20-23．

李朝阳，杜凡，姚莹，等，2010．轿子山自然保护区杜鹃群落植物多样性研究[J]．西南林业大学学报，（03）：34-37，49．

李朝阳，刘凯，陈勇，等，2010．轿子山自然保护区植被类型及其分布特点研究[J]．山东林业科技，40（2）：32-35．

李东义，2000．论自然保护区的科研工作[J]．河北林果研究，S1：26-29．

李开德，2016．2016 年禄劝彝族苗族自治县政府工作报告[R]．禄劝县：禄劝彝族苗族自治县政府．

李向春，2006．“两廊一圈”框架下的云南旅游走廊建设[J]．珠江经济，09：78-84．

林鼎贵，2015．轿子山旅游产品再设计研究[D]．昆明：云南大学．

刘延．自然保护区生态旅游与社区发展互动关系研究——以吉林省向海自然保护区为例[D]．北京：北京林业大学．

鲁昆洪，朱梅，2006．基于 SWOT 分析的禄劝轿子山旅游资源开发对策探讨[J]．昆明大学学报，（2）：60-63．

禄劝彝族苗族自治县地方志编纂委员会办公室，2015．禄劝年鉴[J]．昆明：云南人民出版社．

马长乐，李靖，刘迪，2009．滇东轿子山自然保护区杜鹃花资源开发探讨[J]．安徽农业科学，27：13058-13059．

马虹，孙强，赵阳，等，2013．大连城山头自然保护区社会经济发展状况调查研究[J]．安徽农业科学，（13）．

马建章，宗诚，2008．中国野生动物资源的保护与管理[J]．科技导报，26（14）：36-39．

彭华，刘恩德，2015．云南轿子山国家级自然保护区[M]．北京：中国林业出版社．

任宾宾，王平，2009．轿子山自然保护区土壤空间结构特征分析[J]．云南地理环境研究，（8）：71-76．

苏骅，王平，徐强，2013．滇中轿子山地区地貌结构与特征研究[J]．云南地理环境研究，06（3）：19-23．

苏杨，2004．改善我国自然保护区管理的对策[J]．科技导报，09：31-34．

汪慧玲，李励恒，2009．祁连山自然保护区社会经济发展模式研究[D]．兰州：兰州大学．

汪松，解炎，2004．中国物种红色名录[M]．北京：高等教育出版社．

王爱忠，2007．昆明市旅游空间结构及其优化研究[D]．昆明：云南师范大学．

王海雁，2009．轿子山自然保护区杜鹃属植物资源的生态旅游开发[J]．林业调查规划，02：139-141．

王平，任宾宾，易超，等，2013．轿子山自然保护区土壤理化性质垂直变异特征与环境因子关系[J]．山地学报，04：456-463．

王瑞花，2005．云南山地旅游资源特征及开发保护策略——以滇中轿子雪山为例[D]．昆明：昆明理工大学．

吴征镒，路安民，汤彦承，等，2003．中国被子植物科属综论[M]．北京：科学出版社．

吴征镒，王荷生，1983．中国自然地理——植物地理（上册）[M]．北京：科学出版社．

吴征镒，周浙昆，孙航，等，2006．种子植物分布区类型及其起源和分化[M]．昆明：云南科学技术出版社．
吴征镒，朱彦丞，姜汉侨，1987．云南植被[M]．北京：科学出版社．
伍光和，王乃昂，胡双熙，等，2008．自然地理学[M]．4版．北京：高等教育出版社．
许学工，Paul F J Eagles，张茵，2000．加拿大的自然保护区管理[M]．北京：北京大学出版社．
杨萍，王婷婷，2011．资源型城镇基于产业共生开展循环经济的问题研究——以昆明东川区为例[J]．经济问题探索，(4)：126-130．
杨婉珊，李云，2010．云南轿子雪山自然保护区生态旅游的SWOT分析[J]．林业资源调查，35（04）：72-76．
杨懿，李柏文，2009．云南省禄劝县旅游扶贫研究[J]．昆明冶金高等专科学校学报，(2)．
叶文，沈超，李云龙，2008．香格里拉的眼睛——普达措国家公园规划和建设[M]．北京：中国环境出版社．
尤燕，朱延房，张丽媛，等，2006．图牧吉国家级自然保护区保护措施[J]．内蒙古林业调查设计，29（03）：59-60．
袁国安，余昌元，2005．轿子山自然保护区植被类型及其保护价值评价[J]．林业调查规划，(05)：39-42，49．
云南省林业调查规划院，2004．云南轿子山自然保护区考察报告[R]．
曾昭爽，2003．浅谈自然保护区的科研工作[J]．海洋信息，(04)：19，25．
张荣祖，1999．中国动物地理[M]．北京：科学出版社．
张世嵩，姜峰，2012．浅谈如何加强自然保护区设施建设[J]．大观周刊，(40)：7．
张亚平，1994．轿子山地区旅游资源考察报告[R]．3：12-15．
张治军，唐芳林，朱丽艳，等，2010．轿子山自然保护区森林生态系统服务功能价值评估[J]．中国农学通报，26（11）：107-112．
赵卫东，2009．云南白马雪山国家级自然保护区管理计划研究[M]．昆明：云南民族出版社．
郑作新，1976．中国鸟类分布名录[M]．北京：科学出版社．
郑作新，1994．中国鸟类种和亚种分类名录大全[M]．北京：科学出版社．
中国科学院昆明植物研究所，昆明市林业局，2008．云南轿子山自然保护区综合科学考察报告[R]．

附录1　轿子山被子植物名录

科	种	拉丁名	分布区类型	在轿子山分布	生境
木兰科（Magnoliaceae）	山玉兰	*Magnolia delavayi* Franch.	15-3-a	转龙甸尾	杂木林中
	西康玉兰	*Magnolia wilsonii* (Finet & Gagn) Rehd.	15-3-a	法者林场大厂林区附近、炉拱山至九龙中山	阔叶林中、混交林中
	云南含笑	*Michelia yunnanensis* Franch. *ex* Finet & Gagnep.	15-3-a	转龙大功山、甸尾	疏林中斜坡、杂林中
八角茴香科（Illiciaceae）	野八角	*Illicium simonsii* Maxim.	14-1	法者林场大厂林区附近、沙子坡至抱水井丫口、轿子山大羊窝	林缘灌丛、河谷山坡灌丛、杜鹃林中
五味子科（Schisandraceae）	东亚五味子	*Schisandra elongata* (Blume)Baill	14	轿子山何家村	林缘灌丛
	大花五味子	*Schisandra grandiflora* (Wall.) Hook. *f.* & Thoms	14-1	法者林场干箐垭口、轿子山崖子桥、四方井至大羊窝	林缘灌丛
	合蕊五味子	*Schisandra propinqua* (Wall.)Baill.	14-1	乌蒙乡普鲁	阔叶林中
	华中五味子	*Schisandra sphenanthera* Rehd. & Wils.	15-3-c	板山沟	山坡林缘灌丛
领春木科（Eupteleaceae）	领春木	*Euptelea pleiosperma* Hook.*f.* & Thoms.	14-1	中山	混交林中
樟科（Lauraceae）	聚花桂	*Cinnamomum contractum* H. W. Li	15-3-a	轿子山天生桥	溪旁湿润林中
	云南樟	*Cinnamomum glanduliferum* (Wall.) Meissn.	7-1	乌蒙乡大地	林缘
	更里山胡椒	*Lindera kariensis* W. W. Smith	15-3-a	大海至马鬃岭途中	林缘、林中
	山鸡椒	*Litsea cubeba*(Lour)Pers.	7	法者林场大厂、禄劝雪山白家洼	林中

续表

科	种	拉丁名	分布区类型	在轿子山分布	生境
樟科（Lauraceae）	高山木姜子	*Litsea chunii* Cheng.	15-3-a	法者林场干箐垭口、轿子山大羊窝、腰棚子林区	林缘、杜鹃林
	毛叶木姜子	*Litsea mollis* Hemsl.	15-3-b	轿子山大兴场	山坡林中
	木姜子	*Litsea pungens* Hemsl.	15-3-c	轿子山、大村至大黑箐、大兴厂	杂木林中、杜鹃林中
	红叶木姜子	*Litsea rubescens* Lec.	7-4	大海至马鬃岭途中	常绿林中
	长毛楠	*Phoebe forrestii* W.W. Smith	14-1	禄劝县乌蒙乡	山谷溪旁潮湿处
	白楠	*Phoebe neurantha* (Hemsl.) Gamble	15-3-c	禄劝县乌蒙乡	山谷溪旁潮湿处
莲叶桐科（Hernandiaceae）	心叶青藤	*Illigera cordata* Dunn	15-3-b	禄劝县乌蒙乡老熊箐	干燥山坡
毛茛科（Ranunculaceae）	冷杉林乌头	*Aconitum abietetorum* W.T. Wang & L.Q.Li	15-3-a	禄劝县轿子山	草地
	展毛短柄乌头（变种）	*Aconitum brachypodum* Diels var. *laxiflorum* Fletcher & Lauener	15-3-a	轿子山、烂泥坪	山坡沙石地、草地
	马耳山乌头	*Aconitum delavayi* Franch	15-2-b	法者林场附近	山坡灌丛
	膝瓣乌头（原变种）	*Aconitum geniculatum* Fletcher & Lauener *var.*geniculatum	15-2-b	法者林场附近	山坡灌丛
	爪盔膝瓣乌头（变种）	*Aconitum geniculatum Fletcher & Lauener* var.*geniculatum* W.T.Wang	15-3-a	大海至马鬃岭、烂泥坪	山坡草地、灌丛、山坡丛林边缘
	滇北乌头	*Aconitum iochanicum* Ulbr.	15-2-c	轿子山、烂泥坪妖精塘	山坡草地
	长距垂果乌头	*Aconitum pendulicarpum* Chang *ex* W.T.Wang var.circinatum W.T.Wang	15-2-b	飞来瀑布	悬崖石隙
	高山蒿	*Achillea alpine L.*	15-3-a	法者林场大海至马鬃岭、轿子山大马路	山坡或林下灌丛、林缘
	等叶花葶乌头（变种）	*Aconitum scaposum* Franch. var. hupehanum Rapaics	14-1	法者林场桦木林	林缘草坡
	茨开乌头	*Aconitum souliei* Finet & Gagnep	15-2-b	轿子山黑箐	多石草坡
	展毛黄草乌（变种）	*Aconitum virlmorinianum* var. *patentipilum* W.T.Wang	15-3-a	法者、法者林场大海至马鬃岭	山坡草地、灌丛
	展毛银莲花	*Anemone demissa* Hook.f.& Thoms var. *demissa*	14-1	白石崖、轿子山大孝峰垭口、轿子山箐门口	高山草甸、岩石边

续表

科	种	拉丁名	分布区类型	在轿子山分布	生境
毛茛科（Ranunculaceae）	云南银莲花	*Anemone demissa* Hook.f. & Thoms var. *yunnanensis* Franch.	15-3-a	白石崖、轿子山	高山草甸、岩石边
	打破碗花花	*Anemone hupehensis* Lem.	15-3-c	东川法者林场至沙子坡老纸厂附近	路旁水沟边
	草玉梅	*Anemone rivularis* Buch.-Ham. ex DC.	14-1	轿子山四方井、乌蒙乡至雪山乡碑根大地	山坡或林缘草地、松林下
	湿地银莲花	*Anemone Rupestris* Hook. f. & Thoms.	14-1	轿子山舒姑梁子	石山沙石地湿润处
	野棉花	*Anemone vitifolia* Buch.-Ham.ex DC.	14-1	炉拱山至九龙	山溪边、山坡草地、河边灌丛
	直距耧斗菜	*Aquilegia rockii* Munz	15-3-a	东川因民大沟	草甸
	毛木通	*Clematis buchananiana* DC.	14-1	轿子山	山坡灌丛
	金毛铁线莲	*Clematis chrysocoma* Franch.	15-3-a	轿子山大村子	林缘灌丛
	合柄铁线莲	*Clematis connata* DC.	14-1	轿子山天生桥	路旁斜坡沙石山
	盘柄铁线莲	*Clematis connata* DC. var. *trullifera* (Franch.) W.T.Wang	7-4	禄劝县乌蒙乡	灌丛中
	滑叶藤	*Clematis fasciculiflora* Franch	7-4	禄劝县转龙镇至乌蒙乡花子石洞	山坡、灌丛、溪旁
	粗齿铁线莲	*Clematis argentilucida* (Lévl. & Vant.) W. T. Wang	15-3-c	舒姑至马鬃岭	林缘灌丛
	丽江铁线莲	*Clematis argentilucidavar. likiangensis*	15-3-c	轿子山	石山干燥山坡路边
	单叶铁线莲	*Clematis henryi* Oliver	7-3	法者林场大厂林区	林缘灌丛
	景东铁线莲	*Clematis kockiana* Scheid.	15-3-a	法者林场桦木林	林缘灌丛
	长梗绣球藤（变种）	*Clematis montana* var. *longipes*	14-1	法者林场沙子坡林区至抱水井丫口、轿子山大马路	林中或林缘灌丛
	绣球藤（原变种）	*Clematis montana* Buch.-Ham. ex D.Don var. *montana*	14-1	法者林场大海至马鬃岭途中	林缘灌丛
	小叶绣球藤（变种）	*Clematis montana* Buch.-Ham. ex D.Don var. *sterilis* Hand.-Mazz.	14-1	轿子山何家村	干燥山坡
	裂叶铁线莲	*Clematis parviloba* Gardn. & Champ.	14-2	九龙村	林缘灌丛

续表

科	种	拉丁名	分布区类型	在轿子山分布	生境
毛茛科（Ranunculaceae）	西南铁线莲	*Clematis pseudopogonandra* Finet & Gagn.	15-3-a	雪山乡白家洼	林缘灌丛
	滇川翠雀花	*Delphinium delavayi* Franch.	15-3-a	法者林场抱水井丫口、炉拱山至九龙、雪山乡白家洼	林缘草地、灌丛、多石草坡、草地
	螺距翠雀花	*Delphinium spirocentrum* Hand. -Mazz.	15-3-a	东川区舍块乡石梁子小戏台	杜鹃灌丛中
	大理翠雀花	*Delphinium taliense* Franch.	15-3-a	东川区舍块乡石梁子小戏台	杜鹃灌丛中
	云南翠雀花	*Delphinium yunnanense* (Franch.)Franch.	15-3-a	东川区舍块乡石梁子小戏台	杜鹃灌丛中
	康定翠雀花	*Delphinium tatsienense* Franch.	15-3-a	乌蒙乡团街	山坡草地
	鸦跖花	*Oxygraphis glacialis* (Fisch. ex DC.)Bunge	11	轿子山大海梁子	石山沙石地草地
	拟耧斗菜	*Paraquilegia microphylla* (Royle) Drumm. & Hutch	14	白石崖、轿子山小孝峰	岩石缝中、石山石上潮湿处
	茴茴蒜	*Ranunculus chinensis* Bunge	11	轿子山	山谷溪旁，沙地湿润处
	铺散毛茛	*Ranunculus diffusus* DC.	14-1	法者林场燕子洞至大海、轿子山大兴厂	山坡草地、山谷溪旁、潮湿处
	扇叶毛茛	*Ranunculus felixii* Lévl.	15-3-a	白石崖、轿子山轿顶	山坡草地、多石草地
	心基扇叶毛茛	*Ranunculus felixii Lévl.*var. *forrestii* Hand.-Mazz.	15-2-b	法者林场抱水井丫口至大厂	林下、林缘草地
	三裂毛茛	*Ranunculus hirtellus Royle* var. *orientalis W.T.Wang*	15-3-c	轿子山毛坝子	草地、溪旁
	高原毛茛	*Ranunculus tanguticus* (Maxim.) Ovcz.	14-1	白石崖、轿子山毛坝子	高山草甸、草地、溪旁
	棱喙毛茛	*Ranunculus trigonus* Hand.-Mazz.	15-3-a	轿子山轿顶	多石草坡
	云南毛茛	*Ranunculus yunnanensis* Franch.	15-3-a	白石崖、法者林场燕子洞至大海、轿子山大羊窝、轿子山四方井	山坡草地、林缘、沟边、草地
	黄三七	*Souliea vaginata* (Maxim.) Franch.	14-1	东川区舍块乡石梁子白石崖妖精塘	高山石砾坡、石隙中
	星毛唐松草	*Thalictrum cirrhosum* H. Lévl.	15-3-a	九龙沟	林缘灌丛
	偏翅唐松草	*Thalictrum delavayi* Franch.	15-3-a	法者林场抱水井丫口、炉拱山至九龙、腰棚子林区	林缘灌丛

续表

科	种	拉丁名	分布区类型	在轿子山分布	生境
毛茛科（Ranunculaceae）	爪哇唐松草	*Thalictrum javanicum* Blum	7-1	轿子山大羊窝	山坡沟边
	微毛爪哇唐松草	*Thalictrum javanicum var. puberulum* W.T.Wang.	15-3-a	法者林场大海至马鬃岭	林缘灌丛
	白茎唐松草	*Thalictrum leuconotum* Franch.	15-3-a	东川区舍块乡炉拱山至九龙村途中	路边密林
	叉枝唐松草	*Thalictrum saniculiforme* DC.	14-1	法者林场干箐垭口至沙子坡	林缘灌丛
	帚枝唐松草	*Thalictrum virgatum* Hook. f. & Thomson	14-1	中山	草地、沟边
	云南唐松草	*Thalictrum yunnanense* W.T.Wang	15-2-a	轿子山大黑箐	林缘灌丛
	云南金莲花	*Trollius yunnanensis* (Franch.) Ulbr.	15-3-a	老炭房后山	山坡草地
芍药科（Paeoniaceae）	美丽芍药	*Paeonia mairei* Lévl.	15-3-c	法者新羊	林中
	滇牡丹	*Paeonia delavayi* Franch.	15-3-a	禄劝县乌蒙乡小孝峰	斜坡疏林中
小檗科（Berberidaceae）	全缘锥花小檗	*Berberis aggregata* Schneid var. *integrifolia* Ahrendt	15-3-a	大黑箐、炉拱山至九龙、舒姑至马鬃岭梁子磨当丘	杜鹃林或黄背栎林缘、林缘灌丛
	贵州小檗	*Berberis cavaleriei* Lèvl.	15-3-a	大羊窝	山坡或林缘灌丛
	厚檐小檗	*Berberis crassilimba* C. Y. Wu ex S. Y. Bao	15-2-b	东川二二二林场	密林
	密叶小檗	*Berberis davidii* Ahrendt	15-2-b	新山丫口	高山栎林、杜鹃灌丛
	壮刺小檗	*Berberis deinacantha* Schneid	15-3-a	大厂林区	林缘灌丛
	滇西北小檗	*Berberis franchetians* Schneid	15-2-b	背风窝	山坡灌丛
	光叶小檗	*Berberis lecomtei* Schneid	15-2-b	干箐垭口至沙子坡、尖峰关、炉拱山至九龙、舒姑至马鬃岭梁子	林缘灌丛、杜鹃林缘
	粉叶小檗	*Berberis pruinosa* Franch	15-3-a	老树多	山坡灌丛
	金花小檗	*Berberis wilsonii* Hemsl.	15-3-a	炉拱山至九龙	山坡林缘灌丛
	乌蒙小檗	*Berberis woomungensis* C. Y. Wu ex S. Y. Bao	15-1	大黑箐	林缘、山坡灌丛
	易门小檗	*Berberis pruinosa* Franch. var. *barresiana* Ahrendt	15-2-c	乌蒙乡	斜坡干燥处
	无量山小檗	*Berberis wuliangshanensis* C. Y. Wu ex S. Y. Bao	15-2-c	轿子山	山坡灌丛
	鸭脚黄连	*Mahonia mairei Takeda*	15-3-a	哈衣垭口	山谷路旁疏林

续表

科	种	拉丁名	分布区类型	在轿子山分布	生境
小檗科（Berberidaceae）	长苞十大功劳	*Mahonia longibracteata* Takeda	15-3-a	抱水井丫口	林缘灌丛
	阿里山十大功劳	*Mahonia oiwakensis* Hayata	15-3-b	乌蒙乡	林下
	峨眉十大功劳	*Mahonia polydonta* Fedde	15-3-a	轿子山	树林中沙石
木通科（Lardizabalaceae）	猫儿屎	*Decaisnea insignis* (Griffith) J.D.Hookeret Thomson	14-1	禄劝县乌蒙乡第一村	山谷、斜坡、干燥沙地
	五月瓜藤	*Holboellia angustifolia* Wall.	14-1	轿子山、九龙沟	疏林中、林缘树下、林下
	八月瓜	*Holboellia latifolia* Wall.	14-1	轿子山	山谷沙石山灌丛中
防己科（Menispermaceae）	木防己	*Cocculus orbiculatus* (Linn.) DC.	7	轿子山老熊箐	干燥山坡
	风龙	*Sinomenium acutum* (Thunberg) Rehder & E.H. Wilson	14	乌蒙乡天生桥	山谷干燥山坡
	地不容	*Stephania epigaea* H.S.Lo	15-3-a	禄劝县转龙镇	斜坡
马兜铃科（Aristo-lochiaceae）	木香马兜铃	*Aristolochia moupinensis* Franch.	15-3-b	轿子山	石山顶灌丛
三百草科（Saururaceae）	蕺菜	*Houttuynia cordata* Thunb.	7	乌蒙乡平田	田边、沟边
罂粟科（Papaveraceae）	全缘叶绿绒蒿	*Meconopsis integrifolia* (Maximowicz) Franch.	14-1	法者林场燕子洞至大海	多石草坡
	琴叶绿绒蒿	*Meconopsis lyrata* (Cummins & prain)Fedde ex Prain	14-1	轿子山大黑箐、一线天	箭竹草丛中、陡崖岩缝中
	尼泊尔绿绒蒿	*Meconopsis paniculata* (D. Don) Prain	14-1	轿子山大马路、大羊窝羊蹿石	多石灌丛中
	总状绿绒蒿	*Meconopsis racemosa* Maxim.	15-3-c	白石崖、法者林场大海至马鬃岭、火石梁子	杜鹃灌丛、多石山坡灌丛岩缝中、草坡
	乌蒙绿绒蒿	*Meconopsis wumungensis* K. M.Feng ex C.Y.Wu & H. Chuang	15-1	轿子山一线天	湿润石头上
紫堇科（Fumariaceae）	南黄堇	*Corydalis davidii* Franch	15-3-a	轿子山老槽子	林缘灌丛
	纤细黄堇	*Corydalis gracillima* C.Y. Wu	14-1	轿子山	山坡草地

续表

科	种	拉丁名	分布区类型	在轿子山分布	生境
紫堇科（Fumariaceae）	翅瓣黄堇	*Corydalis pterygopetala* Hand.-mazz.	14-1	马鬃岭	山坡草地
	金钩如意草	*Corydalis taliensis* Franch.	15-3-a	法者林场抱水井丫口	箭竹林下林缘
	扭果紫金龙	*Dactylicapnos torulosa* (Hook. f. & Thoms.) Hutch	14-1	舒姑村附近	路边灌丛
	紫金龙	*Dactylicapnos scandens* (D.Don) Hutchinson	7	禄劝县乌蒙乡	墙下
白花菜科（Capparidaceae）	野香橼花	*Capparis bodinieri* Lévl.	14-1	乌蒙乡红龙召	干燥山坡
十字花科（Cruciferae）	尖果寒原荠	*Aphragmus oxycarpus* (J.D. Hooker & Thomson) Jafri	14-1	轿子山大黑箐	溪旁潮湿处
	硬毛南芥	*Arabis hirsuta* (Linn.)Scop.	8	火石梁子小戏台	高山草甸
	圆锥南芥	*Arabis paniculata* Franch.	14-1	法者林场干箐垭口、九龙沟、轿子山新山丫口、乌蒙至雪山老槽子、雪山乡白家洼	悬崖草坡、林缘灌木、路边草地、灌丛
	荠	*Capsella bursa - pastoris* (Linn.)Medik.	8	九龙沟	林缘草地、路边
	弯曲碎米荠	*Cardamine flexuosa* Withering	8	法者林场抱水井丫口、大海至马鬃岭	林下、林缘灌木
	碎米荠	*Cardamine hirsuta* Linn.	8	轿子山大兴厂	溪旁草地
	大叶碎米荠	*Cardamine macrophylla* Willd.	14	白石崖、法者林场大海至马鬃岭途中、轿子山石膏菜坪子	多石草坡、杜鹃灌丛、山谷沙石地
	细巧碎米荠	*Cardamine pulchella* (J.D.Hooker & Thomson) Alshehbaz & G.Yang	14-1	禄劝县乌蒙乡至大黑石头	山谷溪旁
	云南碎米荠	*Cardamine yunnanensis* Franch.	14-1	轿子山大黑箐、小孝峰	林下、林缘岩缝、多石山坡碎石上
	须弥荠	*Crucihimalaya himalaica* (Edgeworth)Al-Sheh-baz	14-1	白石崖	高山碎石坡和石隙中
	阿尔泰葶苈	*Draba altaica* (C.A.Meyer)Bunge	12	东川区舍块乡火石梁子白石崖妖精塘	高山碎石坡和石隙中
	抱茎葶苈	*Draba amplexicaulis* Franch.	15-3-a	九龙沟	林缘灌丛
	纤细葶苈	*Draba gracillima* J.D.Hooker & Thomson	14-1	法者林场燕子洞至大海、轿子山木梆海梁子	湿润草地
	矮葶苈	*Draba handelii* O.E.Schulz	15-2-b	轿子山大海梁子	山坡沙石地干燥

续表

科	种	拉丁名	分布区类型	在轿子山分布	生境
十字花科（Cruciferae）	丽江葶苈	*Draba lichiangensis* W.W. Smith	14-1	轿子山舒姑梁子	石山石缝中
	光果葶苈	*Draba nemorosa* Linn. var. *leiocarpa* Lindl.	11	白石崖	多石草坡
	多叶葶苈	*Draba polyphylla* O.E. Schulz	14-1	轿子山大羊窝羊踹石	多石草坡岩缝中
	山菜葶苈	*Draba surculosa* Franch.	15-3-a	东川区舍块乡火石梁子白石崖妖精塘	高山草甸
	滇葶苈	*Draba yunnanensis* Franch.	15-3-a	白石崖	多石草坡、岩石缝中
	中甸葶苈	*Draba serpens* O.E. Schulz	15-2-b	白石崖	多石草坡、岩石缝中
	川滇山萮菜	*Eutrema himalaicum* Hook.f.et Thomson	14-1	白石崖	多石草坡、岩石缝中
	半脊荠	*Hemilophia pulchella* Franch.	15-2-b	白石崖	多石山坡岩石缝中
	小叶半脊荠	*Hemilophia rockii* O.E. Schulz	15-3-a	东川区舍块乡火石梁子白石崖妖精塘	高山碎石坡和石隙中
	独行菜	*Lepidium apetalum* Willdenow	11	汤丹至红土地途中	路边草地
	高河菜	*Megacarpaea delavayi* Franch.	14-1	白石崖	多石草坡
	短果念珠芥	*Neotorularia brachycarpa* (Vassilcz) Hedge et J. Léonard	13-2	白石崖	多石草坡岩石缝中
	丛菔	*Solms-Laubachia pulcherrima* Muschl.	15-3-a	白石岩	流石滩
堇菜科（Violaceae）	毛蕊三角车	*Rinorea erianthera* C.Y.Wu & C.Ho	15-3-a	普渡河苏铁保护点	干旱河谷、山坡灌丛
	双花堇菜	*Viola biflora* Linnaeus	8	东川区因民山风口	高山草甸
	阔紫叶堇菜	*Viola cameleo* H.de Boiss	15-3-a	法者林场干箐垭口	林缘草地
	灰叶堇菜	*Violadelavayi* Franch.	15-3-a	东川区因民大箐哨房垭口、乌蒙乡至雪山乡途中老槽子	阔叶林中
	福建堇菜	*Viola kosanensis* Hayata	15-3-c	因民山风口红岩	岩脚、灌丛
	穆坪堇菜	*Viola moupinensis* Franch.	15-3-c	轿子山大兴厂、哈衣垭口	溪边岩石上或潮湿草地
	紫花地丁	*Viola philippica* Cav.	14-2	乌蒙乡至雪山乡途中碑根大地	云南松林下
	圆叶小堇菜	*Viola rockiana* W.Beck.	15-3-c	轿子山大羊窝、四方井	林缘草地、山坡草地

续表

科	种	拉丁名	分布区类型	在轿子山分布	生境
堇菜科（Violaceae）	毛瓣堇菜	*Viola trichopetala* C.C. Chang	14-1	因民干冲丫口	路旁向阳草地
	心叶堇菜	*Viola yunnanfuensis* W. Becker	14-1	轿子山	林缘草地
远志科（Polygalaceae）	荷包山桂花	*Polygala arillata* Buch.-Ham. ex D.Don	7-1	腰棚子林区	山坡林缘、灌丛
	西伯利亚远志	*Polygala sibirica* Linn.	10	普渡河保护区、舒姑至马鬃岭梁子	山坡灌丛
景天科（Crassulaceae）	柴胡红景天	*Rhodiola bupleuroides* (Wallich ex J.D.Hooker & Thomson) S.H.Fu	14-1	轿子山山顶	山顶岩石缝
	菊叶红景天	*Rhodiola chrysanthemifolia* (Lévl.)S.H.Fu	14-1	腰棚子林区、老炭房后山	林缘草地、多石山坡草地
	异色红景天	*Rhodiola discolor* (Franch.) S.H.Fu	14-1	白石崖	多石山坡岩石缝
	长鞭红景天	*Rhodiola fastigiata* (hook.f. & thoms.) S.H.Fu	14-1	白石崖、轿子山山顶	杜鹃灌丛
	报春红景天	*Rhodiola primulodies* (Franch.)S.H.Fu	15-3-a	白石岩	岩石缝中
	云南红景天	*Rhodiola yunnanensis* (Franch.)S.H.Fu	15-3-c	轿子山大黑箐至轿子山、九龙沟、腰棚子林区	草坡岩石缝隙、山坡林下、岩上、林下、林缘
	短尖景天	*Sedum beauverdii* Raym.-Hamet	15-3-a	轿子山山顶	多石山坡岩石上
	长丝景天	*Sedum bergeri* Hamet	15-2-a	九龙沟	多石山坡岩石上
	轮叶景天	*Sedum chauveaudii* Hamet	14-1	大海至马鬃岭	林缘岩石上
	合果景天	*Sedum concarpum* Frod.	15-3-b	法者林场抱水井丫口	多石草坡岩石上
	凹叶景天	*Sedum emarginatum* Migo	15-3-c	东川区法者林场大木场	林缘、溪边
	宽叶景天	*Sedum fui* Rowley	15-3-a	法者林场抱水井丫口	山顶岩缝中
	巴塘景天	*Sedum heckelii* Raymond-Hamet	15-3-a	白石崖	多石山坡岩缝中
	日本景天	*Sedum japonicum* Siebold ex Miquel	14-2	法者林场抱水井丫口、轿子山大羊窝	多石山坡岩缝中
	禄劝景天	*Sedum luchuanicum* K.T.Fu	15-1	轿子山大黑箐至轿顶途中	山坡岩缝中
	钝萼景天	*Sedum leblancae* Hamet	15-3-a	法者林场独脚石	多石山坡岩石上
	佛甲草	*Sedum lineare* Thunb.	14-2	法者林场	路边岩石上
	多茎景天	*Sedum multicaule* Wall.	14-1	法者林场	林下岩石上

续表

科	种	拉丁名	分布区类型	在轿子山分布	生境
景天科（Crassulaceae）	钝瓣景天	*Sedum obtusipetalum* Franch.	15-3-a	九龙沟	林缘岩石上
	大苞景天	*Sedum oligospermum* Maire	14-1	法者林场抱水井垭口	山坡岩石缝
	山景天	*Sedum oreades* (Decaisne) Raymond-Hamet	14-1	轿子山轿顶	山顶岩缝
	三芒景天	*Sedum triactina* A.Berger	14-1	炉拱山至九龙	山坡林下
	密叶石莲	*Sinocrassula densirosulata* (Praeger) A.Berger	15-3-a	炉拱山至九龙	多石山坡岩石上
	石莲	*Sinocrassula indica* (Decne.) Berger	14-1	雪山乡白家洼	林缘岩石上
虎耳草科（Saxifragaceae）	溪畔落新妇	*Astilbe rivularis* Buch.-Ham ex D.Don	14-1	腰棚子林区	林缘灌丛
	岩白菜	*Bergenia purpurascens* (Hook.f. & Thoms.)Engl.	14-1	火石梁子、法者林场大海至马鬃岭、马鬃岭梁子	杜鹃灌丛下
	锈毛金腰	*Chrysosplenium davidianum* Decne.ex Maxim.	15-3-a	轿子山老槽子	林下阴湿处
	肾叶金腰	*Chrysosplenium griffithii* J.D.Hooker & Thomson	14-1	禄劝县乌蒙乡轿子山马脖子崖	石山、石缝中
	突隔梅花草	*Parnassia delavayi* Franch.	15-3-c	东川区腰棚子林区、法者林场干箐垭口	林缘草地
	无斑梅花草	*Parnassia epunctulata* J.T. Pan	15-2-b	轿子山轿顶	山顶草地
	藏北梅花草	*Parnassia filchneri* Ulbr.	15-3-c	白石崖	山顶岩石缝中
	凹瓣梅花草	*Parnassia mysorensis* Heyne	14-1	东川区法者老炭房背后山、禄劝县雪山乡白家洼	高山林缘草地
	七叶鬼灯檠	*Rodgersia aesculifolia* Batal.	15-3-c	东川区舍块乡九龙沟、舒姑至马鬃岭梁子大崖头	林缘灌木、路边灌丛
	西南鬼灯檠	*Rodegersia sambucifolia* Hemsl.	15-3-a	轿子山老槽子	林下阴湿处、溪边岩石上
	橙黄虎耳草	*Saxifraga aurantiaca* Franch.	15-3-a	东川区舍块乡火石梁子白石崖	高山草甸
	灯架虎耳草	*Saxifraga candelabrum* Franch.	15-2-b	雪山乡白家洼	林缘草地
	棒蕊虎耳草	*Saxifraga clavistaminea* Engl.	15-2-a	轿子山石崖子	山谷青苔上

续表

科	种	拉丁名	分布区类型	在轿子山分布	生境
虎耳草科（Saxifragaceae）	棒腺虎耳草	*Saxifraga consanguinea* W. W. Smith	14-1	东川区舍块乡火石梁子小戏台	高山草甸
	大海虎耳草	*Saxifraga dahaiensis* H. Chuang	15-2-a	轿子山轿顶、火石梁子白石崖	山顶草地、多石山坡石缝中
	东川虎耳草	*Saxifraga dongchuanensis* H.Chuang	15-1	白石崖、烂泥坪	草坡
	异叶虎耳草	*Saxifraga diversifolia* Wall.	15-3-a	干箐垭口、轿子山大羊窝、九龙沟	溪边、岩上、林缘、路边灌丛
	线茎虎耳草	*Saxifraga filicaulis* Wall.	14-1	法者林场大厂至新发村、轿子山	林缘灌丛、多石山坡
	芽生虎耳草	*Saxifraga gemmipara* Franch.	15-3-a	大海至马鬃岭、轿子山大黑箐、轿子山大羊窝，炉拱山至九龙	高山草甸、山坡草地岩石上、林缘灌木
	零余虎耳草	*Saxifraga granulifera* H.Smith	15-3-a	轿子山大黑箐至轿顶	山顶草地
	齿叶虎耳草	*Saxifraga hispidula* D.Don	14-1	东川区法者林场至沙子坡毛坝子附近	阔叶混交林下
	黑蕊虎耳草	*Saxifraga melanocentra* Franch.	14-1	东川区舍块乡火石梁子白石崖妖精塘	石缝
	刚毛虎耳草	*Saxifraga oreophila* Franch.	15-2-b	白石崖	多石山坡岩石缝
	多叶虎耳草	*Saxifraga pallida* Wall.	14-1	大海至马鬃岭、轿子山轿顶	林下、溪边、岩石上、多石山坡
	红毛虎耳草	*Saxifraga rufescens* Balf.f.	15-3-a	法者林场干箐垭口至沙子坡、九龙沟炉拱山至九龙	林缘岩石上
	景天虎耳草	*Saxifraga sediformis* Engl. & Irmsch.	15-3-a	大海至马鬃岭	林缘岩石上
	伏毛虎耳草	*Saxifraga strigosa* Wall.ex Ser.	14-1	轿子山大羊窝	林缘岩石上
	金星虎耳草	*Saxifraga stella -aurea* Hook.f & Thoms.	14-1	轿子山	多石山坡岩石上
	流苏虎耳草	*Saxifraga wallichiana* Sternb.	14-1	禄劝县马鬃岭梁子	高山草甸、岩石缝
	黄水枝	*Tiarella polyphylla* D.Don	14	东川区马鬃岭至大海、轿子山老槽子	阔叶林下、溪边、岩边、林缘灌丛
茅膏菜科（Droseraceae）	茅膏菜	*Drosera peltat* Smith ex Willd.	5	法者林场干箐垭口、轿子山大村、炉拱山、雪山乡白家洼	草地

续表

科	种	拉丁名	分布区类型	在轿子山分布	生境
石竹科（Caryophyllaceae）	黄茎无心菜	*Arenaria blinkworthii* McNeill	14-1	九龙沟	林缘草地
	大理无心菜	*Arenaria delavayi* Franch.	15-3-a	马鬃岭	山坡草地、岩石缝中
	滇蜀无心菜	*Arenaria dimorphitricha* C.Y.Wu ex L.H.Zhou	15-3-a	白石崖	多石草坡岩缝中
	无饰无心菜	*Arenaria inornata* W.W. Smith	15-2-b	东川区舍块乡火石梁子白石崖	高山草地、石缝中
	滇藏无心菜	*Arenaria napuligera* Franch.	15-2-b	白石崖	多石山坡石缝中
	圆叶无心菜	*Arenaria orbiculata* Royle ex Edgeworth & J.D.Hooker	14-1	轿子山小孝峰	石头山破碎石上
	须花无心菜	*Arenaria pogonantha* W. W. Smith	15-3-a	轿子山轿顶	多石草坡
	多籽无心菜	*Arenaria polysperma* C.Y. Wu ex L.H.Zhou	15-2-b	白石岩	流石滩
	缩减无心菜	*Arenaria reducta* Hand.-Mazz.	15-3-a	东川区舍块乡火石梁子白石崖	高山石破上
	无心菜	*Arenaria serpyllifolia* Linn.	2	转龙	山坡密林下
	狭叶无心菜	*Arenaria yulongshanensis* L.H.Zhou ex C.Y.Wu	15-2-b	轿子山大黑箐至轿顶	高山草甸
	簇生卷耳（亚种）	*Cerastium fontanum* Baump. ssp.*triviale* (Link) Jalas	1	白石崖	多石草坡
	金铁锁	*Psammosilene tunicoides* W.C.Wu & C.Y.Wu	15-3-a	轿子山新山垭口、舒姑至马鬃岭梁子词栎坪、雪山乡白家洼	黄背栎林缘、岩缝中、林缘草地
	漆姑草	*Sagina japonica*(Swartz) Ohwi	14	法者林场马鬃岭至大海	路边草地、沟边
	珍珠草	*Sagina saginoides* (Linn.) Karsten	8	白家洼	林下沟边、林缘草地潮湿处
	掌脉蝇子草	*Silene asclepiadea* Franch	15-3-a	法者林场干箐垭口至沙子坡、轿子山老槽子、转龙至牛肩膀山	路边草地、山坡林缘灌丛、陡坡沙地
	栗色蝇子草	*Silene atrocastanea* Diels	15-2-b	舒姑	山坡林缘灌丛
	狗筋蔓	*Silene baccifera* (Linn.)Roth	10	法者林场沙子坡林区附近、炉拱山至九龙	林缘灌木
	双舌蝇子草	*Silene bilingua* W.W.Smith	15-3-a	禄劝县雪山乡舒姑村至马鬃岭大崖头	石栎林边缘
	心瓣蝇子草	*Silene cardiopetala* Franch.	15-3-a	法者林场干箐垭口至沙子坡	路边草地

续表

科	种	拉丁名	分布区类型	在轿子山分布	生境
石竹科（Caryophyllaceae）	中甸蝇子草	*Silene chungtienensis* W.W.Smith	15-2-b	轿子山大孝峰崖脚	山坡岩石
	西南蝇子草	*Silene delavayi* Franch.	15-3-a	九龙沟	林缘草地
	齿瓣蝇子草	*Silene incisa* C.L.Tang	15-1	烂泥坪	山坡草地
	灌丛蝇子草	*Silene dumetosa* C.L.Tang	15-2-b	东川区法者乡林场大海至马鬃岭途中	高山草甸
	丛林蝇子草	*Silene dumicola* W.W.Smith	15-3-a	东川区舍块乡炉拱山至九龙村途中	路边密林
	细蝇子草	*Silene gracilicaulis* C. L. Tang	15-3-c	九龙沟、烂泥坪	山坡草地
	狭瓣蝇子草	*Silene gallica* L.	15-3-a	禄劝县乌蒙乡轿子山景区大黑箐至轿顶	悬崖边
	垫状蝇子草	*Silene kantzeensis* C.L.Tang	15-3-a	东川区舍块乡火石梁子白石崖	高山斜坡石栎地
	喇嘛蝇子草	*Silene lamarum* C.Y.Wu & Tang Wu & Tang	15-3-a	东川区舍块乡火石梁子白石崖	高山斜坡石缝中
	线瓣蝇子草	*Silenelineariloba* C.Y.Wu & C.L.Tang	15-3-a	禄劝县乌蒙乡轿子山景区大黑箐至轿顶	石缝中
	纺锤根蝇子草	*Silene napuligera* Franch.	15-3-a	轿子山乌蒙乡至雪山乡途中碑根大地	路边草地
	尼泊尔蝇子草	*Silene nepalensis* Majumdar	14-1	九龙沟	山坡草地
	大子蝇子草	*Silene stewartiana* Diels	15-2-b	法者林场木梆海、轿子山	亚高山草甸、山坡草地
	粘萼蝇子草	*Silene viscidula* Franch.	15-3-a	马鬃岭梁、转龙	山坡草地
	滇蝇子草	*Silene yunnanensis* Franch.	15-2-b	禄劝县雪山乡白家洼	路边密林中
	云南繁缕	*Stellaria yunnanensis* Franch.	15-3-a	东川区舍块乡炉拱山至九龙村途中	路边密林中
	雀舌草	*Stellaria alsine* Grimm.	1	东川区法者林场燕子洞至大海途中	草坡上
	内弯繁缕	*Stellaria infracta* Maxim.	15-3-c	乌蒙乡	斜坡沙地
	绵柄繁缕	*Stellaria lanipes* C.Y.Wu & H. Chuang	15-2-b	禄劝县乌蒙乡轿子山大羊窝	密林中
	峨眉繁缕	*Stellaria omeiensis* C.Y.Wu & Y.W.Tsui ex P.Ke	15-3-a	东川区法者乡林场大海至马鬃岭途中	密林中
	细柄繁缕	*Stellaria petiolaris* Hand.-Mazz .	15-3-a	轿子山四方井至大羊窝	林缘灌丛
	长毛箐姑草	*Stellaria pilosoides* Shi L. Chen, Rabeler et Turland	15-3-a	东川区舍块乡火石梁子白石崖	高山石坡上

续表

科	种	拉丁名	分布区类型	在轿子山分布	生境
石竹科（Caryophyllaceae）	星毛繁缕	*Stellaria vestita* Kurz	7	轿子山石崖子	山谷溪旁石上
	贯叶繁缕（变种）	*Stellaria vestita kurz* var. *amplexicaulis* (Hand.-Mazz.) C.Y.Wu	15-3-a	轿子山	干燥山坡沙石地
	巫山繁缕	*Stellaria wushanensis* F.N.Williams	15-3-c	轿子山老槽子	杜鹃、石栎林中
	云南繁缕	*Stellaria yunnanensis* Franch.	15-3-a	轿子山四方井至大羊窝	林缘灌丛
蓼科（Polygonaceae）	金荞麦	*Fagopyrum dibotrys* (D.Don)Hara	14-1	炉拱山至九龙、舒姑至马鬃岭梁子	路边灌木、沟边、溪边灌丛
	疏穗小野荞麦	*fagopyrum leptopodum* (Diels) Hedb. var.*grossii* (Lévl.) Lauener & Ferguson	15-3-a	普渡河苏铁保护区	干旱河谷山坡路边
	硬枝野荞麦	*Fagopyrum urophyllum* (Bureau & Franch.) H.Gross	15-3-a	东川区	山沟杂木林
	何首乌	*Fallopia multiflora*(Thunb.) Harald.	14-2	老炭房后山、雪山乡白家洼	路边灌丛
	山蓼	*Oxyria digyna*(Linn.)Hill	8	九龙沟	路边灌丛、草地
	中华山蓼	*Oxyria sinensis Hemsl.*	15-3-a	板山沟	山坡灌丛
	中华抱茎蓼	*Polygonum amplexicaule* D. Don var.*sinense* Forb. & Hemsl. ex Steward	15-3-c	轿子山大黑箐至轿顶	杜鹃灌丛中
	钟花神血宁（原变种）	*Polygonum campanulatum* J.D.Hooker var. *campanulatum*	14-1	法者林场大海至马鬃岭、炉拱山至九龙	山坡草地、灌丛、林缘灌丛
	绒毛钟花蓼（变种）	*Polygonum campanulatum* Hook.f.var.*fulvidum* Hook.f.	14-1	白石崖、法者林场大海至马鬃岭途中、干箐垭口、轿子山、石膏菜坪子、四方井至大羊窝、九龙沟	高山草甸、山坡草地、林缘灌木、山谷湿润沙石地、溪边
	窄叶火炭母（变种）	*Polygonum chinense* Linn.var.*paradoxum* (Lévl.)A.J.Li	15-3-a	轿子山摆夷召	山坡路旁灌木林中
	革叶蓼	*Polygonum coriaceum* Samuelsson	15-3-a	白石崖、轿子山山顶	山坡草地、多石草甸
	小叶蓼	*Polygonum delicatulum* Meisn.	14-1	轿子山大黑箐至轿顶	岩石上

续表

科	种	拉丁名	分布区类型	在轿子山分布	生境
蓼科（Polygonaceae）	匍枝蓼（原变种）	*Polygonum emodi* Meisn. var. *emodi*	14-1	法者林场大海至马鬃岭途中、轿子山	杜鹃灌丛、沟边、山坡草地
	宽叶匍枝蓼（原变种）	*Polygonum emodi* Meisn. var.*dependens* Diels	15-3-a	法者林场大厂至新发村、九龙沟	林缘灌木
	细茎蓼	*Polygonum filicaule* Wall.ex Meisn.	14-1	法者林场大海至马鬃岭、轿子山轿顶	山坡草地、多石草坡
	冰川蓼	*Polygonum glaciale* (Meisner) J.D.Hooker	14-1	轿子山木梆海边、九龙沟	路边岩石、岩石缝中
	矮蓼	*Polygonum humile* Meisn.	14-1	禄劝县乌蒙乡轿子山木梆海	石下
	圆穗蓼	*Polygonum macrophyllum* D.Don	14-1	白石崖、轿子山、沼泽地中、大黑箐、石膏菜坪子	多石草坡、高山草甸、山谷溪旁
	大海蓼	*Polygonum milletii* (Lévl.) Lévl.	14-1	轿子山	山坡密林下
	倒毛蓼（变种）	*Polygonum molle* D.Don var.*rude* (Meisn.)A.J.Li	14-1	九龙沟	林缘灌木
	尼泊尔蓼	*Polygonum nepalense* Meisn.	6	炉拱山至九龙	河边、岩边、山坡沟边
	毛叶草血竭	*Polygonum paleaceum* Wall. ex Hook .f.	15-3-a	炉拱山至九龙	山坡草地
	羽叶蓼（原变种）	*Polygonum runcinatum* Buch. -Ham.ex D.Don var. *runcinatum*	7	法者林场干箐垭口至沙子坡、轿子山大羊窝、哈依垭口梁子、九龙沟	林缘灌丛、林缘草地、山坡潮湿处
	赤胫散（变种）	*Polygonum runcinatum* Buch. -Ham.ex D.Don var. sinense Hemsl.	7-1	法者林场抱水井丫口至大厂、燕子洞至大海途中、轿子山	林下潮湿处、林缘草地、沼泽地
	珠芽支柱蓼	*Polygonum suffultoides* A.J.Li	15-2-b	轿子山	林下沟边
	珠芽蓼	*Polygonum viviparum* Linn.	8	法者林场至马鬃岭、轿子山大黑箐、九龙沟	多石草坡、林缘灌丛
	翼蓼	*Pteroxygonum giraldii Damn. et Diels*	15-1	老炭房后山、炉拱山至九龙	山坡或林缘草地
	小酸模	*Rumex acetosella* Linn.	8	法者林场大场附近	林缘草地
	戟叶酸模	*Rumex hastatus* D.Don	14-1	轿子山四方井、乌蒙乡团街、雪山乡白家洼	路边灌丛、路旁沙石上，林缘灌丛
	尼泊尔酸模	*Rumex nepalensis* Spreng.	7	法者林场干箐垭口、轿子山大兴厂	路边、林缘草地山谷、溪旁、石上

续表

科	种	拉丁名	分布区类型	在轿子山分布	生境
商陆科（Phytolaccaceae）	商陆	*Phytolacca acinosa* Roxb.	14	雪山白家洼	溪边
藜科（Chenopodiaceae）	小藜	*Chenopodium serotinum* Linn.	15-3-c	九龙沟	林缘路边
苋科（Amaranthaceae）	钝叶土牛膝（变种）	*Achyranthes aspera* Linn. var.*indica* Linnaeus	7-2	禄劝县三江口	河边灌木
	牛膝	*Achyranthes bidentata* Blume	7	轿子山各坡	林缘、沟边灌丛
	白花苋	*Aerva sanguinolenta*(Linn.)Blume.	7	普渡河苏铁保护点	路边灌丛
牻牛儿苗科（Geraniaceae）	五叶老鹳草	*Geranium delavayi* Franch.	15-3-a	轿子山大黑箐至轿顶、炉拱山至九龙	山坡草地、灌丛
	长根老鹳草	*Geranium donianum* Sweet	14-1	烂泥坪、妖精塘	高山草甸
	灰岩紫地榆	*Geranium franchetii* R.Knuth	15-3-a	舒姑至马鬃岭梁子干水井	山坡草地
	萝卜根老鹳草	*Geranium napuligerum* Franch.	15-3-a	白石崖	多石草坡
	五叶草	*Geranium nepalense* Sweet	14	轿子山大羊窝	山坡灌丛、草地
	汉荭鱼腥草	*Geranium robertianum* Linn.	8	轿子山平箐	石灰山岩缝中
	中华老鹳草	*Geranium sinense* R. Knuth	15-3-a	法者林场干箐垭口、马鬃岭至大海、轿子山大马路	林缘灌丛山坡草地
	鼠掌老鹳草	*Geranium sibiricum* Linn.	10	法者林场抱水井丫口、大厂至新发村途中、轿子山大羊窝	林缘灌丛、路边、山坡草地
	云南老鹳草	*Geranium yunnanense* Franch.	15-3-a	法者林场大厂至林区附近抱水井丫口、轿子山大马路	山坡草地
酢浆草科（Oxalidaceae）	酢浆草	*Oxalis corniculata* Linn.	2	轿子山各地	山坡草地、林缘、灌丛
	山酢浆草	*Oxalis griffithii* Edgew. & Hook.f.	14	法者林场抱水井丫口至大厂	林下潮湿处
	白鳞酢浆草	*Oxalis leucolepis* Diels	14-1	轿子山一线天至大坪子	林缘岩石上
凤仙花科（Balsaminaceae）	马红凤仙花	*Impatiens bachii* Lévl.	15-2-a	法者林场大厂大洼子	林下潮湿处
	具角凤仙花	*Impatiens ceratophora* Comber	15-2-b	法者林场大厂	林缘溪边

续表

科	种	拉丁名	分布区类型	在轿子山分布	生境
凤仙花科（Balsaminaceae）	黄麻叶凤仙花	*Impatiens corchorifolia* Franch.	15-3-a	中山	林缘岩下
	束花凤仙花	*Impatiens desmantha* Hook.f.	15-2-b	大厂大洼子	林缘溪边
	镰萼凤仙花	*Impatiens drepanophora* Hook.f.	14-1	雪山乡白家洼	溪边
	同距凤仙花	*Impatiens holocentra* Hand.-Mazz.	14-1	抱水井丫口	冷杉林下
	毛凤仙花	*Impatiens lasiophyton* J.D.Hooker	15-3-a	转龙	溪边、田边
	路南凤仙花	*Impatiens loulanensis* Hook.f.	15-3-a	轿子山大坪子	林下潮湿处
	蒙自凤仙花	*Impatiens mengtzeana* Hook.f.	15-2-b	轿子山	林缘溪边
	罗平山凤仙花	*Impatiens poculifer* Hook.f.	15-2-b	林场背风窝	林缘溪边
	辐射凤仙花	*Impatiens radiata* Hook.f. & Thoms.	14-1	火烧棚子	林下潮湿处
	直角凤仙花	*Impatiens rectangula* Hand.-Mazz.	14-1	九龙沟	溪边灌丛
	红纹凤仙花	*Impatiens rubro striata* J.D.Hooker	15-2-b	转龙	溪边
	黄金凤	*Imipatiens siculifer* Hook.f.	15-3-b	板山沟	林下沟边
	滇水金凤	*Impatiens uliginosa* Franch.	15-2-b	禄劝县乌蒙乡团街	溪边
千屈菜科（Lythraceae）	水苋菜	*Ammannia baccifera* Linnaeus	4	三江口	河边田中
柳叶菜科（Onagraceae）	柳兰	*Chamaenerion angustifolium* (Linn.)Scop.	8	东川区因民镇落雪往舍块方向三风口	高山草甸、路边
	高原露珠草	*Circaea alpina Linn subsp. Imaicola* (Asch. & Magn.) Kitamura	14-1	法者林场大海至马鬃岭、大横山至邓家山	林缘灌丛、箭竹杂木林下
	谷蓼	*Circaea erubescens* Franch. & Sav.	11	东川区法者林场干箐垭口、法者林场抱水井丫口	草坡上、路旁竹林边
	南方露珠草	*Circaea mollis* Siebold & Zuccarini	7	林场大厂大洼子	林缘灌丛
	匍匐露珠草	*Circaea repens* Wallich ex Ascherson & Magnus	14-1	雪山乡白家洼	林缘草地

续表

科	种	拉丁名	分布区类型	在轿子山分布	生境
柳叶菜科（Onagraceae）	腺茎柳叶菜	*Epilobium brevifolium* D. Don subsp. *trichoneurum* (Haussknecht)P.H.Raven	14-1	白石崖、法者林场干箐垭口至沙子坡、轿子山轿顶	多石草坡、路边草坡
	圆柱柳叶菜	*Epilobium cylindricum* D.Don	14-1	法者林场大厂至新发村	路边灌丛
	大花柳叶菜	*Epilobium wallichianum* Haussknecht	14-1	法者林场干箐垭口、轿子山轿顶、炉拱山至九龙、腰棚子林区	林缘灌丛、草地、多石草坡
	埋鳞柳叶菜	*Epilobium williamsii* P.H.Raven	14-1	轿子山	沼泽地
瑞香科（Thymelaeaceae）	橙黄瑞香	*Daphne aurantiaca* Diels	15-2-b	九龙沟	山坡岩石上
	白瑞香	*Daphne papyracea* Wall. ex Steud.	14-1	轿子山石崖子	山谷疏林中
	凹叶瑞香	*Daphneretusa* Hemsl.	15-3-c	东川区舍块乡火石梁子小戏台	杜鹃密林中
	唐古特瑞香	*Daphne tangutica* Maximowicz	15-3-c	九龙沟	山坡灌丛
	狼毒	*Stellera chamaejasme* Linn.	11	白石崖	高山草甸
	荛花	*wikstroemia canescens* Wallich ex Meisner	14-2	雪山乡白家洼	路边灌丛
	短总序荛花	*Wikstroemia capitatoracemosa* S.C.Huang	15-3-c	东川区汤丹至红土地镇途中	路边密林中
马桑科（Coriariaceae）	马桑	*Coriaria nepalensis* Wall.	14-1	普渡河苏铁保护小区	干旱河谷山坡
海桐花科（Pittosporaceae）	短萼海桐	*Pittosporum brevicalyx* (Oliv.)Gagnep.	15-3-b	转龙甸尾	山坡杂木林中
葫芦科（Curcurbitaceae）	绞股蓝	*Gynostemma pentaphyllum* (Thunb.)Makino	7	轿子山各坡	山坡沟边、林下、林缘
	曲莲	*Hemsleya amabilis* Diels	15-3-a	东川区法者林场干箐垭口	石山灌丛
	雪胆	*Hemsleya chinensis* Cogniaux	15-3-b	东川区法者林场燕子洞至大海途中	林缘
	罗锅底	*Hemsleya macrosperma* C.Y.Wu	15-2-a	轿子山大兴厂	林缘灌丛
	异叶赤爮	*Thladiantha hookeri* C.B.Clarke	7	法者林场小清河	林缘灌丛
秋海棠科（Begoniaceae）	独牛	*Begonia henryi* Hemsl.	15-3-b	法者林场大厂至林区附近、燕子洞至大海	路边岩石上、林缘岩石缝中

续表

科	种	拉丁名	分布区类型	在轿子山分布	生境
秋海棠科（Begoniaceae）	全柱秋海棠	*Begonia grandis* Dry. ssp.*holostyla* Irmsch.	15-3-a	法者林场大厂至新发村、雪山乡白家洼	路边岩石上、林缘岩石缝中
茶科（Theaceae）	怒江红山茶	*Camellia saluenensis* Stapf. ex Been	15-3-a	轿子山新山丫口、乌蒙乡至雪山乡途中老槽子	杜鹃、高山栎灌丛、杂木林中
	西南山茶	*Camellia pitardii* Cohen-Stuart	15-3-b	禄劝县乌蒙乡哈依垭口	峻坡疏林
	云南山茶花	*Camellia reticulata* Lindl.	15-3-a	禄劝县转龙镇息泽河	次生松栎林内
	丽江柃	*Eurya* hand.-Mazz. H.T. Chang	15-3-a	轿子山、哈依垭口	斜坡沙石山、沟谷路旁疏林
	细枝柃	*Eurya loquaiana* Dunn	15-3-b	小清河	山坡林缘灌丛
	银木荷	*Schima argentea* Pritz.	7	禄劝县乌蒙乡大兴厂至团街	山坡林缘
	短梗木荷	*Schima brevipedicellata* Hung T.Chang	7-4	东川区法者乡大厂至新发村途中	溪边密林中
	厚皮香	*Ternstroemia gymnanthera* (Wright.Arn.)Beddome	7	轿子山山茶花树	斜坡沙地、干燥处
猕猴桃科（Actinidiaceae）	软枣猕猴桃	*Actinidia arguta* (Siebold & Zuccarini) Planchon ex Miquel	14-2	轿子山	山坡灌丛
使君子科（Combretaceae）	滇榄仁	*Terminalia franchetii* Gagnepain	7-3	乌蒙乡报竹腰堰	斜坡干燥处
金丝桃科（Hypericaceae）	栽秧花	*Hypericumbeanii* N.Robson	15-3-a	轿子山何家村、四方井	林缘、路边、林缘灌丛
	弯萼金丝桃	*Hypericum curvisepalum* N. Robson	15-3-a	轿子山何家村	山坡灌丛
	挺茎遍地金	*Hypericum elodeoides* Choisy	14-1	法者林场大海至马鬃岭、干箐垭口	山坡草地、林缘灌木
	细叶金丝桃	*Hypericum gramineum* G. Forster	5	甸尾	山坡林缘
	西南金丝梅	*Hypericum henryi* H. Lév. et Vaniot	15-3-a	法者林场干箐垭口、轿子山、转龙	林缘灌丛、山坡灌丛
	短柱金丝桃	*Hypericum hookerianum* Wight & Arn.	7-1	板山沟	山坡林缘灌丛
	地耳草	*Hypericum japonicum* Thunberg	5	老炭房后山	路边草地
	宽萼金丝桃	*Hypericum latisepalum* (N.Robson)N.Robson	14-1	炉拱山至九龙	林缘灌丛
	长瓣金丝桃	*Hypericum monanthemum* Hook.f. & Thoms. ex Dyer	14-1	轿子山	多石山坡

续表

科	种	拉丁名	分布区类型	在轿子山分布	生境
金丝桃科（Hypericaceae）	云南小连翘	*Hypericum petiolulatum* J.D.Hooker & Thomson ex Dyer subsp. *yunnanense* (Franch.)N.Robson	7-4	九龙沟	林缘灌丛、草地
	北栽秧花	*Hypericum pseudohenryi* N.Robson	15-3-a	雪山乡白家洼	林缘灌丛
	近无柄金丝桃	*Hypericum subsessile* N.Robson	15-3-a	轿子山	山坡灌丛
	匙萼金丝桃	*Hypericum uralum* Buch.-Ham.ex D.Don	14-1	轿子山摆依召大桥	山坡湿润
	遍地金	*Hypericum wightianum* Wall. ex Wight & Arn.	7	东川区炉拱山至九龙途中、轿子山阿萨里	林缘草地、山坡沙地
椴树科（Tiliaceae）	苘麻叶扁担杆	*Grewia abutilifolia* Vent. ex Juss	7	普渡河苏铁保护点	干旱河谷灌丛
	小花扁担杆	*Grewia biloba* G.Don	15-3-c	乌蒙乡老熊箐	山坡疏林中干燥
梧桐科（Sterculiaceae）	平当树	*Paradombeya sinensis* Dunn	15-3-a	普渡河苏铁保护点、三江口	干旱河谷、山坡灌丛
木棉科（Bombacaceae）	木棉	*Bombax ceiba* Linn.	5	普渡河苏铁保护小区	干旱河谷、山坡灌丛
锦葵科 Malvaceae	圆叶锦葵	*Malva rotundifolia* Linn.	8	轿子山大兴厂	村旁灌丛
	中华野葵	*Malva verticillata* var. *Chinensis* (Miller) S.Y.Hu	14-1	禄劝县乌蒙乡大兴厂	村旁
	拔毒散	*Sida szechuensis* Matsuda	15-3-a	普渡河苏铁保护点	路边灌丛
	云南地桃花（变种）	*Urena lobata* Linnaeus var. *yunanensis* S.Y. Hu	15-3-b	三江口	河谷灌丛
大戟科（Euphorbiaceae）	毛叶铁苋菜	*Acalypha mairei* (Lévl.) Schneid.	7-3	禄劝县普渡河	河谷山坡
	高山大戟	*Euphorbia stracheyi* Boiss	14-1	大风丫口	亚高山草地
	黄苞大戟	*Euphorbia sikkimensis* Boiss.	14-1	禄劝县转龙镇救生桥	河旁沙地蒺藜丛中
	四裂算盘子	*Glochidion ellipticum* Wight	7	禄劝县转龙镇	河谷山坡
	麻风树	*Jatropha curcas* Linn.	2	普渡河苏铁保护小区	干旱河谷、山坡灌丛
	余甘子	*Phyllanthus emblica* Linn.	7	普渡河苏铁保护小区	干旱河谷、山坡灌丛
	油桐	*Vernicia fordii* (Hemsley) Airy Shaw	7-4	乌蒙乡救生桥	河谷山坡
鼠刺科（Iteaceae）	滇鼠刺	*Itea yunnanensis* Franch.	15-3-a	乌蒙乡摆夷召	斜坡、灌木丛中、干燥
醋栗科（Grossulariaceae）	大刺茶藨子	*Ribes alpestre* Wall.ex Decne.	14-1	东川区舍块乡九龙沟	林缘灌丛

续表

科	种	拉丁名	分布区类型	在轿子山分布	生境
醋栗科（Grossulariaceae）	冰川茶藨子	*Ribes glaciale* Wall.	14-1	东川区二二二林场腰棚子林区、法者林场干箐垭口至小横山途中、轿子山大羊窝、炉拱山	林缘灌丛
	曲萼茶藨子	*Ribes griffithii* Hook. & Thoms.	14-1	雪山乡白家洼	路边灌丛
	宝兴茶藨子	*Ribes moupinense* Franch.	15-3-c	禄劝县轿子山大黑箐	路旁沙石山
	细枝茶藨子	*Ribes tenue* Jancz.	15-3-c	轿子山大马路	杜鹃林缘灌丛
绣球花科（Hydrangeaceae）	大萼溲疏	*Deutzia calycosa* Rehd.	15-3-a	炉拱山至九龙	林缘灌丛、林中
	长叶溲疏	*Deutzia longifolia* Franch.	15-3-c	禄劝县乌蒙乡大兴厂崖子桥	斜坡干燥处
	南川溲疏	*Deutzia nanchuanensis* W.T.Wang	15-3-a	九龙沟	林缘灌丛
	紫花溲疏	*Deutzia purpurascens* (Franch. ex L.Henry) Rehd.	14-1	轿子山平箐、九龙沟、舒姑至马鬃岭大崖头	多石山坡灌丛、林缘灌丛
	马桑绣球	*Hydrangea aspera* Buch.-Ham.ex D.Don	14-1	乌蒙乡小猴街、转龙白木卡、转龙甸尾	山谷溪旁、林缘灌丛
	西南绣球	*Hydrangea davidii* Franch.	15-3-a	法者林场大厂至新发村	沟边林中
	微绒绣球	*Hydrangea heteromalla* D.Don	14-1	禄劝县乌蒙乡大孝峰	山谷、溪旁、斜坡
	大果绣球	*Hydrangea macrocarpa* Hand.-Mazz.	15-3-c	禄劝县乌蒙乡大兴厂	溪旁、灌木丛中
	白绒绣球	*Hydrangea mollis*(Rehd.) W.T.Wang	15-3-a	法者林场抱沙子坡至水井垭口、大海至马鬃岭、轿子山大羊窝	混交林中、杜鹃林中
	丽江山梅花	*Philadelphus calvescens* (Rehd.) S.M.Hwang	15-3-a	轿子山平箐	林缘灌丛
	娟毛山梅花	*Philadelphus sericanthus* Koehne	15-3-c	法者林场大海至马鬃岭、九龙沟	林缘灌丛
	昆明山梅花	*Philadelphus kunmingensis* S.M.Hwang	15-2-a	炉拱山至九龙	林缘灌丛
蔷薇科（Rosaceae）	龙芽草（原变种）	*Agrimonia pilosa* Ledebour var.*pilosa*	10	禄劝县乌蒙乡轿子山一线天附近	密林中
	黄龙尾（变种）	*Agrimonia pilosa Ledeb.* var. *nepalensis*(D.Don) Nakai	14-1	法者林场至马鬃岭途中、干箐垭口至沙子坡	沟边、路边、林缘、林缘灌丛
	假升麻	*Aruncus sylvester* Kostel.	14	大海至马鬃岭途中	山坡、沟边、林缘

续表

科	种	拉丁名	分布区类型	在轿子山分布	生境
蔷薇科（Rosaceae）	细齿樱桃	*Cerasus serrula* (Franch.) Yü & Li	15-3-a	大海至马鬃岭途中	林中
	尖叶栒子	*Cotoneaster acuminatus* Lindl.	14-1	法者林场干箐垭口、九龙沟	林缘灌丛
	灰栒子	*Cotoneaster acutifolius* Turczaninow	11	东川区法者林场沙子坡	箭竹杂木林缘
	黄杨叶栒子	*Cotoneaster buxifolius* Wallich ex Lindley	14-1	炉拱山至九龙	林缘灌丛
	厚叶栒子	*Cotoneaster coriaceus* Franch.	15-3-a	轿子山、乌蒙乡至雪山途中干河村后山垭口	杜鹃林中石上、林缘灌丛
	木帚栒子	*Cotoneaster dielsianus* Pritz.	15-3-b	雪山乡白家洼	林缘、河边、沟边、林间开阔处
	西南栒子	*Cotoneaster franchetii* Bois	7-3	轿子山大羊窝	杜鹃林缘
	粉叶栒子	*Cotoneaster glaucophyllus* Franch.	15-3-a	乌蒙乡大兴厂至团街途中	林缘灌丛
	平枝栒子	*Cotoneaster horizontalis* Dcne.	14-1	火石梁子小戏台、轿子山大羊窝、炉拱山至九龙	山坡岩石上、路边灌丛
	黑山门栒子	*Cotoneaster insolitus* Klotz	15-2-a	东川区舍块乡火石梁子小戏台	杜鹃灌丛
	小叶栒子	*Cotoneaster microphyllus* Wall.	14-1	雷打石	山坡灌丛
	两列栒子	*Cotoneaster nitidus* Jacq.	14-1	东川区舍块乡火石梁子小戏台	杜鹃石砾混交密林中
	毡毛栒子	*Cotoneaster pannosus* Franch.	15-3-b	普渡河苏铁保护点	干旱河谷、山坡灌丛
	疣枝栒子	*Cotoneaster verruculosus* Diels	14-1	轿子山	山顶灌丛
	云南山楂	*Crataegus scabrifolia* (Franch.) Rehd.	15-3-a	轿子山	疏林中
	云南移	*Docynia delavayi* (Franch.) Schneid.	15-3-a	乌蒙乡小猴街、转龙牛肩膀山	混交林中、林缘、疏林中
	蛇莓	*Duchesnea indica* (Andr.) Ficke.	8	轿子山大兴厂	林缘草地
	黄毛草莓（原变种）	*Fragaria nilgerrensis* Schlecht. ex Gay var. *nilgerrensis*	14-1	法者林场干箐垭口至沙子坡、轿子山老槽子、炉拱山至九龙	草地

续表

科	种	拉丁名	分布区类型	在轿子山分布	生境
蔷薇科（Rosaceae）	粉叶黄毛草莓（变种）	*Fragaria nilgerrensis* Schlechtendal ex J.Gay var. *mairei* (lévl.)Hand.-Mazz.	15-3-c	轿子山、轿子山哈衣垭口	路旁沙石地、山坡沙石地
	路边青	*Geum aleppicum* Jacq.	8	九龙沟	林缘灌丛
	川康绣线梅	*Neillia affinis* Hemsl.	15-3-a	轿子山老槽子	林缘灌丛
	云南绣线梅	*Neillia serratisepala* Li	15-2-c	东川区法者乡大厂至新发村途中	路边密林中
	灰叶稠李	*Padus grayana* (Maxim.) Schneid.	14-2	东川区法者林场大木场	林缘
	细齿稠李	*Padus obtusata* (Koehne) Yu & Ku	15-3-c	法者林场沙子坡至抱水井丫口、轿子山大羊窝	林中、山坡疏林中
	球花石楠	*Photinia glomerata* Rehd. & Wils.	15-3-b	乌蒙乡乐作坭、转龙、转龙甸尾	河谷山坡灌丛、斜坡干燥处、杂木林中
	全缘石楠	*Photinia integrifolia* Lindl.	7	法者林场大厂至新发村途中	山坡林中、林缘
	带叶石楠	*Photinia loriformis* W.W.Smith	15-3-a	普渡河苏铁保护小区、乌蒙乡乐作坭	普渡河河谷、山坡灌丛
	石楠	*Photinia serratifolia* (Desf.) Kalkman	7-1	禄劝县乌蒙乡	山谷斜坡
	丛生荽叶委陵菜	*Potentilla coriandrifolia* D.Don var. *dumosa* Franch	7 3	轿子山大海梁子	山坡石缝
	毛果委陵菜	*Potentilla eriocarpa* Wall. ex Lehm.	15-3-a	轿子山大黑箐至轿顶、一线天	多石草坡、岩缝、悬崖上
	川滇委陵菜	*Potentilla fallens* Card.	15-3-a	轿子山大黑箐至轿顶	多石草坡、岩缝
	金露梅	*Potentilla fruticosa* Linn.	15-3-c	大海至马鬓岭	山坡灌丛
	西南委陵菜	*Potentilla fulgens* Wall.ex D.Don	14-1	法者林场燕子洞至大海、轿子山大羊窝、老炭房后山	山坡草地
	银露梅	*Potentilla glabra* Lodd.	11	白石崖	杜鹃灌丛
	柔毛委陵菜	*Potentilla griffithii* Hook, f.	14-1	白石崖、轿子山大羊窝、腰棚子林区	高山草甸、山坡草地、林缘草地
	白背委陵菜	*Potentilla hypargyrea* Hand.-Mazz.	15-2-b	东川区舍块乡火石梁子白石崖	高山草甸
	蛇含委陵菜	*Potentilla kleiniana* Wight	14	轿子山老槽子	山顶草坡
	条裂委陵菜	*Potentilla lancinata* Cardot	15-3-a	轿子山崖子桥、大羊窝、石膏菜坪子	溪旁岩石上、山坡草地、山谷沙石地
	银叶委陵菜	*Potentilla leuconota* D.Don	15-2-b	白石崖、轿子山哈依垭口、轿子山	高山草甸、杜鹃林下、山坡草地

续表

科	种	拉丁名	分布区类型	在轿子山分布	生境
蔷薇科（Rosaceae）	脱毛银叶委陵菜	*Potentilla leuconota* D.Don var.*brachyphyllaria* Cardot	14-1	轿子山	山坡岩石缝中
	多裂委陵菜	*Potentilla multifida* Linn.	8	轿子山轿顶	多石草坡
	总梗委陵菜	*Potentilla peduncularis* D.Don	14-1	轿子山大海梁子	多石山坡草地
	狭叶委陵菜	*Potentilla stenophylla* (Franch.)Diels	15-3-a	白石崖、轿子山	多石草坡、杜鹃灌丛
	青刺尖	*Prinsepia utilis* Royle	14-1	轿子山、炉拱山至九龙	溪边灌丛、石山
	李	*Prunus salicina* Lindl.	15-3-c	轿子山、山坡灌丛轿子山、禄劝县乌蒙乡大兴厂至团街途中	山坡路旁
	细圆齿火棘	*Pyracantha crenulata* (D.Don)Roem.	14-1	轿子山天生桥	山谷、斜坡、沙地
	火棘	*Pyracantha fortuneana* (Maxim.)Li	15-3-c	轿子山、乌蒙乡小猴街	山谷、斜坡、沙地、山坡林缘
	棠梨	*Prunus betulifolia*	7-1	乌蒙乡摆夷召	山坡林中、林缘、灌丛
	长尖叶蔷薇	*Rosa longicuspis* Bertol.	15-3-a	轿子山	路旁、斜坡、石山
	毛叶蔷薇	*Rosa mairei* Levl.	15-3-a	轿子山石崖子	路旁沙石上
	峨眉蔷薇	*Rosa omeiensis* Rolfe	15-3-c	法者林场抱水井丫口、轿子山石崖子、轿子山大黑箐、轿子山大孝峰崖脚、轿子山大兴厂、轿子山石膏菜坪子、九龙沟	杜鹃冷杉林中、草地、斜坡、山谷溪旁、林缘灌丛、石山灌丛中
	铁杆蔷薇	*Rosa prattii* Hemsl.	15-3-c	九龙沟	林缘灌丛
	娟毛蔷薇	*Rosa sericea* Lindl.	14-1	轿子山、新山丫口	斜坡、沙石上高山栎、杜鹃灌丛中
	钝叶蔷薇	*Rosa sertata* Rolfe	15-3-c	炉拱山至九龙	林缘灌木
	刺萼悬钩子	*Rubus alexeterius* Focke	15-3-a	炉拱山至九龙	山坡灌丛、林中、林缘
	粉枝莓	*Rubus biflorus* Buch.-Ham.	14-1	轿子山新槽子	路边灌丛
	滇北悬钩子	*Rubus bonatianus* Focke	15-2-a	轿子山哈依垭口、石膏菜坪子、九龙沟	山坡灌丛、林缘灌丛
	三叶悬钩子	*Rubus delavayi* Franch.	15-2-b	转龙大功山	山坡灌丛
	凉山悬钩子	*Rubus fockeanus* Kurz	14-1	法者林场抱水井丫口	冷杉林下
	喜阴悬钩子	*Rubus mesogaeus* Focke	14	轿子山大兴厂、轿子山下坪子、乌蒙乡至雪山乡途中老槽子	山谷路旁灌木丛中、溪边灌木、林缘灌木

续表

科	种	拉丁名	分布区类型	在轿子山分布	生境
蔷薇科（Rosaceae）	掌叶悬钩子	*Rubus pentagonus* Wallich ex Focke	14-1	轿子山大海梁子、轿子山乌蒙乡至雪山乡途中老槽子	山坡草地灌丛、林缘灌丛
	棕红悬钩子	*Rubus rufus* Focke	7-4	轿子山大羊窝	林缘灌丛
	黑腺美饰悬钩子	*Rubus subornatus* Focke var. *melanadenus* Focke	15-3-a	禄劝县乌蒙乡轿子山石膏菜坪子	山谷沙石地
	显脉山莓草	*sibbaldia phanerophylebia* T.T.Yu & C.L.Li	15-3-a	轿子山哈依垭口、轿顶、四方井、小孝峰、乌蒙乡空心山	山坡湿润草地、多石草地
	白叶山莓草	*Sibbaldia micropetala* (D.Don)Hand.-Mazz.	14-1	禄劝县乌蒙乡	山谷斜坡
	大瓣紫花山莓草	*Sibbaldia purpurea* Royle var.*macropetala* (Muraj)Yüet Li	15-3-a	白石崖	高山草甸
	高丛珍珠梅	*Sorbaria arborea* Schneid.	15-3-c	法者林场大厂林区附近、九龙沟	河边灌丛
	冠萼花楸	*Sorbus coronata* (Card.) Yu & Tsai.	14-1	轿子山箐门口	斜坡树林中干燥处
	石灰花楸	*Sorbus folgneri*(Schneid.)Rehd.	15-3-b	轿子山大兴厂、箐门口	山谷溪旁石上、树林中
	江南花楸	*Sorbus hemsleyi* (C.K.Schneider)	15-3-c	法者林场大海至马鬃岭、轿子山箐门口、轿子山四方井、老炭房后山	杜鹃林中、山坡疏林中、林缘
	多对花楸	*Sorbus multijuga* Koehne	15-3-a	轿子山大羊窝	杜鹃林缘
	蕨叶花楸	*Sorbus pteridophylla* Hand.-Mazz.	14-1	禄劝县乌蒙乡空心山	山坡疏林中
	西南花楸（原变种）	*Sorbus rehderiana* Koehne var. *rehderiana*	14-1	法者林场大海至马鬃岭途中、轿子山大黑箐	杜鹃、冷杉林中
	锈毛西南花楸（变种）	*Sorbus rehderiana* Koehne var.*cupreonitens* Hand.-Mazz.	15-3-a	东川区舍块乡火石梁子白石崖妖精塘	石砾坡上、杜鹃灌丛
	红毛花楸	*Sorbus rufopilosa* Schneid.	14-1	法者林场干箐垭口至沙子坡途中、轿子山石崖子	针阔叶混交林中、林缘、山谷疏林中
	晚绣花楸	*Sorbus sargentiana* Koehne	15-3-a	大海至马鬃岭途中	杜鹃林中
	四川花楸	*Sorbus setschwanensis* (Schneid.)Koehne	15-3-a	法者林场抱水井丫口至大厂途中、干箐垭口、轿子山大马路	冷杉林下、杜鹃林中

续表

科	种	拉丁名	分布区类型	在轿子山分布	生境
蔷薇科（Rosaceae）	川滇花楸	*Sorbus vilmorinii* C.K. Schneid.	15-3-c	禄劝县轿子山大黑箐	路旁沙石山
	渐尖粉花绣线菊(变种)	*Spiraea japonica* Linn.f.var. *acuminata* Franch.	15-3-c	轿子山大兴厂至团街途中、炉拱山至九龙	山坡灌丛、沟边、林缘灌木
	急尖绣线菊（变种）	*Spiraea japonica* var. *acuta* T.T.Yu	15-3-a	法者林场大厂林区至新发村途中	林缘灌丛
	光叶绣线菊（变种）	*Spiraea japonica* var. *fortunei* (Panchon) Rehder	15-3-c	轿子山	山坡沟边
	椭圆叶粉花绣线菊（变种）	*Spiraea japonica* Linn.f.var. *ovalifolia* Franch.	15-3-a	炉拱山至九龙	林缘灌丛
	毛枝绣线菊	*Spiraea martinii*	15-3-a	白石崖	多石草坡
	川滇绣线菊	*Spiraea schneideriana* Rehder	15-3-a	轿子山大兴厂	山谷溪边灌丛
	浅裂绣线菊	*Spiraea sublobata* Hand. -Mazz.	15-3-a	轿子山老槽子、乌蒙乡团街	杜鹃石栎林中、山坡灌丛
	伏毛绣线菊	*Spiraea teniana* Rehder	15-2-a	轿子山哈依口梁子	干燥山坡灌丛
	鄂西绣线菊	*Spiraea veitchii* Hemsl.	15-3-c	法者林场干箐垭口、轿子山、架子上锅盖箐、炉拱山至九龙、马鬃岭梁子	林缘灌木
	陕西绣线菊	*Spiraea wilsonii* Duthie	15-3-c	东川区舍块乡火石梁子白石崖	高山草甸石砾地中
苏木科（Caesalpiniaceae）	豆茶决明	*Senna nomame* (Makino) T.C.Chen	14-2	禄劝县转龙镇	草坡
含羞草科（Mimosaceae）	毛叶合欢	*Albizia mollis* (Wallich) Boivin	14-1	普渡河苏铁保护小区	干旱河谷、山坡灌丛
	香合欢	*Albizia odoratissima* (Linnaeus f.)Bentham	7-4	禄劝县三江口	干燥山坡林缘
蝶形花科（Papilionaceae）	锈毛两型豆	*Amphicarpaea ferruginea* Benth.	15-3-a	老炭房后山、炉拱山至九龙、舒姑至马鬃岭梁子途中磨当丘、腰棚子林区	路边灌丛、林缘灌丛
	肉色土圞儿	*Apios carnea* (Wall.) Benth.ex Baker	14-1	雪山乡白家洼	林缘灌丛
	云南土圞儿	*Apios delavayi* Franch.	15-3-a	法者林场附近	林缘灌丛
	紫云英	*Astragalus sinicus* Linn.	14-2	法者林场干箐垭口	林缘灌丛

续表

科	种	拉丁名	分布区类型	在轿子山分布	生境
蝶形花科（Papilionaceae）	滇桂崖豆藤	*Callerya bonatiana* (Pamp.)P.K.Loc	7-4	普渡河苏铁保护点	干旱河谷、山坡灌丛
	灰毛崖豆藤	*Callerya cinerea* (Benth.) Schot.	7	转龙恩泽河	河边灌丛
	西南杭子梢	*Campylotropis delavayi* (Franch.)Schindl.	15-3-a	普渡河苏铁保护点	干旱河谷灌丛
	细枝杭子梢	*Campylotropis tenuiramea* P.Y.Fu	15-1	禄劝县中屏乡普渡河苏铁保护区	河边密林
	云南锦鸡儿	*Caragana franchetiana* Kom.	15-3-a	法者林场至新发村途中	河谷山坡灌丛
	象鼻藤	*Dalbergia mimosoides* Franch	15-3-c	乌蒙乡团街	干燥山坡灌丛
	滇黔黄檀	*Dalbergia yunnanensis* Franch	15-3-a	轿子山大黑石沟，普渡河苏铁保护区	干旱河谷灌丛
	疏果山蚂蝗	*Desmodium griffithianum* Benth.	7	大厂至新发村	路边灌丛
	波叶山蚂蝗	*Desmodium sequax* Wall.	7-1	炉拱山至九龙	路边灌丛
	云南山蚂蝗	*Desmodium yunnanense* Franch.	15-3-a	禄劝县中屏乡普渡河苏铁保护区	干热河谷
	洱源口袋	*Gueldenstaedtia delavayi* Franch.	15-2-b	白石崖	多石草坡
	丽江木蓝	*Indigofera balfouriana* Craib	15-3-a	轿子山老槽子	杜鹃、高山栎林缘
	西南木蓝	*Indigofera mairei* Pamp.	15-3-a	炉拱山至九龙	山坡灌丛
	娟毛木蓝	*Indigofera hancockii* Craib	15-3-a	九龙沟	山坡林缘灌丛
	灰色木蓝	*Indigofera wightii* Grah. ex Wight & Arnold	15-3-a	法者林场大厂至新发村途中	河谷山坡灌丛
	长萼鸡眼草	*Kummerowia stipulacea* (Maxim.)Makino	11	东川二二二林场对面山上瞭望台	草坡上
	截叶铁扫帚	*Lespedeza cuneata* (Dum. Courts.)G.Don	5	普渡河苏铁保护点	干旱河谷灌丛
	百脉根	*Lotus corniculatus* Linn.	2	大海至马鬃岭	高山草地
	绒毛鸡血藤	*Millettia velutina* Dunn	7	普渡河苏铁保护点	干旱河谷、山坡灌丛
	云南棘豆	*Oxytropis yunnanensis* Franch.	15-3-a	大风丫口	多石草地
	紫雀花	*Parochetus cummunis* Buch.-Ham.ex D.Don	7-1	法者林场干箐垭口、马鬃岭至大海、轿子山大羊窝	林缘草地

续表

科	种	拉丁名	分布区类型	在轿子山分布	生境
蝶形花科（Papilionaceae）	尼泊尔黄花木	*Piptanthus nepalensis* (Hook.)D.Don	14-1	腰棚子林区	林缘灌丛
	葛	*Pueraria lobata*(Willd.)Ohwi	5	普渡河苏铁保护点	干旱河谷、山坡灌丛
	苦葛	*Pueraria peduncularis* (Benth.)Grah.ex Benth.	14-1	炉拱山至九龙、腰棚子林区	林缘灌丛
	黄花高山豆	*Tibetia tongolensis* (Ulbrich)H.P.Tsui	15-3-b	麻栎林、乌木龙	灌丛旁
	救荒野豌豆	*Vicia sativa* Linn.	10	九龙沟	路边、沟边、林缘
旌节花科（Stachyuraceae）	西域旌节花	*Stachyurus himalaicus* Hook.f. & Thoms.ex Benth.	14-1	法者林场抱水井丫口至大厂	山坡林下、林缘灌丛
黄杨科（Buxaceae）	皱叶黄杨	*Buxus rugulosa* Hatusima	15-3-a	九龙沟	陡坡岩缝中
	板凳果	*Pachysandra axillaris* Franch.	15-3-b	轿子山中槽子	林缘灌丛
	树八爪龙（变种）	*Sarcococca hookeriana* Baill. var. *digyna* Franch.	15-3-a	法者林场沙子坡至抱水井丫口、炉拱山	林缘灌丛
	清香桂	*Sarcococca ruscifolia* Stapf.	15-3-c	大厂大洼子	山坡林下、林缘、河边岩上
杨柳科（Salicaceae）	山杨	*Populus davidiana* Dode	11	轿子山各坡	次生林缘
	清溪杨（变种）	*Populus rotundifolia* Griff. var.*duclouxiana* (Dode)Gomb.	15-3-c	雪山乡白家洼	阔叶林、杜鹃林
	小垫柳	*Salix brachista* Schneid.	15-3-a	白石崖	多石山坡灌丛
	腹毛柳	*Salix delavayana* Hand.-Mazz.	15-3-a	轿子山大兴厂	山谷斜坡
	长花柳	*Salix longiflora* Anderss.	14-1	轿子山大兴厂	山谷斜坡、灌木丛中
	木里柳	*Salix muliensis* Gŏrz.	15-3-a	舒姑至马鬃岭梁子干水井	黄背栎林中
	草地柳	*Salix praticola* Hand.-Mazz. ex Enander	15-3-b	轿子山四方井至大羊窝	山坡疏林
	长穗柳	*Salix radinostachya* Schneid.	14-1	轿子山大兴厂	山谷溪旁、湿润
	皂柳	*Salix wallichiana* Anderss.	15-3-c	轿子山、大羊窝	路旁沙石上、杂木林中
桦木科（Betulaceae）	川滇桤木	*Alnus ferdinandi-coburgii* C.K.Schneid.	15-3-a	禄劝县转龙镇至大功山	山谷、斜坡疏林中
	矮桦	*Betula potaninii* Batalin	15-3-c	九龙沟	陡坡上
	糙皮桦	*Betula utilis* D.Don	14-1	轿子山景区大山沟	针阔叶混交林中

续表

科	种	拉丁名	分布区类型	在轿子山分布	生境
榛科（Corylaceae）	刺榛	*Corylus ferox* Wallich var. *ferox*	14-1	法者林场大厂林区背后山、轿子山四方井至大羊窝	混交林、疏林中
	滇榛	*Corylus yunnanensis* (Franch.)A.Camus	15-3-b	九龙沟	疏林中
壳斗科（Fagaceae）	锥栗	*Castanea henryi* (Skan) Rehder & E.H.Wilson	15-3-c	禄劝县乌蒙乡	斜坡溪旁干燥处
	栗	*Castanea mollissima* Blume	14	禄劝县乌蒙乡	斜坡沙地干燥处
	元江拷	*Castanopsis orthacantha* Franch	15-3-a	法者林场大厂至新发村途中轿子山	河边山坡灌丛
	窄叶青冈	*Cyclobalanopsis augustinii* (Skan)Schottky	15-3-b	转龙	斜坡
	黄毛青冈	*Cyclobalanopsis delavayi* (Franch.) Schottky	15-3-a	乌蒙乡阿隆黑	山坡干燥处
	滇青冈	*Cyclobalanopsis glaucoides* Schottky	15-3-a	乌蒙乡恩泽河、沙坪箐	河边灌丛、山坡溪旁林中
	杏叶柯	*Lithocarpus amygdalifolius* (Skan)Hayata	7-4	禄劝县乌蒙乡	斜坡沙地干燥处
	包果柯	*Lithocarpus cleistocarpus* (Seemen)Rehder & E.H. Wilson var.*omeiensis* W.P.Fang	15-3-a	转龙	山坡林中
	白柯	*Lithocarpus dealbatus* (J.D. Hooker & Thomson ex Miquel) Rehder	14-1	轿子山、轿子山打村长、转龙至乌蒙途中恩泽河	山坡杂木林中、山坡疏林、河边灌丛
	多变石栎	*Lithocarpus variolosus* (Franch.)Chun	7-4	法者林场干箐垭口、雪山乡白家洼、腰棚子林区	常绿阔叶林或针阔叶混交林、混交林中、杂木林中
	麻栎	*Quercus acutissima* Carr.	14	轿子山阿萨里	山坡林中
	川滇高山栎	*Quercus aquifolioides* Rehder & E.H.Wilson	15-2-b	舒姑至马鬃岭途中磨当丘	栎类林中
	铁橡栎	*Quercus cocciferoides* Hand.-Mazz.	15-3-a	轿子山、普渡河保护区	河谷山坡灌丛
	黄背栎	*Quercus pannosa* Hand.-Mazz.	15-2-b	东川法者老炭房后山、九龙沟、腰棚子林区	云南松林下、黄背栎灌丛、山坡林缘灌丛
	毛脉高山栎	*Quercus rehderiana* Hand.-Mazz.	7-3	轿子山	山坡杂木灌丛
	灰背栎	*Quercus senescens* Hand.-Mazz.	15-3-a	轿子山	山坡灌丛

续表

科	种	拉丁名	分布区类型	在轿子山分布	生境
壳斗科（Fagaceae）	川西栎	*Quercus spinasa* David ex Franch.var.*gilliana*	15-2-a	法者林场干箐垭口、禄劝县雪山乡白家洼	混交林中、栎类灌丛中
	光叶高山栎	*Quercus pseudosemicarpifolia*	15-3-a	法者林场干箐垭口、舒姑至马鬃岭梁子干水井	混交林中、栎类、滇山杨林中
	刺叶高山栎	*Quercus spinosa* David ex Franch.var.*spinosa*	15-3-c	法者林场干箐垭口、轿子山	混交林中、山坡灌丛
	栓皮栎	*Quercus variabilis* Bl.	14-2	乌蒙乡乐作坭	河谷山坡灌丛
榆科（Ulmaceae）	紫弹树	*Celetis biodii* Pamp.	14-2	普渡河苏铁保护小区	河谷山坡灌丛
	羽叶山黄麻	*Trema laevigata* Hand.-Mazz.	15-3-b	普渡河苏铁保护点	河谷山坡灌丛
桑科（Moraceae）	构树	*Broussonetia papyifera* (Linn.) L′ Her ex Vent.	5	禄劝县乌蒙乡恨竹	斜坡干燥处
	石榕树	*Ficus abelii* Miquel	14-1	轿子山老熊箐	陡峭山坡
	大果爬藤榕	*Ficus sarmentosa* Buchanan -Hamilton ex Smith var. *duclouxii*(H.Lévl & Vaniot)Corner	15-3-b	轿子山小平箐	山坡岩石上
	珍珠莲	*Ficus sarmentosa* Buchanan -Hamilton ex Smith var. *henryi* (King ex Oliver) Corner	15-3-c	轿子山天生桥	山坡岩石上
	地果	*Ficus tikoua* Bur	14-1	普渡河苏铁保护小区	山坡灌丛
	鸡桑	*Morus australis* Poir	7	转龙烂泥塘	斜坡干燥
	蒙桑	*Morus mongolica*(Bur.) Schneid.	15-3-c	轿子山报竹腰崖	多石山坡岩石上
荨麻科（Urticaceae）	微柱麻	*Chamabainia cuspidata* Wight	14-1	大厂	林下沟边
	水麻	*Debregeasia orientalis* C.J.Chen	14-2	乌蒙乡乐作坭	河谷山坡灌丛
	楼梯草	*Elatostema involucratum* Franch. & Savatier	14-2	禄劝县乌蒙乡	密林下
	异叶楼梯草	*Elatostema monandrum* (D.Don)H.Hara	7	东川区发者林场白花山	冷杉林下石地
	钝叶楼梯草	*Elatostema obtusum* Wedd.	14-1	大海至马鬃岭	林下岩石上
	蝎子草	*Girardinia diversifolia* (Link.) Friis	15-3-a	乌蒙乡团街	林缘灌丛

续表

科	种	拉丁名	分布区类型	在轿子山分布	生境
荨麻科（Urticaceae）	珠芽艾麻	*Laportea bulbifera* (Sieb. & Zucc.)Wedd.	14	法者林场沙子坡林区邓家山	针阔叶混交林
	云南假楼梯草	*Lecanthus petelotii* (Gagnep.)C.J.Chen *var.yunnanensis* C.J.Chen	15-2-b	禄劝县乌蒙乡轿子山景区大黑箐至轿顶	林下石地
	糯米藤	*Memorialis hirta (BL.) Wedd.*	5	乌蒙乡至雪山乡途中碑根大地	云南松林下
	紫麻	*Oreocnide frutescens* (Thunb.)Miquel	14-2	禄劝县乌蒙乡第二村天生桥	山谷斜坡干燥处
	墙草	*Parietaria micrantha* Ledeb.	1	东川区法者林场沙子坡至邓家山	水边
	圆瓣冷水花	*Pilea angulata*(Bl.)Bl.	7-1	法者林场大厂大洼子	林下潮湿处
	短角冷水花	*Pilea aquarum Dunn subsp. Brevicornuta* (Hayata) C.J. Chen	7-4	东川区二二二林场腰棚子林区	密林边缘
	心托冷水花	*Pilea cordistipulata* C.J.Chen	15-3-b	禄劝县乌蒙乡轿子山景区大黑箐至轿顶	林下石地
	翠茎冷水花	*Pilea hilliana* Hand.-Mazz.	7-4	东川区舍块乡九龙村九龙沟	密林边缘
	大叶冷水花	*Pilea martinii* (Lévl.) Hand.-Mazz.	14-1	轿子山哈衣垭口、石崖子	密林边缘
	粗齿冷水花	*Pilea sinofasciata* C.J.Chen	15-3-c	转龙甸尾	林下潮湿处
	红雾水葛	*Pouzolzia sanguinea* (Blume)Merr.	7	禄劝县乌蒙乡轿子山景区大黑箐至轿顶	林下石地
	齿叶荨麻	*Urtica laetevirens* Maximowicz	14	轿子山哈衣垭口梁子	山谷湿润草地
	滇藏荨麻	*Urtica mairei* H.Léveille	14-1	东川区因民上黄草岭、禄劝县乌蒙乡团街	山坡沟边、林缘
冬青科（Aquifoliaceae）	线叶陷脉冬青	*Ilex delavayi* Franch.var. *linearifolia* S.Y.Hu	14-1	轿子山	杜鹃灌丛
	薄叶冬青	*Ilex fragilis* J.D.Hooker	14-1	乌蒙乡至雪山乡途中老槽子山顶、雪山乡白家洼	山坡林中
	长叶枸骨	*Ilex georgei* Comber	14-1	法者林场大厂林区附近	混交林中
	大果冬青	*Ilex macrocarpa* Oliver	14-1	轿子山大兴厂滑石板	疏林中
	铁冬青	*Ilex rotunda* Thunberg	15-3-b	乌蒙乡团街	山坡林中
卫矛科（Celastraceae）	短梗南蛇藤	*Celastrus rosthornianus* Loesener	7-4	轿子山天生桥	山坡岩石上

续表

科	种	拉丁名	分布区类型	在轿子山分布	生境
卫矛科（Celastraceae）	刺果卫矛	*Euonymus acanthocarpus* Franch.	7-3	禄劝县轿子山	混交林中
	岩坡卫矛	*Euonymus clivicolus* W.W.Smith	14-1	轿子山	山坡灌丛
	角翅卫矛	*Euonymus cornutus* Hemsl.	14-1	法者林场大海至马鬃岭、干箐垭口、轿子山、乌蒙乡至雪山乡途中老槽子山顶	山坡林中、杂木林中、林缘灌丛
	棘刺卫矛	*Euonymus echinatus* Wall.ex Roxb.	14-1	乌蒙乡至雪山乡途中老槽子山顶	山坡林中
	游藤卫矛	*Euonymus vagans* Wall.	14-1	禄劝县乌蒙乡大兴厂	山谷石上
	阿达子	*Maytenus royleana* (M.Laws.)Gufod	14-1	普渡河苏铁保护区	干旱山坡河谷
	昆明山海棠	*Tripterygium hypoglaucum*(Lévl.)Lévl.ex Hutch.	15-3-c	九龙沟	路边
桑寄生科（Loranthaceae）	栗毛寄生	*Taxillus balansae* (Lecte.)Danser	7-4	普渡河苏铁保护小区	河谷灌丛
	柳树寄生	*Taxillus delavayi* (Tieghem)Danser	14-1	法者林场干箐垭口、轿子山四方井至大羊窝、炉拱山至九龙	林缘树上、杜鹃树上
	枫香寄生	*Viscum liquidam baricola* Hayata	7-1	乌蒙乡污沙箐	林缘树上
檀香科（Santalaceae）	沙针	*Osyris quadripartita* Salzmann ex Decaisne	7	禄劝县转龙镇至老君山	斜坡灌木丛中
	长叶百蕊草	*Thesium longifolium Turcz*	14	大羊圈	山坡灌丛
蛇菰科（Balanophraceae）	筒鞘蛇菰	*Balanophora involucrata* Hook.f.	14-1	大厂大洼子	林下
鼠李科（Rhamnaceae）	多花勾儿茶	*Berchemia floribunda* Bongn.	14	轿子山老槽子	杜鹃、石栎林中
	云南勾儿茶	*Berchemia yunnanensis* Franch.	15-3-c	法者林场大厂林区附近、炉拱山至九龙途中	林缘灌丛
	短柄铜钱树	*Paliurus orientalis* (Franch.)Hemsl.	15-3-a	乌蒙乡摆夷召大桥	河谷山坡灌丛
	铁马鞭	*Rhamnus aurea* Heppeler	15-2-a	乌蒙乡摆夷召	山坡灌丛
	亮叶鼠李	*Rhamnus hemsleyana* C.K. Schneid.	15-3-c	禄劝县乌蒙乡第一村	山谷疏林中
	多脉鼠李	*Rhamnus sargentiana* C.K.Schneid.	15-3-c	轿子山大羊窝、尖峰关、平箐	山坡林中、山谷疏林中

续表

科	种	拉丁名	分布区类型	在轿子山分布	生境
鼠李科（Rhamnaceae）	帚枝鼠李	*Rhamnus virgata* Roxb.	7	禄劝县乌蒙乡第一村	山谷疏林中
	雀梅藤	*Sageretia thea* (Osbeck) M.C.Johnston	14-1	普渡河苏铁保护点	河谷灌丛
胡颓子科（Elaceagnaceae）	嵩明木半夏	*Elaeagnus angustata* (Rehd.)C.Y.Chang var. *songmingensis* W.K.Hu & H.F.Chow	15-2-a	法者林场干箐垭口、大海至马鬃岭、大牧场至沙子坡	林缘灌丛
	短柱胡颓子	*Elaeagnus difficilis* Serv. var. *brevistyla* W.K.Hu	15-3-a	轿子山	多石山坡
	木半夏	*Elaeagnus multiflora Thunb.*	14-2	林场大厂至新发村、沙子坡林区邓家山	路边林缘灌丛
	白绿叶	*Elaeagnus viridis* Serv. var.*delavayi* Lecomte	15-2-b	发展林场场部至沙子坡林区老纸厂、乌蒙乡团街	林缘灌丛、杂木林中
葡萄科（Vitaceae）	酸蔹藤	*Ampelocissus artemisiifolia* Planchon	15-3-a	乌蒙乡转亮子	山地疏林中
	毛三裂蛇葡萄（变种）	*Ampelopsis delavayana* Planchon ex Franchet var. *setulosa* (Diels&Gilg) C.L.Li	15-3-c	乌蒙乡报竹崖	山地疏林中
	青紫葛	*Cissus javana* DC.	7-1	普渡河苏铁保护小区	多石山坡灌丛
	三叶地锦	*Parthenocissus semicordata* (Wall.)Planchon	14-1	轿子山	山谷石山上
	狭叶崖爬藤	*Tetrastigma serrulatum* (Roxb.)Planch.	15-3-b	乌蒙乡至雪山乡碑根大地	林缘灌丛上
	桦叶葡萄	*Vitis betulifolia* Diels & Gilg	15-2-c	大厂至新发村途中、轿子山	沟谷灌丛、斜坡石山
	蘡薁	*Vitis bryoniifolia* Bunge	15-3-c	乌蒙乡团街	路边灌丛
	毛葡萄	*Vitis lanata* Roxb.	14-1	法者林场大厂林区	林缘灌丛
	小叶葡萄	*Vitis sinocinerea* W.T.Wang	15-3-b	乌蒙乡摆夷召大桥	河谷灌丛
芸香科（Rutaceae）	臭节草	*Boenninghausenia albiflora* (Hooker)Reichenbach ex Meisner	14	法者林场大厂至新发村、炉拱山至九龙、普渡河苏铁保护小区、雪山乡白家洼	路边岩石上、干旱河谷山坡
	乔木茵芋	*Skimmia arborescens* T.Anderson ex Gamble	7	禄劝县乌蒙乡第一村	路旁溪旁、灌木丛中沙石山
	多脉茵芋	*Skimmia multinervia* C.C.Huang	7	禄劝县乌蒙乡	山谷、路旁

续表

科	种	拉丁名	分布区类型	在轿子山分布	生境
芸香科（Rutaceae）	飞龙掌血	*Toddalia asiatica* (Linn.) Lam.	4	禄劝县乌蒙乡哈衣垭口	山谷斜坡、斜坡
	毛刺花椒	*Zanthoxylum acanthopodium* DC var. *timber* Hook.f.	14-1	轿子山大兴厂	山谷、斜坡
	异叶花椒	*Zanthoxylum dimorphophyllum* Hemsley	7-4	乌蒙乡乐作坭杨家村	石山灌丛
楝科（Meliaceae）	浆果楝	*Cipadessa baccifera* (Roth)Miquel	7	轿子山老熊箐、普渡河保护区	河谷山坡灌丛
	楝	*Melia azedarach* Linn.	7	普渡河苏铁保护小区	干旱河谷山坡
	红椿	*Toona ciliata M.Roemer*	5	乌蒙乡乐作坭	山坡林缘
无患子科（Sapindaceae）	坡柳	*Salix myrtillacea Anderss*	2	普渡河苏铁保护小区	河谷山坡灌丛
	川滇无患子	*Sapindus delavayi* (Franch.)Radl.	7-3	禄劝县转龙镇	混交林中
槭树科（Aceraceae）	小叶青皮槭	*Acer cappadocicum* Gled. var. *sinicum* Rehd.	15-3-a	轿子山大兴厂至何家村途中	石上干燥处
	川滇长尾槭	*Acer caudatum* Wall.var. *prattii* Rehd.	15-3-a	轿子山哈衣垭口	斜坡疏林中
	青榨槭	*Acer davidii* Franch.	7-3	法者林场大厂至新发村、轿子山新槽子	河边灌丛、疏林中、斜坡、沙石山
	扇叶槭	*Acer flabellatum* Rehd.	7-4	法者林场沙子坡林区邓家山、轿子山大村至大黑箐途中、轿子山大羊窝	针阔叶混交林中、杜鹃林中
	丽江槭	*Acer forrestii* Diels	15-3-a	轿子山大村至大黑箐途中	杜鹃林中
	疏花槭	*Acer laxiflorum* Pax	14-1	轿子山、轿子山大羊窝、四方井至大羊窝	路旁、沙石山、山坡林中
	五裂槭	*Acer oliverianum* Pax	15-3-c	轿子山	多石山坡
	金沙槭	*Acer paxii* Franch.	15-3-a	转龙	杂木林中
	中华槭	*Acer sinense* Pax	15-3-b	东川区法者林场沙子坡营林区邓家山	针阔叶混交林
	房县槭	*Acer sterculiaceum* Wall. subsp. *franchetii*(Pax) A.E.Murray	15-3-c	法者林场沙子坡至抱水井丫口途中	杂木林
	独龙槭	*Acer taronense* Hand.-Mazz.	14-1	大海至马鬃岭途中	林中
清风藤科（Sabiaceae）	钟花清风藤	*Sabia campanulata* Wall.	14-1	禄劝县乌蒙乡大兴厂	山谷斜坡灌木丛中
	云南清风藤	*Sabia yunnanensis Franch.*	15-3-b	东川区二二二林场腰棚子林区、法者林场沙子坡林区附近	林缘灌木

续表

科	种	拉丁名	分布区类型	在轿子山分布	生境
泡花树科（Meliosmaceae）	泡花树（原变种）	*Meliosma cuneifolia* Franch. var.*cuneifolia*	15-3-b	东川区法者林场沙子坡营林区毛坝子	路边林下
	光叶泡花树（变种）	*Meliosma cuneifolia* Franch. var. *glabriuscula* Cufod.	15-3-c	东川区法者林场大厂、炉拱山、禄劝县轿子山大兴厂	林缘灌丛、林中
漆树科（Anacardiaceae）	粉背黄栌	*Cotinus coggygria* Scopol var. *glaucophylla* C.Y.Wu	15-3-c	普渡河苏铁保护小区	河谷山坡灌丛
	青麸杨	*Rhus potaninii* Maxim.	15-3-c	轿子山大村子	山坡灌丛
	大花漆	*Toxicodendron grandiflorum* C.Y.Wu & T.L.Ming	15-3-a	轿子山大兴厂至团街途中	干燥山坡灌丛
	野漆	*Toxicodendron succedaneum* (Linn.) O.Ktze.	7	轿子山大兴厂至团街途中	干燥山坡灌丛
	漆	*Toxicodendron vernicifiuum* (Stokes)F.A.Barkley	14	轿子山	杂木林中
黄连木科（Pistaciaceae）	清香木	*Pistacia weinmannifolia* J.Poisson ex Franch.	14-1	普渡河保护区	河谷干旱山坡灌丛
胡桃科（Juglandaceae）	核桃楸	*Juglans mandshurica* Maximowicz	14-1	轿子山大黑石头沟、轿子山至大兴厂团街途中	溪旁林中、山坡林中
	泡核桃	*Juglans sigillata* Dode	15-3-a	禄劝县乌蒙乡大兴厂	山谷、溪中、石上
	化香树	*Platycarya strobilacea* Sieb. & Zucc.	14-2	轿子山大村子	石灰山灌丛
山茱萸科（Cornaceae）	头状四照花	*Cornus capitata* Wall.	14-1	法者林场大厂至新发村	栲林边缘
	川鄂山茱萸	*Cornus chinensis* Wangerin	14-1	轿子山新槽子	斜坡、沙石山
	长圆叶梾木	*Cornus oblonga* Wall.	14-1	轿子山新槽子	山坡灌丛
	灰叶梾木（变种）	*Cornus schindleri* Wangerin subsp. *poliophylla* (Schneid. & Wanger.) Q.Y.Xiang	15-3-c	法者林场大厂至新发村途中	河边灌丛
青荚叶科（Helwingiaceae）	中华青荚叶	*Helwingia chinensis* Batal.	7-3	转龙大箐	阔叶林缘、沟边
	西域青荚叶	*Helwingia himalaica* Hook. f. & Thoma. ex C.B.Clarke	14-1	炉拱山至九龙	阔叶林、箭竹林下
	青荚叶	*Helwingia japonica* (Thunb.) F.Dietrich	14	轿子山	山坡灌木林中
鞘柄木科（Toricelliaceae）	鞘柄木	*Toricellia tiliifolia* (Wall.) DC.	14-1	法者林场大厂至新发村	河谷灌丛

续表

科	种	拉丁名	分布区类型	在轿子山分布	生境
八角枫科（Alangiaceae）	伏毛八角枫（亚种）	*Alangium chinense* (*Lour.*) *Harms* subsp.*strigosum* W.P.Fang	15-3-c	转龙救生桥	河边灌丛
	深裂八角枫（亚种）	*Alangium chinense* (*Lour.*) *Harms* subsp.*triangulare* (Wanger.)W.P.Fang	15-3-c	轿子山老熊箐	山坡疏林中
五加科（Araliaceae）	芹叶龙眼独活	*Aralia apioides* Hand.-Mazz.	15-3-a	轿子山大羊窝	山坡灌丛
	浓紫龙眼独活	*Aralia atropurpurea* Franch.	15-3-a	禄劝县转龙镇	碎石地
	龙眼独活	*Aralia fargesii* Franch	15-3-c	转龙	多石山坡灌丛
	吴茱萸叶五加	*Acanthopanax evodiaefolius*	14-1	轿子山大兴厂、四方井到大羊窝途中	山坡灌丛中、干燥的杜鹃林中
	常春藤	*Hedera nepalensis* K.Koch var. *sinensis* (Tobl.)Rehder	7-4	法者林场大海至马鬃岭途中、轿子山、轿子山哈衣垭口、雪山乡白家洼	河边岩石上、路旁石上、多石山坡石上、河边林缘树上
	梁王茶	*Metapanax delavayi* (Franch.)J.Wen & Frodin	7-4	转龙	山地林中
	异叶梁王茶	*Metapanax davidii* (Franch.) J.Wen & Frodin	15-3-a	禄劝县乌蒙乡	混交林中
	珠子参（变种）	*Panax japonicus* C.A.Meyer var.*major*(Burk.)C.Y.Wu & K.M.Feng ex C.Chow et al.	14-1	轿子山四方井至大羊窝途中	杜鹃林下
	羽叶参	*Aralia leschenaultii* (DC.) J. Wen	14-1	轿子山、大羊窝、雪山乡白家洼	路旁疏林中、杂木林、杜鹃林中
	锈毛五叶参	*Pentapanax henryi* Harms	15-3-b	轿子山、转龙	栎类灌丛、杂木林中
	云南五叶参	*Pentapanax yunnanensis* Franch.	15-3-a	轿子山报竹腰崖	山坡灌丛
伞形科（Umbelliferae）	丝瓣芹	*Acronema tenerum*(DC.) Edgew.	14-1	轿子山大黑箐至轿顶途中、木梆海边上、舒姑至马鬃岭梁子干水井	岩石缝中、林缘灌木
	矮小丝瓣芹	*Acronema wolffianum* Fedde ex Wolff	14-1	轿子山木梆海	岩石下潮湿处
	东川当归	*Angelica duclouxii* Fedde ex H.Wolff	15-1	烂泥坪	山坡草地
	丽江当归	*Angelica likiangensis* Wolff	15-2-b	法者林场大海	林缘草地

续表

科	种	拉丁名	分布区类型	在轿子山分布	生境
伞形科（Umbelliferae）	峨参	*Anthriscus sylvestris* (Linn.)Hoffm.	8	禄劝县乌蒙乡葛盖箐	山谷、草地、斜坡
	小柴胡	*Bupleurum hamiltonii* Balak.	14	法者大羊圈	山坡林下
	抱茎柴胡	*Bupleurum longicaule* Wall. ex DC.var.*amplexicaule* C.Y.Wu ex Shan & Y.Li	15-3-c	法者林场干箐垭口、炉拱山至九龙、禄劝县雪山乡白家洼	林缘灌丛
	丽江柴胡	*Bupleurum rockii* Wolff	15-3-a	法者林场干箐垭口、炉拱山至九龙	林缘灌丛
	三辐柴胡	*Bupleurum triradiatum* Adams ex Hoffmann	14-2	白石崖	高山草甸、岩缝
	鸭儿芹	*Cryptotaenia japonica* Hassk.	14-2	禄劝县乌蒙乡	溪旁沙地
	法落海	*Angelica apaensis* R.H.Shan & C.Q.Yuan	15-3-a	法者林场木梆海、烂泥坪	亚高山草地、山坡草地
	白亮独活	*Heracleum candicans* Wall.	14-1	东川区舍块乡九龙炉拱山、九龙沟	林缘小道旁灌丛
	糙独活	*Heracleum scabridum* Franch.	15-3-a	法者林场干箐垭口	路旁灌丛
	尖叶藁本	*Ligusticum acuminatum* Franch.	15-3-a	法者林场抱水井丫口、轿子山大羊窝、炉拱山至九龙途中、法者林场木梆海、腰棚子林区	亚高山草地、山坡草地、溪边草地、林缘灌丛
	羽苞藁本	*Ligusticum daucoides* (Franch.)Franch.	15-3-a	白石崖、轿子山轿顶	高山草甸、岩石缝中、山顶草地
	多苞藁本	*Ligusticum involucratum* Franch.	15-3-a	九龙沟、舒姑至马鬃岭大崖头	林缘灌丛、岩石缝中
	多管藁本	*Ligusticum multivittatum* Franch.	15-3-a	白石崖	岩石缝中
	蕨叶藁本	*Ligusticum pteridophyllum* Franch.	15-3-a	轿子山大羊窝	山坡草丛
	细裂藁本	*Ligusticum tenuisectum* H.de Boissieu	15-3-a	法者林场干箐垭口至小横山、炉拱山至九龙途中、舒姑至马鬃岭梁子干水井	林缘灌丛、草地
	线叶水芹	*Oenanthe linearis* Wall.ex DC.	7	禄劝县乌蒙乡毛坝子	草地、溪旁
	多裂叶水芹	*Oenanthe thomsonii* C.B.Clarke	14-1	抱水井丫口、干箐垭口至小横山	箭竹林缘、溪边灌丛

续表

科	种	拉丁名	分布区类型	在轿子山分布	生境
伞形科（Umbelliferae）	丽江滇芎	*Physospermopsis shaniana* C.Y.Wu & Pu	15-3-a	禄劝县轿子山	草坡
	走茎异叶茴芹	*Pimpinella diversifolia* (Wall.)DC.var.*stolonifera* Hand.-Mazz.	14	炉拱山至九龙途中	林缘灌丛
	灰叶茴芹	*Pimpinella grisea* Wolff	15-2-b	九龙沟	林缘灌丛
	直立茴芹	*Pimpinella smithii* Wolff	15-3-c	轿子山大黑箐至轿顶途中	溪边灌丛
	锥序茴芹	*Pimpinella thyrsiflora* Wolff	15-2-d	轿子山石膏菜坪子	草地、山谷、石上
	藏茴芹	*Pimpinella tibetanica* Wolff	14-1	舒姑至马鬓岭途中磨当丘	林缘、小道旁
	乌蒙茴芹	*Pimpinella urbaniana* Fedde ex Wolff	15-1	禄劝县乌蒙乡石崖子	林缘、小道旁
	云南茴芹	*Pimpinella yunnanensis* (Franch.)Wolff	15-3-a	九龙沟	林缘草地
	丽江棱子芹	*Pleurospermum foetens* Franch.	15-3-a	白石崖	高山流石滩
	西藏棱子芹	*Pleurospermum hookeri* C.B.Clarke var.*thomsonii* C.B.Clarke	14-1	轿子山大黑箐至轿顶、马鬓岭梁子	山顶草地、杜鹃灌丛下
	羊齿囊瓣芹	*Pternopetalum filicinum* (Franch.)Hand.-Mazz.	15-3-c	轿子山大羊窝	林缘灌丛
	洱源囊瓣芹	*Pternopetalum molle* (Franch.)Hand.-Mazz.	15-3-e	轿子山	石灰岩滴水坡
	亮蛇床	*Selinum cryptotaenium* de Boiss.	15-2-d	轿子山大坪子至一线天、老炭房背后山	高山溪边灌丛
	小窃衣	*Torilis japonica* (Houtt).DC.	10	东川区舍块乡九龙村九龙沟、法者林场干箐垭口	路边林缘灌丛
	瘤果芹	*Trachydium roylei* Lindl	15-2-b	白石崖、轿子山大黑箐至轿顶途中、轿子山轿顶	高山草甸、岩石缝中、山顶草地
杜鹃花科（Ericaceae）	滇白珠（变种）	*Gaultheria leucocarpa Bl.* var. *yunnanensis* (Franch.) T.Z.Hsu ex R.C.Fang	15-3-b	法者林场大厂至新发村途中、转龙	河边灌丛、杂木林中
	华白珠	*Gaultheria sinensis* J.Anthony	14-1	轿子山大黑箐	山坡青苔石上
	圆叶米饭花	*Lyonia doyonensis* Hand.-Mazz.	15-2-c	炉拱山至九龙	林缘灌丛

续表

科	种	拉丁名	分布区类型	在轿子山分布	生境
杜鹃花科（Ericaceae）	珍珠花	*Lyonia ovalifolia* (Wallich) Drude	7-1	轿子山大兴厂至团街途中、新山丫口	山坡灌丛、高山栎、杜鹃灌丛
	毛叶珍珠花	*Lyonia villosa*(Wall.)Hand.-Mazz.	14-1	炉拱山至九龙	林缘灌丛
	美丽马醉木	*Pieris formosa*(Wall.)D.Don	14-1	法者林场干箐垭口、轿子山、大兴厂	林缘灌丛、山坡灌丛、云南松林、杂木林中
	棕背杜鹃	*Rhododendron alutaceum* I.B. Balfour et W.W.Sm.	15-3-a	九龙沟	林缘灌丛
	张口杜鹃	*Rhododendron augustinii* Hemsl.subsp. *chasmanthum* (Diels)Cullen	15-3-c	轿子山、腰棚子林区	石山灌丛、林缘灌丛
	锈红毛杜鹃	*Rhododendron bureavii* Franch.	15-3-a	轿子山、轿子山大黑箐，舒姑至马鬃岭途中干水井	冷杉杜鹃林、杜鹃林中
	弯柱杜鹃	*Rhododendron campylogyum* Franch.	7-3	白石崖、轿子山舒姑梁子	杜鹃灌丛、多石山坡
	毛喉杜鹃	*Rhododendron cephalanthum* Franch.	7-3	白石崖、九龙沟	多石杜鹃灌丛、山坡灌丛
	睫毛萼杜鹃	*Rhododendron ciliicalyx* Franch.	7-4	转龙	杂木林中
	大白花杜鹃	*Rhododendron decorum* Franch.	15-3-a	轿子山大兴厂崖子桥、腰棚子林区、转龙	山坡灌丛、林缘灌丛、杂木林中
	马缨花	*Rhododendron delavayi* Franch.	14-1	轿子山、轿子山大羊窝、炉拱山至九龙	松林下、林缘、杜鹃林中、林缘灌丛
	大叶金顶杜鹃（变种）	*Rhododendron faberi* Hemsl.subsp.*prattii* (Franch.)D.F.Chamberlain	15-3-a	轿子山大黑箐、轿子山大孝峰、轿子山何家村	杜鹃、冷杉林中、山坡灌丛
	密枝杜鹃	*Rhododendron fastigiatum* Franch.	15-2-b	轿子山	山坡灌丛、杜鹃灌丛
	亮鳞杜鹃（原变种）	*Rhododendron heliopis* Franch.var.*heliolepis*	7-3	轿子山	林缘灌丛
	灰褐亮鳞杜鹃（变种）	*Rhododendron heliolepis* Franch. var.*fumidum* (I.B. Balfour & W.W. Smith) R.C.Fang	15-2-a	法者林场抱水井丫口、轿子山大黑箐、马鬃岭梁子、石膏菜坪子	冷杉林缘、杜鹃灌丛、山坡灌丛
	粉紫杜鹃	*Rhododendron impeditum* I. B.Balfour & W.W.Smith	15-3-a	轿子山大孝峰	山坡石崖上
	乳黄杜鹃	*Rhododendron lacteum* Franch.	15-2-a	轿子山、大黑箐、大马路	混交林中、山坡灌丛、冷山杜鹃林中

续表

科	种	拉丁名	分布区类型	在轿子山分布	生境
杜鹃花科（Ericaceae）	亮毛杜鹃	*Rhododendron microphyton* Franch.	7-3	轿子山	杂木林中
	云上杜鹃	*Rhododendron pachypodum* I.B.Balfour & W.W.Smith	7-3	禄劝县乌蒙乡	灌丛中
	毛脉杜鹃	*Rhododendron pubicostatum* T.L.Ming	15-1	轿子山大黑箐、大马路、马鬃岭梁子	冷杉杜鹃林中
	腋花杜鹃	*Rhododendron racemosum* Franch.	15-3-a	东川区法者老炭房后山、轿子山小平箐	杜鹃灌丛、石山灌丛
	大王杜鹃	*Rhododendron rex* Levl.	14-1	法者林场大海至马鬃岭、轿子山、乌蒙乡至雪山乡途中老槽子山顶	杜鹃林中、山坡林中
	红棕杜鹃（原变种）	*Rhododendron rubiginosum* Franch.var.*rubiginosum*	15-3-a	法者林场干箐垭口、轿子山大黑箐、九龙沟	杜鹃-落叶阔叶林中、林缘灌丛
	洁净红棕杜鹃（变种）	*Rhododendron rubiginosum* Franch.var. *leclerei*(Lévl.)R.C.Fang	15-2-a	轿子山大孝峰、乌蒙乡至雪山乡途中老槽子山顶	山坡灌丛、山坡林中
	多色杜鹃	*Rhododendron rupicola* W.W.Smith	14-1	轿子山苏沙坡梁子	山坡灌丛
	锈叶杜鹃	*Rhododendron siderophyllum* Franch.	15-3-a	轿子山哈衣垭口梁子	山坡杜鹃林中
	优美杜鹃（变种）	*Rhododendron sikangense* W.P.Fang var.*exquisiturn* T.L.Ming	15-2-a	法者林场木梆海、轿子山、轿子山大黑箐	混交林林缘、杜鹃林中
	杜鹃	*Rhododendron simsii* Planch.	15-3-c	转龙甸尾至文笔山	山坡林中
	维西纯红杜鹃（变种）	*Rhododendron sperabile* I.B.Balfour & Farrer var. *weihsiense* Tagg & Forrest	15-2-b	轿子山大海边	杜鹃灌丛
	宽叶杜鹃（原变种）	*Rhododendron sphaeroblastum* I.B.Balfour & Forrest var. *sphaeroblastum*	15-3-a	轿子山	杜鹃林中
	乌蒙宽叶杜鹃（变种）	*Rhododendron sphaeroblastum* I.B.Balfour & Forrest var.*wumengense* K.M.Feng	15-3-a	白石崖、轿子山、大马路、轿顶	冷杉林中、杜鹃灌丛
	爆杖花	*Rhododendron spinuliferum* Franch.	15-3-a	轿子山老树多	山坡灌丛

续表

科	种	拉丁名	分布区类型	在轿子山分布	生境
杜鹃花科（Ericaceae）	紫斑杜鹃（变种）	*Rhododendron strigillosum* Franch.var.*monosematum*(Hutch.)T.L.Ming	15-3-a	轿子山	杜鹃林中
	糙毛杜鹃	*Rhododendron trichocladum* Franch.	14-1	东川区法者老炭房后山	山坡灌丛
	亮叶杜鹃	*Rhododendron vernicosum* Franch.	15-3-a	禄劝县乌蒙乡大兴厂	斜坡灌木丛中
	圆叶杜鹃	*Rhododendron williamsianum* Rehd. & Wils.	15-3-a	法者林场大海至马鬃岭	杜鹃灌丛
	云南杜鹃	*Rhododendron yunnanense* Franch.	14-1	九龙沟	山坡灌丛
鹿蹄草科（Pyrolaceae）	喜冬草	*Chimaphila japonica* Miq.	14	乌蒙乡至雪山乡途中碑根大地	云南松林下
	鹿衔草	*Pyrola decorata* H.Andres	14-1	轿子山、乌蒙乡至雪山乡途中碑根大地	云南松林下
	大理鹿蹄草	*Pyrola forrestiana* H.Andres	14-1	法者林场燕子洞至大海途中、舒姑至马鬃岭梁子磨当丘	松林下或针阔叶混交林、山坡林下
越桔科（Vacciniaceae）	南烛	*Vaccinium bracteatum* Thunb.	7	普渡河苏铁保护小区	干旱河谷、山坡灌丛
	苍山越橘	*Vaccinium delavayi* Franch.	14-1	轿子山大兴厂	山坡灌丛
	滇越橘	*Vaccinium duclouxii* (Lévl.) Hand.-Mazz.	15-3-a	乌蒙乡卡机大山、乌蒙乡至雪山途中碑根大地	山坡灌丛、杂木林中
	乌鸦果	*Vaccinium fragile* Franch.	15-3-a	轿子山新山丫口、老炭房后山	杜鹃灌丛、松林下、林缘灌丛
	长冠越橘	*Vaccinium harmandianum* Dop	7-3	禄劝县转龙镇	混交林中
	江南越橘	*Vaccinium mandarinorum* Diels	15-3-b	轿子山大兴厂	沙石干燥处
	毛萼越橘	*Vaccinium pubicalyx* Franch.	14-1	乌蒙乡至雪山乡碑根大地	林缘灌丛、云南松林下
水晶兰科（Monotropaceae）	松下兰	*Monotropa hypopitys* Linn.	9	法者林场大厂林区背后	冷杉林下
	水晶兰	*Monotropa uniflora* Linn.	9	法者林场抱水井丫口至大厂林区	箭竹林下
岩梅科（Diapensiaceae）	岩匙	*Berneuxia thibetica* Decne	15-3-a	轿子山大黑箐	山坡灌丛、溪旁青苔上
	红花岩梅	*Diapensia purpurea* Diels	14-1	轿子山大黑箐至轿顶	高山杜鹃灌丛

续表

科	种	拉丁名	分布区类型	在轿子山分布	生境
柿树科（Ebenaceae）	毛叶柿	*Diospyros dumetorum* W.W.Smith	15-3-a	普渡河苏铁保护小区	干旱河谷、山坡灌丛
紫金牛科（Myrsinaceae）	金珠柳	*Maesa montana* DC.	7	禄劝县乌蒙乡老熊箐	山谷斜坡润湿处
	铁仔	*Myrsine africana* Linn.	6	乌蒙乡老树多	山坡干燥处
	密花树	*Myrsine seguinii* Lévl.	7	普渡河苏铁保护点	干旱河谷、山坡灌丛
山矾科（Symplocaceae）	腺叶山矾	*Symplocos adenophylla* Wall.ex G.Don	7-1	禄劝县乌蒙乡哈衣垭口	山谷、路旁、灌木林
	光亮山矾	*Symplocos lucida* (Thunb.)Sieb. & Zucc.	7	禄劝县轿子山	开阔林下
	茶叶山矾	*Symplocos theaefolia* D.Don	14-1	法者林场沙子坡至抱水井丫口、轿子山大兴厂、大羊窝	林中、山坡灌木林中、杂木林中
醉鱼草科（Buddlejaceae）	皱叶醉鱼草	*Buddleja crispa* Bentham	14-1	舒姑村附近	林缘灌丛
	酒药花醉鱼草	*Buddleja myriantha Diels*	14-1	乌蒙乡团街	林缘灌丛
木犀科（Oleaceae）	流苏树	*Chionanthus retusus* Lindl. & Paxton	14-2	禄劝县转龙镇	混交林中
	光蜡树	*Fraxinus griffithii* C.B.Clarke	7	乌蒙乡摆夷召	山坡灌丛
	白枪杆	*Fraxinus malacophylla* Hemsl.	7-3	普渡河苏铁保护小区	干旱河谷山坡
	矮探春（原变种）	*Jasminum humile* Linn. var.*humile*	13-2	轿子山、轿子山新山丫口、炉拱山、雪山乡白家洼	溪边灌丛、山坡灌丛、高山栎-杜鹃灌丛
	小叶矮探春（变种）	*Jasminum humile* Linn. var.*microphyllum*(L.C.Chia) P.S.Green	15-3-a	普渡河苏铁保护小区	干旱河谷、山坡灌丛
	垫状迎春花	*Jasminum nudiflorum* Lindley var.*pulvinatum* (W.W.Smith)Kobuski	15-3-a	乌蒙乡转梁子	山坡灌丛
	素方花	*Jasminum officinale* Linn.	14-1	雪山乡白家洼	林缘灌丛
	长叶女贞	*Ligustrum compactum* (Wallich ex G.Don) J.D.Hooker & Thomson ex Brandis	14-1	轿子山、轿子山大兴厂、大兴厂至团街途中	杂木林中、山坡林中、溪旁疏林中
	紫药女贞	*Ligustrum delavayanum* Hariot	15-3-a	轿子山大兴厂滑石板、乌蒙乡至雪山乡途中老槽子山顶	山坡林中
	女贞	*Ligustrum lucidum* W.T. Aiton	15-3-c	禄劝县乌蒙乡	山谷、溪边

续表

科	种	拉丁名	分布区类型	在轿子山分布	生境
木犀科 (Oleaceae)	裂果女贞	*Ligustrum sempervirens* (Franch.)Lingelsh.	15-3-a	转龙甸尾至马鹿山	斜坡灌丛
	小腊	*Ligustrum sinense* Lour.	15-3-b	法者林场抱水井丫口至大厂	溪边灌丛
	云南木犀榄	*Olea yuennanensis* Hand.-Mazz.	15-3-a	禄劝县中屏乡普渡河苏铁保护区	陡坡密林中
	香花木樨	*Osmanthus suavis* King ex C.B.Clarke	14-1	法者林场大厂林区附近大洼子、轿子山大羊窝、老槽子	杜鹃林中、林缘
夹竹桃科 (Apocynaceae)	鸡骨常山	*Alstonia yunnanensis* Diels	15-2-c	轿子山老熊箐	路边灌丛
萝藦科 (Asclepiadaceae)	金雀马尾参	*Ceropegia mairei* (Lévl.) H.Huber	15-3-a	转龙至大功山	山坡疏林中
	白马吊灯花	*Ceropegia monticola* W.W. Smith	7-3	普渡河苏铁保护小区	干旱河谷、山坡灌丛
	秦岭藤白前	*Cynanchum biondioides* W.T.Wang ex Tsiang & P.T.Li	15-2-d	轿子山乌蒙乡至雪山乡碑根大地	次生林林缘灌丛
	大理白前	*Cynanchum forrestii Schltr.*	15-3-c	法者林场大海至马鬃岭、轿子山、九龙沟	林缘灌丛、草坡、草地
	青羊参	*Cynanchum otophyllum* C.K.Schneid.	15-3-b	禄劝县雪山乡白家洼	林缘灌丛
	云南醉魂藤	*Heterostemma wallichii* Wight	14-1	禄劝县乌蒙乡大兴厂崖子桥	山谷干燥处
	喙柱牛奶菜	*Marsdenia oreophila* W.W.Smith	15-3-a	轿子山大兴厂	山坡斜谷干燥处
	狭花牛奶菜	*Marsdenia stenantha* Hand.-Mazz.	15-3-a	转龙马鹿山	山坡灌丛
	青蛇藤	*Periploca calophylla* (Wight)Falconer	7	乌蒙乡薛家沟	山谷斜坡润湿处
	云南娃儿藤	*Tylophora yunnanensis* Schlechter	15-3-a	乌蒙乡至雪山乡途中老槽子山顶、转龙大功山	林缘草地、山坡疏林中
茜草科 (Rubiaceae)	刺果猪殃殃	*Galium echinocarpum*	8	轿子山下坪子、炉拱山至九龙	林缘溪边灌丛
	小叶葎	*Galium asperifolium* Wall. ex Roxb.var. *sikkimense* (Gand.)Cuf.	14-1	法者林场场部至沙子坡林区、九龙沟	路边草地、灌丛、林缘灌丛

续表

科	种	拉丁名	分布区类型	在轿子山分布	生境
茜草科（Rubiaceae）	小红参（原变种）	*Galium elegans* Wall.ex Roxb.*elegans.*	7-1	法者林场抱水井丫口、轿子山、大羊窝、炉拱山至九龙	林缘灌丛、林缘沟边、草坡
	小叶猪殃殃	*Galium trifidum* Linn.	8	白石崖	多石山坡灌丛草地
	须弥茜树	*Himalrandia lichiangensis* (W.W.Smith)Tirveng.	15-3-a	转龙文笔山、山坡灌丛	山坡灌丛
	土连翘	*Hymenodictyon flaccidum* Wall.	7	普渡河苏铁保护小区	干旱河谷、山坡灌丛
	聚花野丁香	*Leptodermis glomerata* *Hutch.*	15-3-a	乌蒙乡至雪山乡碑根大地、转龙文笔山	山坡灌丛
	川滇野丁香	*Leptodermis pilosa* Diels	15-3-c	乌蒙乡摆夷召大桥	山坡灌丛
	野丁香（原变种）	*Leptodermis potanini* Batal.var.*potanini*	15-3-c	普渡河	山坡灌丛
	粉绿野丁香（变种）	*Leptodermis potanini* Batal. var.*glauca*(Diels)H.Winkl.	15-3-a	轿子山阿萨里	山坡灌丛
	绒毛野丁香（变种）	*Leptodermis potanini* Batal. var.*tomentosa* H.Winkl.	15-3-a	转龙文笔山	山坡灌丛
	鸡矢藤	*Paederia scandens* (Lour.) Merr.	7	普渡河苏铁保护小区	干旱河谷、山坡灌丛
	茜草	*Rubia cordifolia* Linn.	5	法者林场大厂林区附近、轿子山大黑箐	林缘灌丛
	金线草	*Rubia membranacea* Diels	15-3-b	轿子山	山谷疏林
	柄花茜草	*Rubia podantha* Diels	15-2-e	法者林场沙子坡林区大横山至邓家山	箭竹-杂木林缘
	大叶茜草	*Rubia schumanniana* Pritz.	15-3-b	轿子山、轿子山大兴厂、轿子山老槽子、九龙沟	山坡石缝中、路旁沙石上、林缘灌丛
	丁茜	*Trailliaedoxa gracilis* W.W. Smith & Forrest	15-2-b	普渡河苏铁保护点	干旱河谷灌丛
	东方水锦树	*Wendlandia tinctoria* (Roxb.)DC.subsp. *orientalis* Cowan	7	禄劝县轿子山	碎石坡
忍冬科（Caprifoliaceae）	小叶六道木	*Abelia parvifolia* Hemsl.	15-3-c	轿子山碑根大地、炉拱山至九龙	多石山坡、林缘灌丛
	云南双盾木	*Dipelta yunnanensis* Franch.	15-3-c	法者林场大厂至新发村途中、法者林场燕子洞至大海、九龙沟	河谷山坡或林缘灌丛
	风吹箫（原变种）	*Leycesteria formosa* Wall. var. *formosa*	14-1	轿子山大兴厂	沟中杂木林

续表

科	种	拉丁名	分布区类型	在轿子山分布	生境
忍冬科（Caprifoliaceae）	狭萼鬼吹萧（变种）	*Leycesteria formosa* Wall. var.*stenosepala* Rehd.	14-1	法者林场干箐垭口至毛坝子、轿子山	林缘灌丛、溪旁灌丛
	淡红忍冬	*Lonicera acuminata* Wall.	7-1	轿子山、大兴厂	林缘灌丛
	西南忍冬	*Lonicera bournei* Hemsl.	7-4	轿子山新山丫口	林缘灌丛
	柳叶忍冬	*Lonicera lanceolata* Wall.	14-1	法者林场大海至马鬃岭途中、轿子山大村至大黑箐途中、大坪子、四方井至大羊窝	林缘灌丛、杜鹃林中
	理塘忍冬	*Lonicera litangensis* Batalin	14-1	白石崖	多石山坡灌丛
	越桔叶忍冬	*Lonicera myrtillus* Hook. f.et Thomson	15-3-c	舒姑至马鬃岭途中大崖头	林缘灌丛
	袋花忍冬	*Lonicera saccata* Rehder	15-3-c	轿子山大黑箐、大黑箐、乌蒙乡至雪山乡途中老槽子山顶	山坡灌丛、杜鹃苔藓林、冷杉林中或林缘、山坡林下
	齿叶忍冬	*Lonicera setifera* Franch.	15-3-a	轿子山	山谷疏林中
	陇塞忍冬	*Lonicera tangutica* Maxim.	15-3-c	轿子山大羊窝、大黑箐、九龙沟	杜鹃林中、林缘灌丛
	云南忍冬	*Lonicera yunnanensis* Franch.	15-3-a	转龙马鹿山	山坡灌丛
	穿心莛子藨	*Triosteum himalayanum* Wall.	14-1	法者林场大海至马鬃岭，舒姑至马鬃岭梁子途中磨刺栎坪	林缘灌丛
	蓝黑果荚蒾	*Viburnum atrocyaneum* C.B.Clarke	14-1	轿子山、新槽子、乌蒙乡团街	林缘、山谷疏林中、杂木林中
	桦叶荚蒾	*Viburnum betulifolium* Batal.	15-3-c	轿子山、轿子山大马路	山坡杂木林中、杜鹃林中
	漾濞荚蒾	*Viburnum chingii* P.S.Hsu	15-3-a	转龙至老君山	山坡灌丛
	密花荚蒾	*Viburnum congestum* Rehder	15-3-a	普渡河苏铁保护点	干旱河谷、山坡灌丛
	水红木	*Viburnum cylindricum* Buch.-Ham.	7-1	腰棚子林区	山坡林中、林缘
	荚蒾	*Viburnum dilatatum* Thunberg	14-2	法者林场干箐垭口至毛坝子	林缘灌丛
	宜昌荚蒾	*Viburnum erosum* Thunb.	15-3-c	腰棚子林区	林缘灌丛
	紫药红荚蒾	*Viburnum erubescens* Wall. var.*prattii*(Graebn.)	15-3-a	法者林场干箐垭口、轿子山哈衣垭口、四方井至大羊窝、炉拱山至九龙	杂木林山坡林缘灌丛、杜鹃林中

续表

科	种	拉丁名	分布区类型	在轿子山分布	生境
忍冬科（Caprifoliaceae）	珍珠荚蒾	*Viburnum foetidum* Wallich var. *ceanothoides* (C.H.Wright)Hand.-Mazz.	15-3-a	乌蒙乡大兴厂至途径	溪旁
	球花荚蒾	*Viburnum glomeratum* Maxim.	14-1	轿子山	溪旁灌丛
接骨木科（Sambucaceae）	血满草	*Sambucus adnata* Wall.ex D.Don	14-1	轿子山、九龙沟	山谷林缘灌丛
	接骨草	*Sambucus chinensis* Lindl.	7	轿子山大黑石头沟	溪旁灌丛
	接骨木	*Sambucus williamsii* Hance	10	大厂至新发村	路边灌丛
败酱科（Valerianaceae）	柔垂缬草	*Valeriana flaccidissama* Wall.	14-2	大厂至新发村途中、轿子山大羊窝	开阔草坡、沟边、林缘灌丛、溪边
	岩参	*Valeriana hardwickii* Wall.	7-1	法者林场干箐垭口	林缘草地、灌丛
	缬草	*Valeriana officinalis* Linn.	10	轿子山大羊窝	林缘灌丛
	窄裂缬草	*Valeriana stenoptera* Diels	15-3-a	大兴场	林缘草地
川续断科（Dipsacaceae）	大花刺萼参	*Acanthocalyx delavayi* (Franch.)M.Cannon	15-3-a	火石梁子、禄劝县雪山乡马鬃岭、轿子山大黑箐	多石山坡、高山草甸、杜鹃林缘岩石缝
	刺萼参	*Acanthocalyx nepalensis* (D.Don)C.Cannon	14-1	轿子山大孝峰	斜坡沙石地
	川续断	*Dipsacus asperoides* C.Y.Cheng & T.M.Ai	15-3-c	炉拱山至九龙途中	山坡草地、草缘
	匙叶翼首花	*Pterocephalus hookeri* (C.B.Clarker)Hock	14-1	东川区舍块乡火石梁子小戏台	杜鹃密林中
	双参	*Triplostegia glandulifera* Wall.ex DC.	14-1	法者林场干箐垭口、炉拱山至九龙途中、腰棚子林区	林缘草地
	大花双参	*Triplostegia grandiflora* Gagnep.	15-2-c	马鬃岭	林缘草地
菊科（Compositae）	下田菊	*Adenostemma lavenis* (Linn.)O.Ktze.	5	乌蒙乡团街	溪边草地
	心叶兔儿风	*Ainsliaea bonatii* Beauv.	15-3-a	轿子山大地	山坡杂木林下
	异花兔儿风	*Ainsliaea heterantha* Hand.-Mazz.	15-3-a	轿子山	杜鹃林下
	宽叶兔儿风	*Ainsliaea latifolia* (D.Don) Sch.-Bip	14-1	中槽子	林下
	细穗兔儿风	*Ainsliaea spicata* Vaniot.	14-1	轿子山老槽子	杜鹃林下
	云南兔儿风	*Ainsliaea yunnanensis* Franch.	15-3-a	乌蒙乡小猴街	多石山坡

续表

科	种	拉丁名	分布区类型	在轿子山分布	生境
菊科（Compositae）	短裂亚菊	*Ajania breviloba* (Franch.ex Hand.-Mazz.) Y.Ling & C. Shih	15-3-a	东川区舍块乡火石梁子小戏台	杜鹃、栎林中
	栎叶亚菊	*Ajania quercifolia* (W.W.Smith)Ling & Shih	15-3-a	轿子山	山坡草地
	黄腺香青	*Anaphalis aureo-punctata* Lingelsh & Borza	15-3-c	大海至马鬃岭、轿子山大马路	山坡草地、林缘灌丛
	二色香青	*Anaphalis bicolor*(Franch.)Diels	15-3-a	法者林场场部至沙子坡林区	路旁草地
	薄叶旋叶香青（变种）	*Anaphalis contorta* (D.Don)Hook.f.var. *pellucida* (Franch.)Ling	15-3-a	大羊圈	林缘草地、路边
	珠光香青	*Anaphalis margaritacea* (Linn.)Benth.	9	法者林场沙子坡林区老纸厂	路边草地
	尼泊尔香青	*Anaphalis nepalensis* (Spreng.)Hand.-Mazz.	14-1	法者林场木椰海、轿子山、轿子山大马路、舒姑至马鬃岭梁子干水井	高山草地、山坡草地
	污毛香青	*Anaphalis pannosa* Hand.-Mazz.	15-2-b	白石崖、轿子山大黑箐、轿子山轿顶	多石草坡、山坡沙石地、山顶草地、岩石缝
	萌条香青	*Anaphalis surculosa* (Hand. -Mazz.)Hand. -Mazz.	15-3-a	炉拱山至九龙	林缘灌丛
	云南香青	*Anaphalis yunnanensis* (Franch.)Diels	15-3-a	轿子山大黑箐至轿顶	山坡草地
	矮蒿	*Artemisia lancea* Van	11	九龙沟	路边灌丛
	灰苞蒿	*Artemisia roxburghiana* Bess.	14-1	雪山乡白家洼	路边灌丛
	狭叶小舌紫菀（变种）	*Aster albescens* (DC.) Hand.-Mazz.var.*gracilior* Hand.-Mazz.	15-3-a	大厂至新发村途中	路边灌丛
	椭叶小舌紫菀（变种）	*Aster albescens* (DC.) Hand.-Mazz.var.*limprichtii* (Diels) Hand.-Mazz.	15-3-c	舒姑至马鬃岭途中磨当丘	林缘灌丛
	三脉紫菀	*Aster ageratoides* Turcz.	14	法者林场场部至沙子坡林区邓家山、九龙沟	混交林中、林缘灌丛
	褐毛紫菀	*Aster fuscescens* Burret & Franch.	14-1	大海至马鬃岭	山坡草地

续表

科	种	拉丁名	分布区类型	在轿子山分布	生境
菊科（Compositae）	丽江紫菀	*Aster likiangensis* Franch.	14-1	轿子山大黑箐至轿顶、乌蒙乡至雪山乡途中老槽子	高山草地
	石生紫菀	*Aster oreophilus* Franch.	15-3-a	法者林场场部至沙子坡林区老纸厂、老炭房背后山	山坡灌丛、山坡草地
	白花鬼针草（变种）	*Biddens pilosa* Linn.var. *radiata* Sch.-Bip.	3	炉拱山	路边、沟边
	烟管头草	*Carpesium cernuum* Linn.	10	普渡河保护区	干旱河谷、山坡灌丛
	心叶天名精	*Carpesium cordatum* F.H. Chen et C.M.Hu	15-3-a	法者林场干箐垭口至沙子坡林区途中	林下潮湿处
	葶茎天名精	*Carpesium scapiforme* Chen & C.M.Hu	15-3-a	轿子山大马路	林缘灌丛
	黄毛毛鳞菊	*Chaetoseris lutea* (Hand.-Mazz.)Shih	15-3-a	乌蒙乡团街	开阔山坡
	戟裂毛鳞菊	*Chaetoseris taliensis* Shih	15-2-a	东川区法者林场毛坝子至豹子垭口	溪边、崖壁
	灰蓟	*Cirsium griseum* Lévl.	15-3-a	腰棚子林区	林缘灌丛
	白酒草	*Conyza japonica* Lees	7	炉拱山至九龙	路边草地
	劲直白酒草羽裂变种	*Conyza striata* var. *Pinnatifida* (D.Don)Kitam	14-1	转龙甸尾	山坡草地
	柠檬色垂头菊	*Cremanthodium citriflorum*	14-1	白石岩	多石山坡
	革叶垂头菊	*Cremanthodium coriaceum* S.W.Liu	15-2-b	轿子山	多石草坡潮湿处
	矢叶垂头菊	*Cremanthodium forrestii* J.F.Jeffer.ex Diels	15-3-a	轿子山	林缘草地潮湿处
	方叶垂头菊	*Cremanthodium principis* (Franch.)Good	15-3-a	禄劝县乌蒙乡轿子山景区飞来瀑布	悬崖石隙
	垂头菊	*Cremanthodium reniforme* (Wall.)Benth. & Hook.f.	14-1	大海至马鬓岭途中	高山草地
	箭叶垂头菊	*Cremanthodium sagittifolium* Ling & Y.L.Chen ex S.W.Liu Ende et al.	15-2-a	轿子山、木梆海	草地、林缘草地
	叉舌垂头菊	*Cremanthodium thomsonii* C.B.Clarke	14-1	轿子山轿顶	山顶草地
	长茎还阳参	*Crepis elongata* Babc.	15-3-a	白石崖、轿子山哈衣垭口梁子	山坡草地

续表

科	种	拉丁名	分布区类型	在轿子山分布	生境
菊科（Compositae）	小鱼眼草	*Dichrocephala benthamii* C.B.Clarke	7-2	法者林场干箐垭口、炉拱山至九龙	林缘草地
	短葶飞蓬	*Erigeron breviscapus* (Vant.)Hand.-Mazz.	15-3-b	轿子山尖峰关	山坡草地
	异叶泽兰	*Eupatorium heterophyllum* DC.	15-3-a	转龙马鹿山	山坡沙地干燥处
	白头婆	*Eupatorium japonicum* Thunb.	14-2	转龙甸尾	林缘灌丛
	花佩菊	*Faberia sinensis Hemsl*	15-2-a	九龙沟	林缘草地
	钩苞大丁草	*Gerbera delavayi* Franch. var.*henryi*(Dunn)C.Y.Wu & H.Peng	15-3-a	乌蒙乡团街	山坡草地
	鼠曲草	*Gnaphalium affine* D.Don	7	轿子山大兴厂	林缘、路边、草地
	秋鼠曲草	*Gnaphalium hypoleucum* DC.	7	九龙沟	山坡林缘、路边、草地
	白菊木	*Gochnatia decora*(Kurz.) A.L.Cabrera	7-3	普渡河保护区	干旱河谷灌丛
	菊三七	*Gynura japonica* (Thumb.) Juel.	7	轿子山大兴厂至团街	山谷草地
	狗头七	*Gynura pseudochina* (Linn.) DC.	7	转龙文笔山	山坡灌丛
	川滇女蒿	*Hippolytia delavayi*(Franch. ex Smith)Shin	15-3-a	轿子山大马路	山坡草地
	中华小苦荬	*Ixeridium chinense* (Thumb.)Tzvel.	11	轿子山	路旁草地
	细叶小苦荬	*Ixeridium gracile*(DC.)Shih.	14-1	轿子山平田	溪旁草地
	六棱菊	*Laggera alata*(D.Don)Sch.-Bip.	6	乌蒙乡乐作坭	河滩
	红缨大丁草	*Leibnitzia ruficoma* (Franch.)Kitam.	14-1	炉拱山至九龙	林缘草坡
	松毛火绒草	*Leontopodium andersonii* C.B.Clarke	7-3	法者林场场部至沙子坡林区老纸厂、轿子山大马路、老炭房背后山、转龙	路边山坡灌丛、疏林下或林缘、草坡
	艾叶火绒草	*Leontopodium artemisiifolium* (Lévl.)Beauv.	15-3-a	轿子山新山丫口	路边灌丛

续表

科	种	拉丁名	分布区类型	在轿子山分布	生境
菊科（Compositae）	黄毛火绒草	*Leontopodium aurantiacum* Hand.-Mazz.	7-3	东川区舍块乡火石梁子小戏台	高山草甸
	美头火绒草	*Leontopodium calocephalum*(Franch.) Beauv.	15-3-c	白石崖、轿子山轿顶、马鬃岭梁子	多石草坡、山顶岩石缝中
	川甘火绒草	*Leontopodium chuii* Hand.-Mazz.	15-3-a	炉拱山至九龙	林缘灌丛
	戟叶火绒草	*Leontopodium dedekensii* (Bur. & Franch.) Beauv.	14-1	转龙牛肩膀山	山坡草地
	钻叶火绒草	*Leontopodium subulatum* (Franch.) Beauv.	15-3-a	雪山乡白家洼	疏林下、林缘草地
	川西火绒草	*Leontopodium wilsonii* Beauv.	15-3-a	法者林场干箐垭口	林缘灌木
	翅柄橐吾	*Ligularia alatipes* Hand.-Mazz.	15-3-a	轿子山大黑箐至轿顶	山坡草地、山间沼泽地
	隐舌橐吾	*Ligularia franchetiana* (Lévl.)Hand.-Mazz.	15-3-a	禄劝县乌蒙乡轿子山大黑箐索道背后	溪边
	沼生橐吾	*Ligularia lamarum*(Diels)Chang	15-3-a	白石崖	多石草坡
	牛蒡叶橐吾	*Ligularia lapathifolia* (Franch.)Hand.-Mazz.	15-3-a	白石崖	多石草坡
	黑苞橐吾	*Ligularia melanocephala* (Franch.)Hand.-Mazz.	15-3-a	法者林场燕子洞至大海、轿子山大羊窝	山坡草地
	莲叶橐吾	*Ligularia nelumbifolia*(Bur. & Franch.)Hand.-Mazz.	15-3-a	法者林场抱水井丫口、轿子山大孝峰崖脚	冷杉缘灌丛、溪旁草地
	裂舌橐吾	*Ligularia stenoglossa* (Franch.)Hand.-Mazz.	15-2-b	轿子山大马路	山坡草地
	东俄洛橐吾	*Ligularia tongolensis* (Franch.)Hand.-Mazz.	15-3-a	东川区因民镇落雪往舍块方向三风口	高山草甸
	苍山橐吾	*Ligularia tsangchanensis* (Franch.)Hand.-Mazz.	15-3-a	法者林场沙子坡至大厂途中大牧场	林缘草地
	离舌橐吾	*Ligularia veitchiana* (Hemsl.)Greenm	15-3-c	舒姑至马鬃岭梁子干水井	多石草坡
	棉毛橐吾	*Ligularia vellerea* (Franch.)Hand.-Mazz.	15-3-a	东川区因民镇落雪往舍块方向三风口	高山草甸
	黄帚橐吾	*Ligularia virgaurea* (Maxim.)Mattf.	14-1	九龙沟	草坡

续表

科	种	拉丁名	分布区类型	在轿子山分布	生境
菊科（Compositae）	尼泊尔千星菊	*Myriactis nepalensis* Less.	14-1	法者林场燕子洞至大海、轿子山四方井、九龙沟	林缘灌丛、草地
	圆舌粘冠菊	*Myriactis nepalensis* Less.	7	东川区红土地镇老炭房背后山	高山草甸
	粘冠菊	*Myriactiswallichii* Less.	14-1	九龙沟	山坡林缘、石岩
	栌菊木	*Nouelia insignis* Franch.	15-3-a	禄劝县中屏乡普渡河苏铁保护区	河边密林中
	兔儿风花蟹甲草	*Parasenecio ainsliaeflorus* (Franch.)Y.L.Chen	15-3-b	舒姑至马鬃岭梁子途中磨当丘	黄背栎林下
	紫背蟹甲草	*Parasenecio ianthophyllus* (Franch.)Y.L.Chen	15-3-b	炉拱山至九龙	林缘灌木
	瓜拉坡蟹甲草	*Parasenecio koualapensis* (Franch.)Y.L.Chen	15-2-b	九龙沟	林下
	昆明蟹甲草	*Parasenecio tripteris* (Hand.-Mazz.)Y.L.Chen	15-2-a	法者林场燕子洞至大海、舒姑至马鬃岭梁子磨当丘	林缘、林下、黄背栎林下
	滇苦菜	*Picris divaricata* Vant.	15-3-a	轿子山何家村	干燥山坡
	毛连菜	*Picris hieracioides* Linn.	10	法者林场干箐垭口	林缘草地、灌丛
	日本毛连菜	*Picris japonica* Thunb.	14-2	炉拱山至九龙	林缘草地
	毛大丁草	*Piloselloides hirsuta* (Forssk.)C.J.Jeffr.ex Cufod.	6	转龙文笔山	山坡灌丛
	百裂风毛菊	*Saussurea centiloba* Hand.-Mazz.	15-3-a	腰棚子林区	林缘草坡
	三角叶风毛菊	*Saussurea deltoidea* (DC.) Schult.-Bip.	7-4	法者林场干箐垭口沙子坡	路边、林缘
	川西风毛菊	*Saussurea dzeurensis* Franch.	15-3-c	九龙沟	山坡灌丛
	长毛风毛菊	*Saussurea hieracioides* Hook.f.	14-1	白石崖	高山草甸
	狮牙草状风毛菊	*Saussurea leontodontoides* (DC.) Sch.-Bip.	14-1	轿子山	多石草坡
	东俄洛风毛菊	*Saussurea pachyneura* Franch.	15-3-a	轿子山、轿顶	山坡多石草地
	松林风毛菊	*Saussurea pinetorum* Hand.-Mazz.	15-3-a	九龙沟	林缘灌丛
	瓜叶千里光	*Senecio cinerifolius* H. Lév.	15-2-b	轿子山	草坡

续表

科	种	拉丁名	分布区类型	在轿子山分布	生境
菊科（Compositae）	北千里光	*Senecio dubitabilis* C. Jeffrey & Y.L.Chen	11	炉拱山至九龙	林缘灌丛
	匍枝千里光	*Senecio filiferus* Franch.	15-3-a	法者林场大海至马鬃岭、干箐垭口至沙子坡	林缘草地、林缘灌丛
	纤花千里光	*Senecio graciliflorus* (Wall.)DC.	14-1	九龙沟	林缘灌丛
	菊状千里光	*Senecio laetus* Edgew.	14-1	轿子山	多石草坡
	凉山千里光	*Senecio liangshanensis* C.Jeffrey & Y.L.Chen	15-3-a	法者林场大海至马鬃岭、轿子山大黑箐至轿顶途中	林缘灌丛
	千里光	*Senecio scandens* Buch.-Ham.ex D.Don	14	轿子山锅盖箐、法者林场大厂至新发村、雪山乡白家洼	路边林缘灌丛
	欧洲千里光	*Senecio vulgaris* Linn.	10	东川区二二二林场对面山上瞭望台	高山草甸
	苦苣菜	*Sonchus oleraceus* Linn.	1	轿子山大马路	林缘灌丛
	羽裂绢毛菊	*Soroseris hirsute* (Anth.) Shih	15-3-a	白石崖	高山草甸
	大理细莴苣	*Stenoseris taliensis* (Franch.) C.Shih	14-1	马鬃岭至大海	林缘灌丛
	翅柄合耳菊	*Synotis alata* (Wall. ex DC.)C.Jeffrey & Y.L.Chen	14-1	轿子山大羊窝	林缘、沟边
	昆明合耳菊	*Synotis cavaleriei* (Lévl.) C. Jeffrey et Y.L.Chen	15-3-a	禄劝县转龙镇中槽子村中槽子社至猴子石途中	河边、石隙
	心叶合耳菊	*Synotis cordifolia* Y.L.Chen	15-2-c	东川区舍块乡炉拱山至九龙村途中	密林、溪边
	红缨合耳菊	*Synotis erythopappa* (Bur. et Franch.)C.Jeffrey & Y.L. Chen	15-3-b	炉拱山至九龙	沟边灌木
	林荫合耳菊	*Synotis sciatrephes*(W.W. Smith)C.Jeffrey & Y.L. Chen	15-2-a	轿子山	向阳山坡灌丛
	印度蒲公英	*Taraxacum indicum* Hand.-Mazz.	14-1	炉拱山至九龙	山坡草地、路边
	蒲公英	*Taraxacum mongolicum* Hand.-Mazz.	14	白石岩附近	路边草地
	红果黄鹌菜	*Youngia erythrocarpa* (Vaniot)Babc. et Stebbins.	15-3-c	九龙沟、炉拱山至九龙	箭竹杂木林缘、路边灌丛、林缘草地

续表

科	种	拉丁名	分布区类型	在轿子山分布	生境
菊科（Compositae）	长花黄鹌菜	*Youngia longifolra*	15-3-b	九龙沟、炉拱山至九龙	林缘草地、灌丛
	羽裂黄鹌菜	*Youngia paleacea* (Diels) Babc.et Stebbins	15-3-a	法者林场沙子坡林区附近、九龙沟、炉拱山至九龙	箭竹杂木林缘、路边灌丛、林缘草地
龙胆科（Gentianaceae）	尖叶蓝钟喉毛花	*Comastoma cyananthiflorum*(Franch.) Holub var. *acutifolium* Ma & H.W.Li	15-2-b	东川区烂泥坪	草坡
	喉毛花	*Comastoma pulmonarium* (Turcz.)Toyokuni	14	轿子山	山坡草地
	高杯喉毛花	*Comastoma traillianum* (Forrest)Holub	15-3-a	禄劝县轿子山	碎石坡
	膜边龙胆	*Gentiana albo-marginata* Marq.	15-2-b	乌蒙乡宏德	山谷坡地
	黑紫龙胆	*Gentiana atropurpurea* T.N.Ho	15-3-a	轿子山月亮岩至轿顶	高山草甸
	头花龙胆	*Gentiana cephalantha* Franch.	15-2-c	轿子山	向阳山坡草地
	景天叶龙胆	*Gentiana crassula* H.Smith	15-3-a	东川区烂泥坪妖精塘	高山草甸
	肾叶龙胆	*Gentiana crassuloides* Bureau & Franch.	14-1	白石岩附近	高山草地
	美龙胆	*Gentiana decorata* Diels	14-1	轿子山	山坡草地
	微籽龙胆	*Gentiana delavayi* Franch.	15-3-a	东川区因民小田坝	向阳山坡草丛
	齿褶龙胆	*Gentiana epichysantha* Hand.-Mazz.	15-2-b	大风丫口	多石草坡
	滇东龙胆	*Gentiana eurycolpa* Marq.	15-2-a	轿子山	开阔山坡草地
	苍白龙胆	*Gentiana forrestii* C.Marquand	15-2-b	轿子山大羊窝	开阔山坡草地
	斑点龙胆	*Gentiana handeliana* H.Smith	14-1	轿子山	山坡草地
	四数龙胆	*Gentiana lineolata* Franch.	15-3-a	轿子山	林缘岩石上
	华南龙胆	*Gentiana loureirii*(G.Don) Griseb.	7-1	转龙畔山德至大村	山坡草丛向阳处
	马耳山龙胆	*Gentiana maeulchanensis* Franch.	14-1	轿子山哈衣垭口梁子	山坡草地
	小齿龙胆	*Gentiana microdonta* Franch.ex Hemsl.	15-3-a	东川区红土地镇老炭房背后山	草坡上

续表

科	种	拉丁名	分布区类型	在轿子山分布	生境
龙胆科（Gentianaceae）	流苏龙胆	*Gentiana panthaica* Prain	15-3-b	法者林场大海至马鬃岭、轿子山何家村至大黑箐	杜鹃林、落叶-阔叶林下
	鸟足龙胆	*Gentiana pedata* Harry Smith	15-3-a	轿子山哈衣垭口	路旁斜坡干燥处
	叶柄龙胆	*Gentiana phyllopoda* Lévl	15-3-a	禄劝县乌蒙乡轿子山轿顶	高山草甸
	着色龙胆	*Gentiana picta* Franch.	15-3-a	东川区舍块乡火石梁子白石崖	杜鹃和刺柏密林下
	红花龙胆	*Gentiana rhodantha* Franch.ex Hemsl.	15-3-c	雪山乡放牛箐	山坡草地
	滇龙胆草	*Gentiana rigescens* Franch.ex Hemsl.	15-3-b	轿子山	草坡、林下灌丛
	革叶龙胆	*Gentiana scytophylla* T.N.Ho	15-1	乌蒙乡团街	山谷草地
	锯齿龙胆	*Gentiana serra* Franch.	14-1	轿子山	开阔山坡草地、溪边
	短管龙胆	*Gentiana sichitoensis* C.Marquand	7-3	轿子山景区大黑箐至轿顶	高山草甸、密林中
	鳞叶龙胆	*Gentiana squarrosa* Ledebour	14	白石崖	高山草甸
	圆萼龙胆	*Gentiana suborbisepala* Marq.	15-3-a	轿子山	多石山坡
	大理龙胆	*Gentiana taliensis* Balf.f. & Forrest	14-1	轿子山哈衣垭口	干燥山坡路旁
	三叶龙胆	*Gentiana ternifolia* Forrest	15-3-a	轿子山	山坡草地、沼泽地
	川西龙胆	*Gentiana wilsonii* C.Marquand	15-3-a	轿子山雪山	高山草地
	云南龙胆	*Gentiana yunnanensis* Franch.	15-3-a	轿子山	高山草地
	密花假龙胆	*Gentianella gentianoides* (Franch.)Harry Smith	15-3-a	轿子山	多石山坡草地
	湿生扁蕾	*Gentianopsis paludosa* (Munro ex J.D.Hooker)Ma	14-1	东川区至大海	坡面草地
	椭圆叶花锚	*Halenia elliptica* D.Don	14-1	法者林场干箐垭口、转龙	林缘草地、山坡草地
	肋柱花	*Lomatogonium carinthiacum* (Wulfen.) Rchb.	12	东川区二二二林场对面山上瞭望台	高山草甸

续表

科	种	拉丁名	分布区类型	在轿子山分布	生境
龙胆科（Gentianaceae）	云贵肋柱花	*Lomatogonium forrestii* (Balf.f.) Fern.var. *bonatianum*(Burk.)T.N.Ho	15-3-a	轿子山	草坡
	白花獐牙菜	*Swertia alba* T.N.Ho & S.W.Liu	15-3-a	禄劝县雪山乡舒姑村至马鬃岭磨当丘	密林中
	美丽獐牙菜	*Swertia angustifolia* Buch.-Ham.ex D.Don var. *pulchella*(D.Don)Burk.	14-1	转龙	草坡
	西南獐牙菜	*Swertia cincta* Burk.	15-3-a	东川区红土地镇老炭房背后山	草坡上
	心叶獐牙菜	*Swertia cordata* (G.Don) Wall.ex C.B.Clarke	14-1	东川区法者林场大海至马鬃岭途中	密林中
	观赏獐牙菜	*Swertia decora* Franch.	15-3-a	转龙甸尾	山坡灌丛
	高獐牙菜	*Swertia elata* H.Smith	15-3-a	白石岩	多石山坡灌丛
	大籽獐牙菜	*Swertia macrosperma* (C.B.Clarke)C.B.Clarke	14-1	大海至马鬃岭	山坡草地
	斜茎獐牙菜	*Swertia patens* Burk.	15-3-a	普渡河苏铁保护点	干旱河谷疏林下
	紫红獐牙菜	*Swertia punicea* Hemsl.	15-3-b	东川区红土地镇老炭房背后山	草坡上
	大药獐牙菜	*Swertia tibetica* Batalin	15-2-b	大羊圈	山坡草地
	屏边双蝴蝶	*Tripterospermum pingbianense* C.Y.Wu & C.J.Wu	15-2-b	东川区法者林场茅坝子至豹子垭口	林缘溪流边
	尼泊尔双蝴蝶	*Tripterospermum volubile* (D.Don)Hara	14-1	东川区法者乡大厂至新发村途中	路边密林
报春花科（Primulaceae）	腋花点地梅	*Androsace axillaris* (Franch.)Franch.	15-3-a	轿子山平田	溪边湿润草地
	莲叶点地梅	*Androsace henryi* Oliv.	14-1	轿子山	山谷干燥沙石山
	绿棱点地梅	*Androsace mairei* Lévl.	15-2-a	禄劝县雪山乡舒姑村至马鬃岭干水井	碎石坡上
	柔软点地梅	*Androsace mollis* Hand.-Mazz.	15-3-a	白石崖	多石草坡岩缝中
	刺叶点地梅	*Androsace spinulifera* (Franch.)R.Knuth	15-3-a	白石崖、九龙沟、马鬃岭梁子	多石草坡岩缝中、山坡草地
	过路黄	*Lysimachia christinae* Hance	15-3-c	雪山乡白家洼	沟边、林缘草地、路边
	矮桃	*Lysimachia clethroides* Duby	14	老炭房后山、四方井至大羊窝、转龙至老君山	云南松林下、林缘灌丛、山谷溪旁草地

续表

科	种	拉丁名	分布区类型	在轿子山分布	生境
报春花科（Primulaceae）	临时救	*Lysimachia congestiflora* Hemsl.	14-1	乌蒙乡阿萨里、乌蒙乡平田	河边草地、沟边、溪旁草地
	小寸金黄	*Lysimachia deltoidea* Wight var. *cinerascens* Franch.	7-4	老炭房	沟边、山坡草地
	绣毛过路黄	*Lysimachia drymarifolia* Franch.	15-3-a	轿子山何家村、尖峰关、腰棚子林区	山谷斜坡湿润草地、山坡林缘草地
	叶苞过路黄	*Lysimachia hemsleyi* Franch.	15-3-a	炉拱山至九龙	林缘灌丛
	丽江珍珠菜	*Lysimachia violascens* var. *robusta*	15-3-a	轿子山大羊窝、舒姑至马鬓岭途中大崖头	林缘、溪边灌丛
	长蕊珍珠菜	*Lysimachia lobelioides* Wall.	7	东川区法者林场大厂林区大洼子	路边
	叶头过路黄	*Lysimachia phyllocephala* Hand.-Mazz.	15-3-a	禄劝县乌蒙乡崖子桥	溪旁沙地
	阔瓣珍珠菜	*Lysimachia platypetala* Franch.	15-3-a	炉拱山至九龙	林缘灌丛
	腺药珍珠菜	*Lysimachia stenosepala* Hemsl.	15-3-b	法者林场大洼子	林缘灌丛
	腾冲过路黄	*Lysimachia tengyuehensis* Hand.-Mazz.	15-2-e	轿子山锅盖箐	溪旁沙地
	大花珍珠菜	*Lysimachia violascens* Franch.	15-3-a	九龙沟	林缘灌丛
	山丽报春	*Primula bella* Franch.	15-3-a	轿子山大黑箐	溪旁青苔上
	糙毛报春	*Primula blinii* Lévl	15-3-a	炉拱山	山坡草地
	穗花报春	*Primula deflexa* Duthie	15-3-a	轿子山	山坡草地
	峨眉报春	*Primula faberi* Oliver	15-3-a	白石崖、轿子山大海梁子、轿子山轿顶	岩石缝中、多石山坡青苔石上、山顶草地
	垂花报春	*Primula flaccida* Balakr.	15-3-a	法者林场抱水井丫口、轿子山大黑箐、炉拱山至九龙、马鬓岭梁子	山坡草地、岩石上、高山草甸
	小报春	*Primula forbesii* Franch.	15-3-a	白石崖	多石草坡
	雅江报春	*Primula involucrata* Wall.ex Duby ssp.*yargongensis* (Petitm.)W.W.Smith & Forr.	14-1	白石崖、轿子山哈衣垭口梁子	多石草坡、山谷石头上
	鄂报春（原亚种）	*Primula obconica* Hance ssp. *obconica*	15-3-b	轿子山、老熊箐、乌蒙乡至雪山乡途中老槽子	林缘石上、山坡沟边、岩石上

续表

科	种	拉丁名	分布区类型	在轿子山分布	生境
报春花科（Primulaceae）	海棠叶鄂报春（亚种）	*Primula obconica* Hance ssp. *begoniiformis* (Petitm.) W.W.Smith & Forr.	15-3-a	轿子山	多石山坡
	羽叶穗花报春	*Primula pinnatifida* Franch.	15-3-a	白石崖、轿子山大黑箐	多石草坡、溪旁青苔石上
	滇海水仙花	*Primula pseudodenticulata* Pax	15-3-a	禄劝县乌蒙乡轿子山景区飞来瀑布	悬崖石隙
	偏花报春	*Primula secundiflora* Franch.	15-3-c	九龙沟	山坡草地
	紫花雪山报春	*Primula sinopurpurea* Balf.f.	15-3-a	轿子山、大黑箐、轿顶、炉拱山至九龙	多石山坡、路边岩石上
	峨眉苣叶报春	*Primula sonchifolia* Franch.ssp.*emeiensis* C.M.Hu	15-3-a	轿子山哈衣垭口	山坡林下
	乌蒙紫晶报春	*Primula virginis* Lévl.	15-2-a	轿子山、大海梁子	潮湿岩石上、山坡石上
	云南报春	*Primula yunnanensis* Franch.	15-3-a	轿子山平箐	山坡岩石上
车前科（Plantaginaceae）	车前（原变种）	*Plantago asiatica* Linn. var.*asiatica*	14	马房	沟边、山坡草地
	疏花车前（变种）	*Plantago asiatica* Linn. var.*erosa*(Wall.)Z.Y.Li	14-1	法者林场干箐垭口	林缘草地
	中央车前	*Plantago centralis* Pilg	15-2-c	法者林场毛坝子、燕子洞至大海、九龙沟	山坡林缘草地、路边
桔梗科（Campanulaceae）	细萼沙参	*Adenophora capillaris* Hemsl.subsp.*leptosepala* (Diels)Hong	15-2-c	炉拱山至九龙	山坡草地
	云南沙参	*Adenophora khasiana* (Hook.f. &.Thoms.) Coll.& Hemsl.	14-1	转龙	林缘草地
	天蓝沙参	*Adenophora coelestis* Diels	15-3-a	九龙沟	林缘灌丛、草地
	球果牧根草	*asyneuma chinense* Hong	15-3-b	雪山乡白家洼	山坡草地
	灰毛风铃草	*Campanula cana* Wall.	14-1	舒姑至马鬃岭途中磨当丘	林缘灌丛
	西南风铃草	*Campanula colorata* Wall.	14-1	法者林场抱水井丫口、大海至马鬃岭、轿子山大羊窝、九龙沟	多石山坡、草坡灌丛、林缘灌丛

续表

科	种	拉丁名	分布区类型	在轿子山分布	生境
桔梗科（Campanulaceae）	管钟党参	*Codonopsis bulleyana* Forrest ex Diels	15-3-a	白石崖、轿子山大黑箐至轿顶	多石草坡、林缘灌丛、岩石缝
	鸡蛋参（原亚种）	*Codonopsis convolvulacea* Kurz ssp.*convolvulacea*	7-3	法者林场、大厂至新发村	林缘灌丛、路边灌丛
	珠子参（亚种）	*Codonopsis convolvulacea* Var. *forrestii*	15-3-a	轿子山	林缘灌丛
	党参	*Codonopsis pilosula* (Franch.)Nannfeldt	14	法者林场大厂至新发村、小横山至沙子坡林区途中	路边林缘灌丛
	管花党参	*Codonopsis tubulosa* Komarov	14-1	法者林场大厂至新发村、干箐垭口至小横山、炉拱山至九龙	路边林缘灌丛
	束花蓝钟花	*Cyananthus fasciculatus* Marq.	15-3-a	轿子山	多石山坡草地
	黄钟花	*Cyananthus flavus* C. Marquand.	15-2-b	东川区舍块乡火石梁子白石崖	高山草甸
	美丽蓝钟花	*Cyananthus formosus* Diels	15-3-a	轿子山	高山草地
	蓝钟花	*Cyananthus hookeri* C.B.Clarke	15-3-c	马鬓岭梁子干水井	山坡草地
	胀萼蓝钟花	*Cyananthus inflatus* J.D.Hooker & Thomson	14-1	法者林场小清河	山坡灌丛、草地
	丽江黄钟花	*Cyananthus lichiangensis* W.W.Smith	15-3-a	法者林场马鬓岭至大海途中、轿子山轿顶	高山草甸、多石草坡
	大萼蓝钟花	*Cyananthus macrocalyx* Franch.	15-3-a	白石崖、马鬓岭梁子	高山草甸
	同钟花	*Homocodon brevipes* (Hemsl.)Hong	15-3-a	空心山头	林下沟边
	蓝花参	*Wahlenbergia marginata* (Thunb.)A.DC.	7	法者林场大厂至新发村、轿子山锅盖箐	路边草地、斜坡沙地
半边莲科（Lobeliaceae）	野烟	*Lobelia seguinii* Levl.& Van.	15-3-b	乌蒙乡团街	林缘灌丛
	红雪柳	*Lobelia taliensis* Diels	14-1	法者林场大厂至新发村	路边灌丛
紫草科（Boraginaceae）	柔弱斑种草	*Bothriospermum zeylanicum*(J.Jacquin)Druce	11	轿子山大兴厂	斜坡石山地
	倒提壶	*Cynoglossum amabile* Stapf & J.R.Drummond	14-1	乌蒙乡普渡河边	河边草地
	琉璃草	*Cynoglossum furcatum* Wall.	7	禄劝县转龙镇	开阔林下

续表

科	种	拉丁名	分布区类型	在轿子山分布	生境
紫草科（Boraginaceae）	小花琉璃草	*Cynoglossum lanceolatum* Forsskal	10	转龙	疏林下
	倒钩琉璃草（变种）	*Cynoglossum wallichii* G.Don var.*glochidiatum* Wall.ex Benth.	14-1	板山沟	山坡草地
	宽叶假鹤虱	*Hackelia brachytuba* (Diels)I.M.Johnston	15-3-a	大海至马鬃岭途中、轿子山大羊窝	林下沟边、林缘草地
	异型假鹤虱	*Hackelia difformis* (Y.S. Lian & J.Q.Wang) Riedl	15-3-a	轿子山大羊窝	林下沟边
	卵萼假鹤虱	*Hackelia uncinatum* (Bentham)C.E.C.Fischer	14-1	禄劝县乌蒙乡轿子山	山谷湿润处
	大孔微孔草	*Microula bhutanica* (T.Yamazaki)H.Hara	14-1	东川区大海滴水岩至红溜口	草地
	丽江微孔草	*Microula forrestii*(Diels) I.M.Johnston	15-2-b	九龙沟	山坡草地
	鹤庆微孔草	*Microula myosotidea* (Franch.)I.M.Johnston	15-2-b	大风丫口	多石山坡
	长叶微孔草	*Microula trichocarpa* (Maxim.)I.M.Johnston	15-3-c	白石岩	山坡草地、灌丛
	勿忘草	*Myosotis silvatica* Ehrh.ex Hoffm	8	轿子山哈衣垭口	山谷草坡潮湿
	湿地勿忘草	*Myosotis caespitosa* C.F.Schultz	8	禄劝县乌蒙乡轿子山马脖子崖	山谷
	皿果草	*Omphalotrigonotis cupulifera* (I.M.Johnston) W.T.Wang	15-3-b	炉拱山至九龙	山坡草地、林缘
	露蕊滇紫草	*Onosma exsertum* Hemsl.	15-3-a	法者林场大厂林区附近	山坡草地、水沟边
	滇紫草	*Onosma paniculatum* Bureau & Franch.	8	禄劝县乌蒙乡	山坡
	虫实附地菜	*Trigonotis corispermoides* C.J.Wang	15-3-a	轿子山大羊窝	山坡草地、水沟边
	细梗附地菜	*Trigonotis gracilipes* I.M.Johnston	15-3-a	轿子山	山坡草地、水沟边
	毛脉附地菜	*Trigonotis microcarpa* (de Candolle) Bentham ex C.B.Clarke	14	乌蒙乡卡机	溪旁草地

续表

科	种	拉丁名	分布区类型	在轿子山分布	生境
紫草科（Boraginaceae）	附地菜	*Trigonotis peduncularis* (Trev.)Benth.ex Baker & S.Moore	10	乌蒙乡至雪山乡途中碑根大地、雪山乡白家洼	路边、沟边、草地
粗糠树科（Ehretiaceae）	西南粗糠树	*Ehretia corylifolia* C.H.Wright	15-2-e	乌蒙乡摆夷召大桥、转亮子	斜坡沙地湿润处、山坡干燥处
茄科（Solanaceae）	喀西茄	*Solanum aculeatissimum* Jacq.	2	禄劝县中屏乡普渡河苏铁保护区	路边密林
	假烟叶树	*Solanum erianthum* D.Don	2	普渡河苏铁保护点	河谷灌丛、山坡路边
	白英	*Solanum lyratum* Thunb.	7	禄劝县乌蒙乡第二村天生桥	山谷干燥处
旋花科（Convolvulaceae）	白藤	*Calamus tetradactylus Hance*	14-1	轿子山、乌蒙乡摆夷召大桥	山谷密林中、斜坡溪旁灌丛
	山土瓜	*Merremia hungaiensis* (Lingelsheim & Borza) R.C.Fang	15-3-a	转龙甸尾至老君山	山谷斜坡润湿处
玄参科（Scrophulariaceae）	鞭打绣球	*Hemiphragma heterophyllum* Wall.	7-1	轿子山各坡	山坡草地、林缘、林下
	钟萼草	*Lindenbergia philippensis* (Cham.)Benth.	7	禄劝中屏乡普渡河苏铁保护区	河边密林中
	多枝通泉草（变种）	*Mazus pumilus* var.*delavayi* (Bonati) T.L.Chin ex D.Y. Hong	14-1	轿子山大兴厂	溪旁草地
	大萼通泉草（变种）	*Mazus pumilus* var. *macrocalyx* (Bonati) T.L.Chin ex D.Y. Hong	15-3-b	轿子山大兴厂	山坡草地
	滇川山罗花	*Melampyrum klebelsbergianum* Soó	15-3-a	禄劝县转龙镇至马鹿山	斜坡
	沟酸浆（原变种）	*Mimulus tenellus* Bunge	7	禄劝县乌蒙乡	沟边
	尼泊尔沟酸浆（变种）	*Mimulus tenellus* Bunge var.*nepalensis*(Benth.)Tsoog	14	乌蒙乡团街	林缘沟边
	狐尾马先蒿	*Pedicularis alopecuros* Franch.	15-3-a	法者林场沙子坡林区至邓家山、炉拱山至九龙、雪山乡白家洼	箭竹林下、林缘灌丛、路边、草坡
	丰管马先蒿	*Pedicularis amplituba* H.L.Li	15-2-d	东川区舍块乡火石梁子白石崖妖精塘	高山草坡上
	狭唇马先蒿	*Pedicularis angustilabris* Li	15-3-a	白石崖	高山草甸
	俯垂马先蒿	*Pedicularis cernua* Bonati	15-3-a	轿子山轿顶	多石草坡

续表

科	种	拉丁名	分布区类型	在轿子山分布	生境
玄参科（Scrophulariaceae）	康泊东叶马先蒿	*Pedicularis comptoniaefolia* Franch.& Maxim.	14-1	腰棚子林区	林缘灌丛
	聚花马先蒿	*Pedicularis confertiflora* Prain	14-1	火石梁子小海梁子、轿子山轿顶	草坡、多石草甸
	舟形马先蒿	*Pedicularis cymbalaria* Bonati	15-3-a	法者林场大海至马鬓岭、轿子山大马路、舒姑至马鬓岭梁子刺栎坪	林缘灌丛、草地、草坡、栎类林下
	三角叶马先蒿	*Pedicularis deltoidea* Franch.	15-3-a	法者林场沙子坡林区至大厂、轿子山大羊窝	箭竹林下、草坡
	密穗马先蒿	*Pedicularis densispica* Franch.	15-3-a	白石崖、法者林场干箐垭口、轿子山何家村、炉拱山至九龙	山坡林缘草地
	细裂叶马先蒿	*Pedicularis dissectifolia* Li	15-3-a	轿子山大羊窝、九龙沟	林缘灌丛、草地、草坡
	中华纤细马先蒿	*Pedicularis gracilis* subsp.*sinensis*(H.L.Li) P.C.Tsoong	15-3-a	法者林场沙子坡至大厂途中大校场、炉拱山至九龙	林缘草坡、灌丛
	鹤首马先蒿	*Pedicularis gruina* Franch.ex Maxim.	15-3-a	禄劝县转龙镇	开阔林下
	拉氏马先蒿	*Pedicularis larbodei* Vaniot ex Bonati	15-3-a	法者林场抱水井丫口、轿子山大羊窝	林缘灌丛、山坡草地
	马克逊马先蒿	*Pedicularis maxonii* Bonati	15-2-b	轿子山大羊窝	草坡
	小唇马先蒿	*Pedicularis microchila* Franch.ex Maxim.	15-3-a	白石崖	多石草坡、岩石缝
	尖果马先蒿	*Pedicularis oxycarpa* Franch.	15-3-a	白石崖	山坡草地
	大王马先蒿	*Pedicularis rex* C.B.Clarke	14-1	轿子山新山丫口、炉拱山至九龙	林缘灌丛、山坡草地
	丹参花马先蒿	*Pedicularis salviaeflora* Franch.ex Forb.et Hemsl.	15-3-a	九龙沟	林缘灌丛
	台氏管花马先蒿	*Pedicularis siphonantha* Don var.*delavayi*(Franch.ex Maxim.)Tsoong	15-3-a	白石崖、法者林场马鬓岭至大海、轿子山大坪子至一线天	多石草坡、岩石上
	史氏马先蒿	*Pedicularis smithiana* Hand.-Mazz.	15-3-a	法者林场沙子坡林区至大厂途中、九龙沟	冷杉箭竹林下、草坡
	黑毛狭盔马先蒿(变种)	*Pedicularis stenocorys* Franch.subsp. *melanotricha* P.C.Tsoong	15-3-a	东川区舍块乡火石梁子白石崖	高山草甸

续表

科	种	拉丁名	分布区类型	在轿子山分布	生境
玄参科（Scrophulariaceae）	纤裂马先蒿	*Pedicularis tenuisecta* Franch.ex Maxim.	7-4	轿子山	山坡草地
	松蒿	*Phtheirospermum japonicum* (Thunb.)Kanitz	14	乌蒙乡团街	山坡草地
	细裂叶松蒿	*Phtheirospermum tenuisectum* Bureau et Franch.	15-3-c	法者林场大厂至新发村、法者林场场部至沙子坡林区老纸厂、轿子山新山丫口、炉拱山至九龙	林缘草地、路边灌丛、山坡路边
	杜氏翅茎草	*Pterygiella ducloxii* Franch.	15-3-a	东川区舍块乡炉拱山	路边密林
	大花玄参	*Scrophularia delavayi* Franch.	15-3-a	轿子山石膏菜坪子	山坡灌丛
	重齿玄参	*Scrophularia diplodonta* Franch.	15-2-b	轿子山大黑箐至轿顶，马鬃岭梁子	高山草甸、溪旁灌丛
	高玄参	*Scrophularia elatior* Pax & Hoffm.	14-1	轿子山	林下
	大果玄参	*Scrophularia macrocarpa* Tsoong	15-3-a	轿子山尖峰关、腰棚子林区	山坡灌丛、林缘灌丛
	中甸长果婆婆纳（变种）	*Veronica ciliata* Fischer subsp.*zhongdianensis* D.Y.Hong	15-3-a	九龙沟	林缘灌丛
	疏花婆婆纳	*Veronica Laxa* Benth.	14	法者林场沙子坡至大厂、轿子山大兴厂、雪山乡白家洼	草坡、路边草地、山谷溪旁、林缘灌丛
	蚊母草	*Veronica peregrina* Linn.	10	东川区二二二林场对面山上瞭望台	高山草甸
	婆婆纳	*Veronica polita* Fries	14-1	白石崖	多石山坡草地
	尖果婆婆纳	*Veronica rockii* Li ssp.*stenocarpa* (Li) D.Y.Hong	15-3-a	白石崖、炉拱山至九龙	多石山坡草地、林缘灌丛
	小婆婆纳	*Veronica serpyllifolia* Linn.	8	法者林场干箐埡口、轿子山大兴厂、新山丫口	林缘草地、山谷溪旁、路边草地
	多毛四川婆婆纳（变种）	*Veronica szechuanica* Batal.ssp.*sikkimensis* (J.D.Hooker)D.Y.Hong	14-1	轿子山、大黑箐至轿顶	多石山坡、溪边灌丛、草地
	美穗草	*Veronica brumonicanum* (Benth.)Hong	14-1	东川区舍块乡九龙沟、法者林场沙子坡景区大横山至邓家山	林缘灌丛

续表

科	种	拉丁名	分布区类型	在轿子山分布	生境
列当科（Orobanchaceae）	丁座草	*Boschniakia himalaica* Hook.f.& Thoms.	14-1	轿子山大坪子至大黑箐、新山丫口、雪山乡白家洼	松林、冷杉林、高山栎、杜鹃灌丛下
苦苣苔科（Gesneriaceae）	泡叶直瓣苣苔	*Ancylostemon bullatus* W.T.Wang & K.Y.Pan	15-2-a	轿子山平箐至大羊窝途中	石灰山岩缝中
	粗筒苣苔	*Briggsia kurzii*(C.B.Clarke) W.E.Evans	14-1	法者林场抱水井丫口至大厂林区途中	林下岩石缝中
	西藏珊瑚苣苔	*Corallodiscus lanuginosus* (Wall.ex R.Brown) B.L.Burtt	14-1	炉拱山、普渡河苏铁保护小区	河边岩石上、干旱河谷山坡岩石上
	狭冠长蒴苣苔	*Didymocarpus stenanthos* C.B.Clarke	15-3-a	东川区因民山黄草岭	石崖上
	云南长蒴苣苔	*Didymocarpus yunnanensis* (Franch.)W.W.Smith	15-3-a	法者林场大厂至新发村途中	多石山坡石下
	橙黄马铃苣苔	*Oreocharis aurantiaca* Franch.	15-2-b	乌蒙乡至雪山乡碑根大地	多石山坡石缝中
	川滇马铃苣苔	*Oreocharis henryana* Oliver	15-3-a	乌蒙乡团街	多石山坡石缝中
	厚叶蛛毛苣苔	*Paraboea crassifolia* (Hemsl.)B.L.Burtt	15-3-a	轿子山天生桥	干燥石上
	石蝴蝶	*Petrocosmea duclouxii* Craib	15-2-a	轿子山大兴厂、团街至烂泥塘垭口	山谷溪旁、岩石上
	东川石蝴蝶	*Petrocosmea mairei* Lévl.	15-3-a	因民山黄草岭	林缘岩石上
	长冠苣苔	*Rhabdothamnopsis sinensis* Hemsl.	15-3-a	乌蒙乡摆夷召大桥、乌蒙乡至雪山乡碑根大地	干燥山坡疏林中、多石山坡岩缝中
紫葳科（Bignoniaceae）	两头毛	*Incarvillea arguta* (Royle) Royle	14-1	九龙沟	山坡灌丛
	单叶波罗花	*Incarvillea forrestii* Fletcher	15-3-a	舒姑至马鬃岭途中大崖头、腰棚子林区	林缘草地
	鸡肉参	*Incarvillea mairei* (Lévl.) Grierson	15-3-a	九龙沟	多石山坡草地
爵床科（Acanthaceae）	假杜鹃	*Barleria cristata* Linn.	7-2	普渡河苏铁保护小区	山坡路边灌丛
	金江鳔冠花	*Cystacanthus yangzekiangensis* (Levl.) Rehd.	15-2-b	禄劝县中屏乡普渡河苏铁保护区	斜坡密林中
	滇鳔冠花	*Cystacanthus yunnanensis* W.W.Smith	15-2-d	普渡河苏铁保护小区	山坡路边灌丛

续表

科	种	拉丁名	分布区类型	在轿子山分布	生境
爵床科（Acanthaceae）	爵床	*Rostellularia procumbens* (Linn.) Nees	15-3-b	普渡河苏铁保护小区	山坡路边灌丛
	耳叶马蓝	*Strobilanthes auriculata* Nees	7-1	轿子山	杂木林下
马鞭草科（Verbenaceae）	香莸	*Caryopteris bicolor* (Roxb. ex Hardw.)Mabb.	14-1	普渡河苏铁保护点	干旱河谷灌丛
	短蕊大青	*Clerodendrum brachystemon* C.Y.Wu & R.C.Fang	7-3	禄劝县转龙镇	山坡路旁
	臭牡丹	*Clerodendrum bungei* Stued.	7-4	汤丹至法者途中、雪山乡白家洼	路边灌丛
	滇常山	*Clerodendrum yunnanense* Hu ex Hand.-Mazz.	15-3-a	轿子山	山坡斜谷沙地
	草坡豆腐柴	*Premna steppicola* Hand.-Mazz.	15-3-a	普渡河支流	干旱河谷灌丛
	马鞭草	*Verbena officinalis* Linn.	1	法者林场大厂至新发村途中	路边
	黄荆	*Vitex negundo* Linn.	6	普渡河保护区	干旱河谷、山坡灌丛
	微毛布惊（变种）	*Vitex quinata* (Lour.) Williams var. *puberula* (Lam.)Moldenke	15-2-d	普渡河苏铁保护区	干旱河谷、山坡灌丛
	黄毛牡荆	*Vitex vestita* Wallich ex Schauer	7-1	普渡河苏铁保护区	干旱河谷、山坡灌丛
唇形科（Labiatae）	弯花筋骨草	*Ajuga campylantha* Diels	15-2-b	轿子山新山丫口	林缘灌丛
	康定筋骨草	*Ajuga campylanthoides* C.Y. Wu & C.Chen	15-3-a	大厂至新发村途中	路边灌丛
	痢止蒿	*Ajuga forrestii* Diels	15-3-a-5	炉拱山至九龙	山地林下、沟边
	散瘀草	*Ajuga pantantha* Handel-Mazzeti	15-2-a	法者林场至沙子坡老纸厂附近	路边草地
	广防风	*Anisomeles indica*(Linn.) O. Kuntze	7	普渡河苏铁保护点	路边灌丛
	多毛铃子香	*Chelonopsis mollissima* C.Y.Wu	15-2-a	禄劝县中屏乡江边村	河谷灌丛
	异色风轮菜	*Clinopodium discolor* (Diels)C.Y.Wu	15-3-a	九龙沟	林缘灌丛
	寸金草	*Clinopodium megalanthum* (Diels)C.Y.Wu & Hsuan ex H.W.Li	15-3-b	炉拱山至九龙途中	林缘灌丛

续表

科	种	拉丁名	分布区类型	在轿子山分布	生境
唇形科（Labiatae）	匍匐风轮菜	*Clinopodium repens* (D.Don)Wall.	14	轿子山大坪子、轿子山大兴厂、轿子山石堆子	林缘灌丛、山谷溪旁草地、溪旁岩石上
	绒叶毛建草	*Dracocephalum velutinum* C.Y.Wu et W.T.Wang	15-2-b	火石梁子	草甸、多石山坡
	东紫苏	*Elsholtzia bodinieri* Vaniot	15-3-a	法者林场大厂至新发村途中晓光河边	路边灌丛
	黄花香薷	*Elsholtzia flava* (Benth.) Benth.	14-1	炉拱山至九龙	林缘灌丛
	鸡骨柴	*Elsholtzia fruticosa* (D.Don) Rehd.	14-1	大厂至新发村途中、腰棚子林区	路边林缘灌丛
	川滇香薷	*Elsholtzia souliei* Lévl.	15-3-a	轿子山大坪子	林缘灌丛
	鼬瓣花	*Goleopsis bifida* Boenn.	8	法者林场干箐垭口至沙子坡林区	路边灌丛
	腺花香茶菜	*Isodon adenanthus* (Diels) Kudo	15-2-e	乌蒙乡至雪山乡碑根大地	林缘灌丛、草地
	苍山香茶菜	*Isodon bulleyana*	15-2-a	腰棚子林区	林缘灌丛
	淡黄香茶菜	*Isodon flavidus* (Hand.-Mazz.)H.Hara	15-3-a	炉拱山至九龙途中	林缘灌丛
	线纹香茶菜	*Isodon lophanthoides* (Buch.-Ham.ex D.Don) H.Hara	14-1	九龙沟	林缘灌丛
	弯锥香茶菜	*Isodon loxothyrsus* (Hand.-Mazz.)H.Hara	15-3-a	汤丹至红土地镇途中	路边灌丛
	黄花香茶菜	*Isodon sculponeatus* (Vaniot)Kud	15-3-a	炉拱山至九龙、普渡河苏铁保护点	林缘灌丛、路边灌丛
	白绒草疏毛变种	*Leucas mollissima* var. *chinensis* Benth.	15-3-b	普渡河苏铁保护点	林缘、路边灌丛
	蜜蜂花	*Melissa axillaris* (Benth.) Bakh.f.	7-1	汤丹至红土地镇途中	林缘、路边灌丛
	多花荆芥	*Nepeta stewartiana* Diels	15-3-a	火石梁子小海梁子、腰棚子林区	草地、林缘灌丛
	牛至	*Origanum vulgare* Linn.	10	法者林场干箐垭口、轿子山、新山丫口	山坡草地、林缘草地
	鸡脚参（变种）	*Orthosiphon wulfenioides* (Diels) Hand.-Mazz. var. *foliosus* E.Peter	7-3	禄劝县转龙镇	斜坡疏林中干燥处
	大理糙苏	*Phlomis franchetiana* Diels	15-2-b	法者林场沙子坡老纸厂	路边

续表

科	种	拉丁名	分布区类型	在轿子山分布	生境
唇形科（Labiatae）	丽江糙苏	*Phlomis likiangensis* C.Y.Wu	15-2-b	舒姑至马鬓岭梁子大崖头	黄背栎林下
	黑花糙苏	*Phlomis melanantha* Diels	15-2-b	轿子山羊蹦石	多石山坡灌丛
	美观糙苏	*Phlomis ornata* C.Y.Wu	15-3-a	九龙沟	林缘灌丛
	裂萼糙苏	*Phlomis ruptilis* C.Y.Wu	15-2-b	九龙沟	林缘灌丛
	毛萼康定糙苏	*Phlomis tatsienensis* Bur. & Franch.var.*hirticalyx* (Hand.-Mazz.) C.Y.Wu	15-2-b	法者林场干箐垭口	林缘草地、灌丛
	硬毛夏枯草	*Prunella hispida* Benth.	14-1	轿子山新山丫口、雪山乡白家洼	林缘、溪边草地
	夏枯草	*Prunella vulgaris* Linn.	10	干箐垭口、舒姑至马鬓岭梁子磨当丘、腰棚子林区	林缘草地
	开萼鼠尾	*Salvia bifidocalyx* C.Y.Wu & Y.C.Huang	15-2-b	腰棚子林区	林缘草地、灌丛
	短冠鼠尾	*Salvia brachyloma* Stibal	15-3-a	舒姑至马鬓岭梁子途中	山坡草地
	圆苞鼠尾	*Salvia cyclostegia* E.Peter	15-3-a	法者林场抱水井丫口至大厂、干箐垭口	林下阴湿处、林缘灌丛
	雪山鼠尾	*Salvia evansiana* Hand.-Mazz.	15-3-a	九龙沟、炉拱山、老炭房后山	林缘灌丛、云南松林下
	黄花鼠尾	*Salvia flava* Forrest ex Diles	15-3-a	九龙沟	林缘灌丛、草地
	东川鼠尾草	*Salvia mairei* Lévl.	15-2-a	轿子山大黑箐至轿顶、石膏菜坪子	溪边草地、山谷溪旁潮湿处
	荔枝草	*Salvia plebeia* R.Brown	5	轿子山	路旁草地
	长冠鼠尾	*Salvia plectranthoides* Griff.	14-1	轿子山老熊箐、九龙沟	山坡疏林中、林缘草地、灌丛
	甘西鼠尾	*Salvia przewalskii* Maxim.	15-3-c	九龙沟	山坡草地、林缘灌丛
	云南鼠尾草	*Salvia yunnanensis* C.H.Wright	15-3-a	炉拱山至九龙、雪山乡白家洼	林缘草地、灌丛
	滇黄芩	*Scutellaria amoena* C.H.Wright	15-3-a	乌蒙乡至雪山乡碑根大地	云南松林下
	毛茎黄芩	*Scutellaria mairei* Lévl.	15-2-a	乌蒙乡至雪山乡途中多棵栎	路边灌丛
	毛水苏	*Stachys baicalensis* Fisch.ex Benth.	14	腰棚子林区	林缘灌丛、草地
	破布草	*Stachys kouyangensis* (Vant.)Dunn	15-3-b	大厂至新发村途中、九龙沟	路边灌丛、山坡草地、林缘灌丛

续表

科	种	拉丁名	分布区类型	在轿子山分布	生境
唇形科（Labiatae）	针筒菜	*Stachys oblongifolia Wall. ex* Benth.	14-1	法者林场干箐垭口至沙子坡	林缘灌丛
	甘露子（变种）	*Stachys sieboldii var. glabrescens* C.Y.Wu	15-3-b	法者林场沙子坡、雪山乡白家洼	地边草丛、林缘草地、灌丛
	蓝叶峨眉香科科（变种）	*Teucrium omeiense* Sun ex S.Chow var.*cyanophyllum* C.Y.Wu & S.Chow	15-2-b	轿子山	疏林下
	香科科	*Teucrium simplex* Vanict	15-3-a	法者林场大厂至新发村途中	路边灌丛
	血见愁	*Teucrium viscidum* Blume.	7	法者林场干箐垭口	林缘草地、沟边
鸭跖草科（Commelinaceae）	地地藕	*Commelina maculata* Edgeworth	14-1	法者林场大厂至新发村	路边灌丛
	蓝耳草	*Cyanotis vaga* (Lour.) Schultes & J.H.Schultes	6	法者林场至沙子坡林区	路边草地
	紫背鹿衔草	*Murdannia divergens* (C.B. Clarke)Bruckn.	14-1	转龙甸尾至大功山	山坡草地
	竹叶子	*Streptolirion volubile* Edgew.	14	雪山乡白家洼	路边灌丛
姜科（Zingiberaceae）	距药姜	*Cautleya gracilis* (Sm.) Dandy	14-1	大厂至新发村	林下阴湿处、岩上或树上
	早花象牙参	*Roscoea cautleoides* Gagnep	15-3-a	轿子山四方井	山坡草地
	长柄象牙参	*Roscoea debilis* Gagnepain	15-2-d	乌蒙乡卡机	溪旁草地
	先花象牙参	*Roscoea praecox* K.Schumann	15-2-b	法者林场大厂至新发村、轿子山崖子桥、哈衣垭口	路边草地、山坡灌丛、山坡沙石地
	无柄象牙参	*Roscoea schmeideriana* (Loes.)Cowley	15-3-a	东川区舍块乡炉拱山至九龙村途中	路边密林中
	藏象牙参	*Roscoea tibetica* Batalin	15-3-a	禄劝县普渡河谷	松栎林下
百合科（Lilaceae）	高山粉条儿菜	*Aletris alpestris* Diels	15-3-c	东川区舍块乡火石梁子白石崖紧风口	高山草坡
	星花粉条儿菜	*Aletris gracilis* Rendle	14-1	炉拱山至九龙、九龙沟、舒姑至马鬃岭梁子大崖头	山坡林缘草地
	少花粉条儿菜	*Aletris pauciflora*(Klotz.)Franch.	14-1	白石崖、轿子山、轿子山毛坝子、木梆海附近	高山草甸、溪旁草地、多石山坡
	开口箭	*Campylandra chinensis* (Baker)M.N.Tamura, S.Yun Liang et Turland	15-3-b	轿子山	多石山坡灌丛

续表

科	种	拉丁名	分布区类型	在轿子山分布	生境
百合科（Lilaceae）	尾萼开口箭	*Campylandra urotepala* (Hand.-Mazz.) M.N. Tamura, S.Yun Liang et Turland	15-3-a	东川区法者林场白花山	冷山林下石地
	云南开口箭	*Campylandra yunnanensis*(F.T.Wang et S.Yun.Liang)M.N.Tamura, S.Yun.Liang et T	15-2-a	轿子山、轿子山平箐	林下、多石山坡灌丛
	云南大百合（变种）	*Cardiocrinum gianteum* (Wall.)Makino var. *yunnanense* (Leichtlin ex Elwes)Stearn	14-1	轿子山老槽子	林缘灌丛
	万寿竹	*Disporum cantoniense* (Lour.)Mess.	14-1	轿子山、老槽子、乌蒙乡大麦地	山谷石山沙石地、林缘草地、山坡灌丛
	卷叶贝母	*Fritillaria cirhosa* D.Don	14-1	轿子山箐门口，九龙沟	山坡林缘草地
	玫红百合	*Lilium amoenum* E.H. Wilson ex Sealy	15-2-d	轿子山蜜汁山	山坡灌丛
	滇百合（变种）	*Lilium bakerianum* Collett & Hemsl.var. *bakerianum*	14-1	炉拱山至九龙、腰棚子林区	山坡灌丛、林缘灌丛
	淡黄花百合	*Lilium sulphureum* Baker ex J.D.Hooker	15-2-b	普渡河苏铁保护点	干旱河谷、山坡灌丛
	尖果洼瓣花	*Lloydia oxycarpa* Franch.	15-3-c	轿子山石膏菜坪子、轿子山顶	山坡岩石缝中、山坡草地
	云南洼瓣花	*Lloydia yunnanensis* Franch.	15-3-a	轿子山大羊窝羊踹石	多石山坡岩石缝中
	高大鹿药	*Maianthemum atropurpureum* (Franch.) La Frankie	15-3-b	法者林场木梆海	针阔叶混交林
	管花鹿药	*Maianthemum henryi* (Baker) LaFrankie	14-1	轿子山大兴厂	山谷溪旁草地
	窄瓣鹿药	*Maianthemum tatsienense* (Franch.) La Frankie	14-1	轿子山老槽子、石崖子	山坡密林中
	豹子花	*Nomocharis pardanthina* Franch.	15-3-a	九龙沟	山坡林缘灌丛
	假百合	*Notholirion bulbuliferum* (Lingelsheim ex H.limpricht) Stearn	14-1	轿子山大孝峰	山坡草地
	沿阶草	*Ophiopogon bodinieri* Lévl.	14-1	雪山乡白家洼、转龙甸尾	林缘草地、林下、溪旁草地
	间型沿阶草	*Ophiopogon intermedius* D.Don	7	抱水井丫口、轿子山、新山丫口	山坡林下或沟边、冷杉边、高山栎、杜鹃灌丛下

续表

科	种	拉丁名	分布区类型	在轿子山分布	生境
百合科（Lilaceae）	卷叶黄精	*Polygonatum cirrhifolium* (Wall.) Royle	14-1	法者林场沙子坡林区邓家山、轿子山大坪子、石崖子、舒姑至马鬃岭途中磨当丘	混交林中、山坡疏林中、林缘灌丛
	康定玉竹	*Polygonatum prattii* Baker	15-3-a	轿子山、老炭房后山、四方井至大羊窝、舒姑至马鬃岭梁子磨当丘、乌蒙乡至雪山乡途中碑根大地	林缘灌丛或草地、云南松、石栎林下
	吉祥草	*Reineckia carnea* (Andr.) Kunth	14-2	法者林场大厂至新发村	高山栎林下
	小花扭柄花	*Streptopus parviflorus* Franch.	15-3-a	轿子山大坪子	林缘草地
	叉柱岩菖蒲	*Tofieldia divergens* Bur. & Franch.	15-3-a	九龙	山坡岩石上
	毛叶藜芦	*Veratrum grandiflorum* (Maximowicz ex Baker) Loesener	15-3-b	法者林场大海至马鬃岭途中、轿子山大坪子、大孝峰	林缘灌丛、林下、草地斜坡
天门冬科（Asparagaceae）	羊齿天门冬	*Asparagus filicinus* D.Don	14-1	轿子山大兴厂、轿子山平箐、炉拱山至九龙	山坡多石灌丛
延龄草科（Trilliaceae）	金线重楼	*Paris delavayi* Franch.	15-3-b	法者林场干箐垭口至小横山途中	林缘小道旁
	禄劝花叶重楼	*Paris Luquanensis* H.Li	15-1	乌蒙乡乐作坭、乌蒙乡杨家村	林缘灌丛
	狭叶重楼（变种）	*Parispolyhylla* Smith var. *stenophylla* Franchet	14-1	乌蒙乡乐作坭	石山灌丛
	滇重楼（变种）	*Paris polyphylla* Smith var. *yunnanensis* (Franch.) Hand.-Mazz.	14-1	轿子山新山丫口、舒姑至马鬃岭途中磨当丘	林缘灌丛、黄背栎林下
菝葜科（Smilacaceae）	西南菝葜	*Smilax bockii* Warb.	7-3	法者林场抱水井丫口	林缘灌丛
	长托菝葜	*Smilax ferox* Wall.ex Kunth	14-1	法者林场至新发村、干箐垭口至沙子坡林区途中	路边灌丛、林缘沟边
	无刺菝葜	*Smilax mairei* Lévl.	15-3-a	轿子山大羊窝、老树多、转龙甸尾	山地林中、林缘灌丛
	防已叶菝葜	*Smilax menispermoidea* A.DC.	14-1	轿子山大羊窝	林缘灌丛
	短梗菝葜	*Smilax scobinicaulis* C.H. Wrihgt	15-3-c	马鬃岭至大海	林缘灌丛
	鞘柄菝葜	*Smilax stans* Maxim.	14-2	禄劝县乌蒙乡石崖子	林缘灌丛

续表

科	种	拉丁名	分布区类型	在轿子山分布	生境
天南星科（Araceae）	长行天南星	*Arisaema consanguineum* Schott	14-1	轿子山	山坡灌丛
	象南星	*Arisaema elephas* Buchet	15-3-a	法者林场抱水井丫口至大厂、轿子山大孝峰崖脚、石膏菜坪子	林下潮湿处、青苔石上、山谷斜坡山地
	一把伞南星	*Arisaema erubescens* (Wall.) Schott.	14-1	轿子山大马路、四方井至大羊窝	山坡林缘灌丛
	黄苞南星	*Arisaema flavum* (Forrsskaol) Schott subsp. *tibeticum* J.Murata	14-1	乌蒙乡乐作坭	山坡岩石上
	象头花	*Arisaema franchetianum* Engl.	7-3	轿子山大兴厂、四方井、九龙沟	山坡灌丛、林缘灌丛
	岩生南星	*Arisaema saxatile* Buchet	15-3-a	乌蒙乡团街至大黑石头沟	山坡林中
	山珠半夏	*Arisaema yunnanense* Buchet	15-3-a	乌蒙乡大黑石头沟	溪旁灌丛
葱科（Alliaceae）	蓝花韭	*Allium beesianum* W.W. Smith	15-3-a	白石崖	多石草坡
	宽叶韭	*Allium hookeri* Thwaites	14-1	轿子山大黑箐至轿顶	多石草坡
	小根蒜	*Allium macrostemon* Bunge	14	东川区因民小羊厩红岩	岩石缝隙
	大花韭	*Allium macranthum* Baker	14-1	九龙沟、舒姑至马鬃岭梁子磨当丘	林缘草地、草坡
	滇韭	*Allium mairei* Lévl.	15-3-a	转龙甸尾	山坡灌丛下
	高山韭	*Allium sikkimense* Baker	14-1	东川区舍块乡火石梁子白石崖妖精塘	高山石栎坡上
	多星韭	*Allium wallichii* Kunth	14-1	炉拱山至九龙	草坡、灌丛
鸢尾科（Iridaceae）	西南鸢尾	*Iris bulleyana* Dykes	15-3-a	法者林场抱水井丫口、大海至马鬃岭	林缘草地、山坡
	尼泊尔鸢尾	*Iris nepalensis* Wallich	14-1	轿子山转梁子	山坡草地
薯蓣科（Dioscoreaceae）	黄独	*Dioscorea bulbifera* Linn.	5	普渡河苏铁保护小区	河谷山坡灌丛
	高山薯蓣	*Dioscorea delavayi* Franch.	15-3-a	九龙沟	林缘灌丛
	三角叶薯蓣	*Dioscorea deltoidea* Wall. ex Griseb.	14-1	轿子山大兴厂	山坡灌丛
	粘黏黏	*Dioscorea melanophyma* Prain et Burkill	14-1	九龙沟	林缘灌丛
	毛胶薯蓣	*Dioscorea subcalva* Prain & Burkill	15-3-b	炉拱山至九龙	河谷山坡灌丛

续表

科	种	拉丁名	分布区类型	在轿子山分布	生境
薯蓣科	云南薯蓣	*Dioscorea yunnanensis* Prain & Burkill	15-3-a	普渡河保护区	河谷灌丛
仙茅科（Hypooxidaceae）	小金梅草	*Hypoxis aurea* Lour.	7	轿子山大村子、老炭房后山	山坡草地
兰科（Orchidaceae）	黄花白芨	*Bletilla ochracea* Schltr.	15-2-e	轿子山摆夷召大桥	干燥山坡灌丛
	小白芨	*Bletilla formosana* (Hayata) Schltr.	14-2	转龙甸尾至马鹿山	山坡灌丛
	流苏虾脊兰	*Calanthe alpina* Hook.f.ex Lindl.	14	法者林场大厂林区附近大洼子	冷杉林缘
	肾唇虾脊兰	*Calanthe brevicornu* Lindl.	14-1	轿子山新槽子	溪旁灌丛中
	三棱虾虾脊兰	*Calanthe tricarinata* Lindl.	14	轿子山羊蹄石	杜鹃林缘
	大花头蕊兰	*Cephalanthera damasonium* (Miller)Druce	10	轿子山新山丫口、转龙大功山	高山栎、杜鹃灌丛、山坡疏林中
	斑叶杓兰	*Cypripedium margaritaceum* Franch.	15-3-a	轿子山平箐	多石山坡、林下
	离萼杓兰	*Cypripedium plectrochilum* Franch.	14-1	转龙大功山	山谷疏林中
	乌蒙杓兰	*Cypripedium wumengense* S.C.Chen	15-1	轿子山何家村	多石山坡林下
	火烧兰	*Epipactis helleborine* (Linn.)Crantz.	8	九龙沟、舒姑至马鬃岭梁子大崖头	山坡林缘
	大叶火烧兰	*Epipactis mairei* Schltr.	14-1	九龙沟	山坡林缘草地
	小斑叶兰	*Goodyera repens* (Linn.) R.Br.	8	大厂大洼子	林下潮湿处
	斑叶兰	*Goodyera schlechtendaliana* Rchb.f.	14-1	法者林场大厂至新发村、马鬃岭梁子磨当丘	林缘斜坡
	西南手参	*Gymnadenis orchidis* Lindl.	14-1	白石崖	高山草地
	落地金钱	*Habenaria aitchisonii* Rchb.f.	14-1	九龙沟、舒姑至马鬃岭梁子大崖头、雪山乡白家洼	山坡林缘草地
	长距玉凤花	*Habenaria davidii* Franch.	15-3-b	轿子山、舒姑至马鬃岭梁子大崖头	林缘草地
	宽唇角盘兰	*Herminium* josephi Rchb.f.	14-1	九龙沟	林缘草地
	叉唇角盘兰	*Herminium lanceum* (Thunb.ex Sw.)Vuijk	14	九龙沟、法者林场大海至马鬃岭	山坡林缘草地
	宽萼角盘兰	*Herminium souliei* Schltr.	15-3-b	轿子山	山坡草地
	羊耳蒜	*Liparis japonica* (Miq.) Maxim.	14-2	九龙沟	林缘草地

续表

科	种	拉丁名	分布区类型	在轿子山分布	生境
兰科（Orchidaceae）	沼兰	*Malaxis monophyllos* (Linn.) Sw.	8	法者林场大厂大洼子	林下潮湿处、草坡
	广布芋兰	*Nervilia aragoana* Gaud.	5	乌蒙乡摆夷召大桥	斜坡干燥处
	广布红门兰	*Orchis* chusua D.Don	14	法者林场干箐垭口、九龙沟、小戏台、轿子山大羊窝、舒姑至马鬓岭梁子大崖头	高山林缘草地
	条叶阔蕊兰	*Peristylus bulleyi* (Rolfe) K.Y.Lang	15-3-a	老炭房后山	山坡草地
	凸孔阔蕊兰	*Peristylus coeloceras* Finet	14-1	九龙沟、老炭房后山、舒姑至马鬓岭梁子大崖头	山坡林缘草地
	盘腺阔蕊兰	*Peristylus fallax* Lindl.	14-1	轿子山大羊窝、老炭房后山	山坡林缘草地
	金川阔蕊兰	*Peristylus jinchuanicus* K.Y.Lang	15-3-a	老炭房后山	山坡草地
	滇藏舌唇兰	*Platanthera bakeriana* (King & Pantl.)Kraenzl.	14-1	轿子山大孝峰崖脚、老炭房后山	溪旁草地、山坡草地
	察瓦龙舌唇兰	*Platanthera chiloglossa* (T.Tang & F.T.Wang) K.Y.Lang	15-3-a	老炭房后山、舒姑至马鬓岭梁子大崖头	山坡林缘草地
	舌唇兰	*Platanthera japonica* (Thunb.ex A.Murray) Lindl.	14-2	九龙沟	林下、沟边
	白鹤参	*Platanthera latilabris* Lindl.	14-1	轿子山大黑箐、九龙沟、老炭房后山	山坡草地
	白花独蒜兰	*Pleione alba* H.Li & G.H.Feng	7-3	轿子山平箐	林缘岩石上
	独蒜兰	*Pleione bulbocodioides* (Franch.)Rolfe	15-3-c	轿子山	杜鹃林内
	缘毛鸟足兰	*Satyrium ciliatum* Lindl.	14-1	东川区烂泥坪、禄劝县轿子山	山坡草地
	绶草	*Spiranthes sinensis* (Pers.) Ames	10	老炭房后山	山坡草地
灯心草科（Juncaceae）	翅茎灯心草	*Juncus alatus* Franch. & Savatier	15-3-c	禄劝县乌蒙乡大兴厂	山谷溪中、石上
	葱状灯心草	*Juncus allioides* Franch.	14-1	轿子山大黑箐至轿顶	灌丛草地
	走茎灯心草	*Juncus amplifolius* A.Camus	15-3-c	轿子山大黑箐至轿顶	多石山坡草地

续表

科	种	拉丁名	分布区类型	在轿子山分布	生境
灯心草科（Juncaceae）	孟加拉国灯心草	*Juncus benghalensis* Kunth	14-1	轿子山大黑箐	灌丛草地
	小灯心草	*Juncus bufonius* Linn.	8	九龙沟	山坡草地
	雅灯心草	*Juncus concinnus* D.Don	14-1	法者林场大海至马鬃岭、轿子山大黑箐、炉拱山至九龙	山坡林缘草地、杜鹃灌丛草地
	星花灯心草	*Juncus diastrophanthus* Buchenau	14	大厂	路边草地
	东川灯心草	*Juncus dongchuanensis* K.F.Wu	15-2-a	法者林场大海至马鬃岭、腰棚子林区	林缘草地
	喜马拉雅灯心草	*Juncus himalensis* Klotzsch	14-1	法者林场抱水井丫口	林缘草地
	片髓灯心草	*Juncus inflexus* Linn.	2	腰棚子林区	林缘草地
	密花灯心草	*Juncus lanpinguensis* Novikov	15-2-b	九龙沟、炉拱山至九龙	山坡林缘
	甘川灯心草	*Juncus leucanthus* Royle ex D.Don	14-1	轿子山大黑箐	山坡草地、灌丛
	长苞灯心草	*Juncus leucomelas* Royle ex D.Don	14-1	白石崖	多石山坡岩缝中
	长蕊灯心草	*Juncus longistamineus* A.Camus	15-2-b	轿子山大黑箐至轿顶	多石山坡岩缝中
	笄石菖	*Juncus prismatocarpus* R.Br.	5	大厂至新发村途中	路边草地
	长柱灯心草	*Juncus przewalskii* Buchenau	15-3-c	白石崖、轿子山轿顶	多石山坡岩石缝中
	地杨梅	*Luzula campestris* (L.) DC.	8	法者林场大海至马鬃岭	山坡草地
	中国地杨梅（变种）	*Luzula effusa Buchenau* var. *chinensis* (N.E.Brown) K.F. Wu	15-3-a	轿子山石崖子	山谷溪中石上
	散序地杨梅	*Luzula effusa* Buchenau var. *effusa*	7-1	轿子山大羊窝、乌蒙乡至雪山乡途中老槽子山顶	林缘草地
	多花地杨梅	*Luzula multiflora* (Retz.) Lejeune	2	轿子山大黑箐至轿顶	林缘草地
莎草科（Cyperaceae）	华扁穗草	*Blysmus sinocompressus* Tang & Wang	14-1	空心山	山坡草地、灌丛
	山稗子	*Carex baccans* Nees	7-1	乌蒙乡团街	林间草地、草坡
	簇穗薹草	*Carex fastigiata* Franch.	15-3-a	轿子山大黑箐	林缘灌丛

续表

科	种	拉丁名	分布区类型	在轿子山分布	生境
莎草科（Cyperaceae）	蕨状薹草	*Carex filicina* Nees	7-1	法者林场大海至马鬃岭、干箐垭口、九龙沟	高山草甸、林缘草地
	亮绿苔草	*Carex finitima* Boott	7-1	法者林场抱水井丫口	林缘草地
	溪生苔草	*Carex fluviatilis* Boott	14-1	轿子山老槽子	山坡草地
	明亮薹草	*Carex laeta* Boott	14-1	腰棚子林区	林缘草地
	长穗柄苔草	*Carex longipes* D.Don	7-1	轿子山新山丫口	杜鹃、高山栎林缘
	云雾苔草	*Carex nubigena* D.Don	7-1	法者林场大海至马鬃岭、九龙沟	山坡林缘草地
	刺囊苔草	*Carex obscura* Nees var. *brachycarpa* C.B.Clarker	14-1	轿子山	高山杜鹃灌丛、草甸、草丛中
	香附子	*Cyperus rotundus* Linn.	1	法者林场沙子坡林区	山坡草地
	丛毛羊胡子草	*Eriophorum comosum* Nees	14-1	普渡河苏铁保护小区	干旱河谷多石山坡
	线叶嵩草	*Kobresia capillifolia* (Decne.)C.B.Clarke	11	轿子山四方井	林缘草地
	尾穗嵩草	*Kobresia cercostachys* (Franch.)C.B.Clarke	14-1	轿子山轿顶	多石草坡
	截形嵩草	*Kobresia cuneata* Kukenth.	15-3-c	轿子山大海梁子	山坡草地
	三脉嵩草	*Kobresia esanbeckii* (Kunth)Noltie	14-1	轿子山大黑箐、法者林场至燕子洞	冷杉杜鹃林岩石上、山坡草地
	囊状嵩草	*Kobresia fragilis* C.B.Clarke	14-1	轿子山	林缘灌丛、草坡
	甘肃嵩草	*Kobresia kansuensis* Kukenth.	15-3-c	轿子山	高山杜鹃灌丛草甸中
	尼泊尔嵩草	*Kobresia nepalensis* (Nees)Kukenth.	14-1	白石崖、轿子山轿顶	多石草坡
	西藏嵩草	*Kobresia tibetica* Maxim.	15-3-c	轿子山	林缘灌丛、草地
	钩状嵩草	*Kobresia uncinoides* (Boott)C.B.Clarke	14-1	轿子山轿顶、箐门口	多石草甸、山坡草地
	短叶水蜈蚣	*Kyllinga brevifolia* Rottb.	2	发地丫口	林缘草地、灌丛
	拟宽穗扁莎	*Pycreus pseudolatespicatus* L.K.Dai	15-3-a	禄劝县转龙镇	沼泽地
禾本科（Gramineae）	细叶芨芨草	*Achnatherum chingii* (Hitchcock)Keng	15-3-c	老炭房后山	高山草甸
	阿里山剪股颖	*Agrostis arisan -montana* Ohwi	15-3-c	轿子山大黑箐、大羊窝	林缘草地
	剪股颖	*Agrostis matsumurae*	8	法者林场大海至马鬃岭途中、轿子山大羊窝、九龙沟	杜鹃灌丛、山坡草地

续表

科	种	拉丁名	分布区类型	在轿子山分布	生境
禾本科（Gramineae）	疏花剪股颖	*Agrostis hookeriana* C.B. Clarke	14-1	轿子山轿顶	山顶多石灌丛、岩石缝
	大锥剪股颖	*Agrostis megathyrsa* Keng ex Keng f.	15-2-d	空心山	疏林或草地
	多花剪股颖	*Agrostis micrantha* Steudel	14-1	轿子山大黑箐至轿顶、炉拱山至九龙	山坡草地或路边潮湿处、林缘草地
	泸水剪股颖	*Agrostis nervosa*	14-1	法者林场燕子洞至大海、轿子山大羊窝	山坡林缘草地
	丽江剪股颖	*Agrostis schneideri* Pilger	15-3-a	轿子山雷打石	山坡草地
	岩生剪股颖	*Agrostis rupestris*	15-3-a	轿子山轿顶	山顶草地、岩石缝
	看麦娘	*Alopecurus aequalis* Sobol	8	东川区舍块乡火石梁子白石崖妖精塘	高山草地和石砾坡上
	西藏须芒草	*Andropogon munroi* C.B. Clarke	14-1	禄劝县普渡河苏铁保护区	河谷山坡灌丛
	藏黄花茅	*Anthoxanthum hookeri* (Grisebach)Rendle	14-1	法者林场抱水井丫口、马鬃岭至大海、腰棚子林区	草地、疏林下
	荩草	*Arthraxon hispidus*(Thunb.)Makino	10	轿子山、九龙沟	沟谷草丛、林缘灌丛
	冷箭竹	*Arundinaria faberi* Rendle	15-3-a	轿子山大坪子	箭竹林中
	西南野古草	*Arundinella hookeri* Munro ex Keng	14-1	法者林场大厂至新发村途中、老炭房后山	路边灌丛、山坡草地
	羽状短柄草	*Brachypodium pinnatum* (Linn.) Beauv.	10	九龙沟	林缘灌丛
	草地短柄草	*Brachypodium pratense* Keng ex Keng.f.	15-3-a	九龙沟	林缘草地
	短柄草	*Brachypodium sylvaticum* (Huds.) P.Beauv.	10	法者林场抱水井丫口、炉拱山至九龙	林缘草坡、灌丛
	喜马拉雅雀麦	*Bromus himalaicus* Stapf	14-1	九龙沟	林缘灌丛、草地
	梅氏雀麦	*Bromus mairei* Hack.ex Hand.-Mazz.	15-3-a	法者林场大海至马鬃岭	山坡草地
	疏花雀麦	*Bromus remotiflorus* (Steudel)Ohwi	14-2	东川区法者林场沙子坡营林区大横山至邓家山	箭竹杂木林缘
	细柄草	*Capillipedium parviflorum* (R.Br.)Stapf	4	马鬃岭梁子干水井	林缘灌丛

续表

科	种	拉丁名	分布区类型	在轿子山分布	生境
禾本科（Gramineae）	橘草	*Cymbopogon goeringii* (Steud.)A.Camus	14-2	普渡河苏铁保护点	干旱河谷灌丛
	鸭茅	*Dactylis glomerata* Linn.	10	法者林场大海至马鬃岭、干箐垭口、九龙沟	草坡、草地或疏林下
	细柄野青茅	*Deyeuxia filipes* Keng	15-3-a	法者林场抱水井丫口	疏林下、草地
	黄花野青茅	*Deyeuxia flavens* Keng	15-3-c	轿子山轿顶	山顶草地、岩缝
	会理野青茅	*Deyeuxia stenophylla* Jansen	15-3-a	老炭房后山、腰棚子林区	山坡草地、杜鹃灌丛、林缘草地
	异颖草	*Deyeuxia petelotii* (Hitchcock)S.M.Phillips & W.L.Chen	15-3-a	九龙沟至老炭房后山	草地、疏林下
	小丽茅	*Deyeuxia pulchella* J.D.Hooker	14-1	白石崖、轿子山大黑箐至轿顶、九龙沟	多石草坡、杜鹃灌丛、林缘草地
	野青茅	*Deyeuxia pyramidalis* (Host) Veldkamp	4	九龙沟、法者林场马鬃岭至大海	林缘灌丛、草坡
	糙野青茅	*Deyeuxia scabrescens* (Griseb.)Munro ex Duthie	14-1	法者林场抱水井丫口、马鬃岭至大海、轿子山、大黑箐至轿顶、九龙沟	多石草坡
	疏穗野青茅	*Deyeuxia effusiflora* Rendle	15-3-c	东川区法者林场沙子坡至大厂	山顶草地
	短颖披碱草	*Elymus burchan-buddae* (Nevski)Tzvelev	14-1	炉拱山至九龙、马鬃岭至大海	林缘草地
	钙生披碱草	*Elymus calcicola*(Keng) S.L.Chen	15-3-a	东川区法者林场沙子坝营林区大横山至邓家山	箭竹杂木林缘
	光脊鹅观草	*Elymus leiotropis*(Keng) S.L.Chen	15-2-b	九龙沟	林缘灌丛、草地
	知风草	*Eragrostis ferruginea* (Thunb.)Beauv.	14	法者林场干箐垭口、炉拱山至九龙	山坡路边、林缘草地
	东川画眉草	*Eragrostis mairei* Hack.	15-3-b	大羊圈	林缘草地
	四脉金茅	*Eulalia quadrinervis* (Hook.)O.Ktze.	7-1	法者林场燕子洞至大海、老炭房背后山、炉拱山至九龙	山坡灌丛、草坡
	白竹	*Fargesia semicoriacea* T.P.Yi	15-1	烂泥坪	松林下
	伞把竹	*Fargesia utilis* T.P.Yi	15-1	烂泥坪	山坡林中
	长花羊茅	*Festuca dolichantha* Keng ex P.C.Keng	15-3-a	轿子山大马路	山坡草地

续表

科	种	拉丁名	分布区类型	在轿子山分布	生境
禾本科（Gramineae）	蛊羊茅	*Festuca fascinata* Keng ex L.Liou	15-3-c	法者林场抱水井丫口、轿子山大羊窝	多石草坡、杜鹃灌丛
	玉龙羊茅	*Festuca forrestii* St.-Yves	15-3-c	法者林场大海至马鬓岭、轿子山大马路	多石山地草坡、杜鹃灌丛
	弱须羊茅	*Festuca leptopogon* Stapf	7-1	法者林场干箐垭口沙子坡林区	林缘草地
	昆明羊茅	*Festuca mazzettiana* E.B.Alexeev	15-3-a	法者林场干箐垭口、九龙沟	山坡林缘灌丛、草地
	羊茅	*Festuca ovina* Linn.	8	白石崖、轿子山大马路、轿子山箐门口	多石山坡草地
	小颖羊茅	*Festuca parvigluma* Steudel	14	法者沙子坡营林区大横山至邓家山	高山针阔混交林中
	细芒羊茅	*Festuca stapfii* E.B.Alexeev	14-1	轿子山木梆海附近	杜鹃灌丛、草坡
	紫羊茅（原亚种）	*Festuca rubra* Linn. subsp. rubra	8	法者林场大海至马鬓岭	杜鹃灌丛、草坡
	克西羊茅（亚种）	*Festuca rubra* Linn subsp. *clarkei*(Stapf)St.-Yves	14-1	腰棚子林区	林缘灌丛、草地
	藏滇羊茅	*Festuca viehapperi* Hand. -Mazz.	15-3-a	轿子山	山坡草地
	柔毛羊茅	*Festuca yunnanensis* St.-Yves var. *villosa* St.-Yves	15-2-b	火石梁子白石崖	高山杜鹃灌丛、岩石缝
	云南异燕麦	*Helictotrichon delavayi* (Hackel) Henrard	15-2-b	白石崖、轿子山轿顶、九龙沟	多石草坡、林缘草地、山顶草地、岩缝
	变绿异燕麦	*Helictotrichon junghuhnii* (Büse) Henrard.	7-1	板内沟	山坡草地、疏林、林缘
	芒草	*Koeleria litvinowii* Domin	11	白石崖	多石草坡
	双药芒	*Miscanthus nudipes* (Griseb.) Hack.	14-1	汤丹至红土地途中	路边灌丛
	日本乱子草	*Muhlenbergia japonica* Steud.	14-2	炉拱山至九龙	草坡、灌丛
	无芒竹叶草	*Oplismenus compositus* (Linn.)Beauv.var. *submuticus* S.L.Chen & Y.X.Jin	4	普渡河苏铁保护小区	山坡灌丛
	白草	*Pennisetum flaccidum* Griseb.	11	禄劝县雪山乡白家洼	山坡灌丛
	落芒草	*Piptatherum munroi* (Stapf) Mez	14-1	九龙沟	林缘灌丛、草坡

续表

科	种	拉丁名	分布区类型	在轿子山分布	生境
禾本科（Gramineae）	白顶早熟禾	*Poa acroleuca* Steudel	14-2	炉拱山至九龙	林缘草地、灌丛
	早熟禾	*Poa annua* Linn.	1	腰棚子林区	林缘草地
	喀斯早熟禾	*Poa khasiana* Stapf	7	东川区沙子坡营林区大横山至邓家山	箭竹杂木林缘
	林地早熟禾	*Poa nemoralis* Linn.	10	轿子山大黑箐至轿顶途中	林缘草地
	尼泊尔早熟禾	*Poa nepalensis* Wall.ex Duthie	14-1	轿子山崖子桥	溪中石上
	多鞘早熟禾	*Poa polycolea* Stapf	14-1	法者林场燕子洞至大海	林缘草地
	草地早熟禾	*Poa pratensis* Linn.	11	九龙沟	林缘草地
	中甸早熟禾	*Poa zhongdianensis* L.Liu	15-2-b	轿子山大黑箐至轿顶途中	林缘草地
	金色狗尾草	*Setaria pumila*（Poir.）Roem. et Schult.	2	炉拱山	山坡草地、路边、灌丛
	鼠尾粟	*Sperobolus elongatus*	7	法者林场小清河	林缘草地
	中华草沙蚕	*Tripogon chinensis*（Franch.）Hack.	11	炉拱山至九龙	林缘草地、灌丛
	优雅三毛草	*Trisetum scitulum* Bor	14-1	轿子山	山坡草地
	狭穗针茅	*Stipa regeliana* Hackel	12	法者林场木梆海	亚高山草地
	斑壳玉山竹	*Yushania maculata* T.P.Yi	15-3-a	法者林场白花山	林缘灌丛

轿子山远眺

轿子山俯瞰图

轿子山古夷平面——玄武岩柱状节理

轿子山地表植被图

轿子山地表草甸图

轿子山冰瀑

轿子山花溪

轿子山游客休息亭

轿子山生态游憩道

轿子山杜鹃花海

轿子山游憩阶梯

乌蒙宽叶杜鹃

轿子山第四纪冰川遗迹景观——天池

轿子山第四纪冰川遗迹景观——精怪塘

大气颗粒物浓度监测仪

便携式自动气象监测站

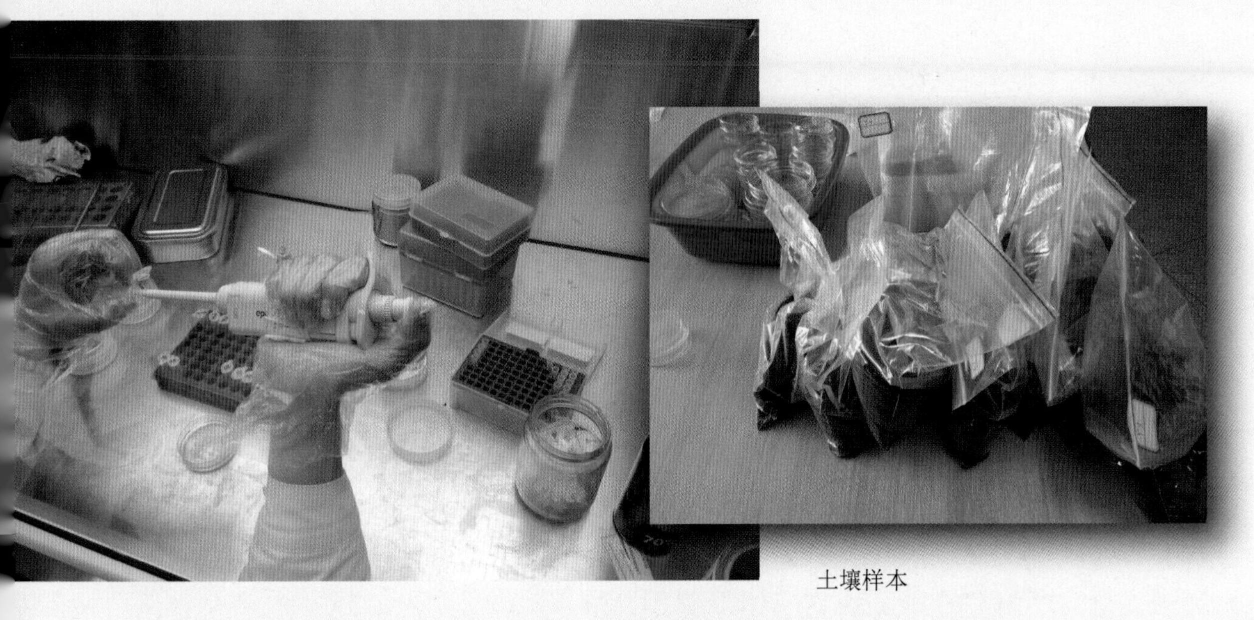

土壤样本

土壤分析实验

轿子山周边社区中小学生科普讲座（一）

轿子山周边社区中小学生科普讲座（二）